Statik im Bauwesen

DIN

Werner Kirsch

Statik im Bauwesen

Band 1

Statisch bestimmte Systeme

23., überarbeitete Auflage 2019

Herausgeber:
DIN Deutsches Institut für Normung e. V.

Beuth Verlag GmbH Berlin · Wien · Zürich

Herausgeber: DIN Deutsches Institut für Normung e. V.

Berlin · Wien · Zürich
Am DIN-Platz
Burggrafenstraße 6
10787 Berlin

Telefon: +49 30 2601-0
Telefax: +49 30 2601-1260
Internet: www.beuth.de
E-Mail: info@beuth.de

Titelbild: © Bruno Mameli, Verwendung unter Lizenz von shutterstock.com
Satz: Beltz Bad Langensalza GmbH, Bad Langensalza
Druck: Drukarnia LEYKO, Krakow
Gedruckt auf säurefreiem, alterungsbeständigem Papier nach DIN EN ISO 9706

ISBN 978-3-410-28814-5 (Buch)
ISBN 978-3-410-28815-2 (E-Book)

Vorwort zur Neufassung

Das Lehrbuch „Statik im Bauwesen“ wurde von Fritz Bochmann ins Leben gerufen. Die erste Auflage ist 1957 erschienen und seitdem beständig weiterentwickelt worden. Das Lehrbuch ist vorzugsweise für die Ausbildung von Ingenieuren und Technikern der Baubranche entwickelt worden. Ab der 21. Auflage wird das Werk durch den Unterzeichner mit betreut bzw. weitergeführt.

Gliederung und Darstellung des Stoffes sind durch das überwiegende Einsatzgebiet des angesprochenen Leserkreises bestimmt. Der Vermittlung von Grundsätzen und dem Erkennen von wesentlichen Zusammenhängen wurde daher der Vorrang vor einer umfassenden mathematischen Darstellung eingeräumt.

Die Bände 1 (Statisch bestimmte Systeme) und 2 (Festigkeitslehre) vermitteln Grundlagen. Der Band 3 (Statisch unbestimmte Systeme) schließt als Ergänzung und Erweiterung an. Jeder Band enthält die Thematik in abgeschlossener Form. Daher ist auch eine getrennte Verwendung möglich, soweit der Leser über entsprechende Vorkenntnisse verfügt.

Band 1 enthält die Grundlagen für die Untersuchung einfacher ebener statisch bestimmter Stabwerke. Neben der Kräftelehre und der Lastenermittlung bildet die Berechnung der Stützkräfte und Schnittgrößen für die elementaren Stabarten den Hauptinhalt. Verstärkt wird auf das Arbeiten nach dem neuen im Eurocode verwendeten Sicherheitskonzept eingegangen. In dieser Hinsicht wurde das Werk dem aktuellen Standard angepasst. Hinsichtlich von Bezeichnungen von Einwirkungen, Kräften und Schnittgrößen wird das Breite in der Praxis vorkommende Spektrum beibehalten. Häufig treten auch Dopplungen auf, so wird die Bezeichnung V im Eurocode für die Querkraft verwendet. Sie bezeichnet aber auch vielfach vertikale Kräfte (Fachwerk). Die Unterscheidung in der Praxis fällt im Allgemeinen leicht.

Auf die Anwendung der Rechentechnik in der praktischen Statik kann im Rahmen der Grundlagenvermittlung nur bedingt eingegangen werden. Der notwendige Erkenntnisprozess wird durch den Einsatz von Software nicht entbehrlich. Bei der Vielfalt der Probleme und Anlagentypen, einschließlich deren Entwicklung, würde es wenig sinnvoll sein, auf einzelne Programme und deren Eingabe- bzw. Ausgabedaten einzugehen. Eine Vertiefung der Kenntnisse in dieser Richtung muss der Tätigkeit am Arbeitsort vorbehalten bleiben. Beispielhaft werden die Möglichkeiten der Tabellenkalkulation bei der Anwendung bauspezifischer Probleme dargestellt.

Obwohl der Band 1 vorwiegend für die Ausbildung im Bauwesen vorgesehen ist, dürfte er auch für andere Fachrichtungen verwendbar sein. Ingenieuren, Architekten und Technikern, die nur gelegentlich einfachere statische Aufgaben bearbeiten müssen, kann das Buch ebenfalls als Hilfsmittel nützen.

Werner Kirsch — Dresden, November 2018

Autorenporträt

Werner Kirsch

Dipl.-Ing. Werner Kirsch studierte von 1984 bis 1989 Bauingenieurwesen in der Fachrichtung Konstruktiver Ingenieurbau an der TU Dresden. Nach Abschluss des Studiums war er für ein Jahr an der TU Dresden tätig und arbeitete anschließend für drei Jahre als angestellter Ingenieur für die Planungs- und Ingenieuraktiengesellschaft IPRO Dresden.

Seit 1994 ist er durchgängig freiberuflich tätig (Ingenieurbüro Werner Kirsch, Dresden) und bearbeitet vorrangig Aufgabenstellungen aus den Bereichen Tragwerksplanung (Holz, Stahl, Mauerwerk, Stahlbeton), Konstruktiver Ingenieurbau (Ingenieurbauwerke im Verkehrsbereich) sowie aus Spezialgebieten wie Glas- und Aluminiumbau.

Inhaltsverzeichnis

Seite

1 Allgemeine Grundbegriffe

1.1 Einordnung des Lehrgebietes

Die Statik gehört zu den Grundlagenwissenschaften bei der Ausbildung zum Bauingenieur. Ihre Bedeutung und die mit ihr zu lösenden Aufgaben lassen sich durch die Einordnung dieses Gebietes in den Bereich der Naturwissenschaften erkennen. Die Physik, mit einigen Einschränkungen als Lehre von den Stoffen und Kräften der unbelebten Natur definiert, enthält als Teilgebiet die Mechanik, die Lehre von den Kräften und den Bewegungen der Körper. Hiervon ist ausschließlich die klassische Mechanik Gegenstand unserer Betrachtungen. Diese wiederum wird in *Theoretische Mechanik* und *Technische Mechanik* gegliedert, wobei sich die letztere speziell unter dem Gesichtspunkt der Anwendung in der Technik entwickelte.

Aus der Beschaffenheit der Körper lässt sich folgende Untergliederung der Mechanik ableiten:

Mechanik

Mechanik der starren Körper (Stereomechanik)	**Mechanik der festen, aber verformbaren Körper** (Elasto- und Plastomechanik), Festigkeitslehre	**Mechanik der Flüssigkeiten und Gase** (Hydro- und Aeromechanik)

Zu dieser Einteilung muss noch erwähnt werden, dass vollkommen starre Körper in der Natur nicht vorkommen. Auch die härtesten Stoffe erleiden Formänderungen, wenn Kräfte auf sie einwirken. Bei vielen Untersuchungen können aber solche Formänderungen unberücksichtigt bleiben.

Eine andere Einteilung der Mechanik ergibt sich, indem die drei maßgebenden Begriffe zur Beschreibung eines mechanischen Vorganges zugrunde gelegt werden. Es sind dies die Kraft, die Länge und die Zeit.

Mechanik

Statik	**Dynamik**	**Kinematik**
(Untersuchung von mechanischen Vorgängen ohne Berücksichtigung der Zeit)	(allgemeiner Fall eines mechanischen Vorganges; Kraft, Länge und Zeit werden berücksichtigt)	(Untersuchung von mechanischen Vorgängen ohne Berücksichtigung von Kräften)

Ein Spezialgebiet ist die Baumechanik, deren Gegenstand die Untersuchung von Baukonstruktionen hinsichtlich ihres Tragvermögens ist. Sie bildet die Grundlage zur wirtschaftlichen und sicheren Bemessung von Bauwerken. Die Baumechanik umfasst u. a. als Teilgebiete die Baustatik, die Baudynamik, die Festigkeitslehre und die Stabilitätslehre.

Die Baustatik betrachtet nicht die Bauwerke in allen Einzelheiten, sondern nur die darin enthaltenen Tragwerke. Verbunden mit den Unterlagen für die Bauausführung spricht man von der Tragwerksplanung.

Um die Berechnung zu vereinfachen, werden die Tragwerke noch weitgehend idealisiert. Man erhält so bestimmte Systeme, für die Berechnungsmethoden entwickelt worden sind. Diese theoretisch abgeleiteten Berechnungsmethoden bilden den eigentlichen Inhalt der Baustatik. Darüber hinaus sind für das Aufstellen einer statischen Berechnung weitere Grundlagen erforderlich. Sämtliche Voraussetzungen lassen sich etwa wie folgt zusammenfassen:

1. Kenntnisse über Belastungen der Tragwerke
2. Kenntnisse über die Wirkungsweise der Tragwerke
3. Kenntnisse über die Eigenschaften der Baustoffe
4. Kenntnisse über die Berechnungsmethoden

Durch den Begriff „Baudynamik“ wurde schon darauf hingewiesen, dass in bestimmten Fällen auch die Dynamik von Bedeutung werden kann (Schwingungen von Brücken und Fundamenten, verursacht durch Fahrzeuge oder bewegte Maschinenteile z. B.). Die Betrachtung solcher Vorgänge geht jedoch über den hier vorgesehenen Rahmen hinaus.

Aus dem Ordnungsgefüge ist erkennbar, dass in der Statik mechanische Vorgänge betrachtet werden, bei denen der Zeitfaktor keine Rolle spielt. Dieser Sonderfall ist berechtigt, wenn sich die untersuchten Körper in der Ruhelage befinden. Für alle Bauwerke und Bauteile wird diese Forderung erhoben. Die an einem Körper bzw. Bauwerk insgesamt wirkenden Kräfte müssen dazu bestimmte Bedingungen erfüllen, sie müssen im Gleichgewicht sein. Der Gleichgewichtszustand ist daher der Ausgangspunkt der Untersuchungen. Man bezeichnet die Statik aus diesem Grund auch als Lehre vom Gleichgewicht mit den Hauptgebieten:

Gebiet	**Inhalt und Ziel**
Statik der Kraftsysteme	zeichnerische und rechnerische Methoden zur Untersuchung und Behandlung von Kraftsystemen; Umformen in ein gleichwertiges anderes, für die Berechnung zweckmäßigeres System; Gleichgewichtsbedingungen der Statik der starren Körper

Gebiet	Inhalt und Ziel
Statik der statisch bestimmten Tragwerke	Methoden zur Berechnung der äußeren und inneren Kräfte auf der Grundlage der Gleichgewichtsbedingungen der Statik der starren Körper
Statik der statisch unbestimmten Tragwerke	Methoden zur Berechnung der äußeren und inneren Kräfte auf der Grundlage von Gleichgewichtsbedingungen und Formänderungsbedingungen

Die Festigkeitslehre umfasst die Methoden zur Ermittlung der Beanspruchung der Baustoffe, den Nachweis der ausreichenden Sicherheit und Methoden zur Ermittlung von Formänderungen.

Die Aufgabenstellung der Baustatik zwingt zu bestimmten Forderungen im Hinblick auf die Berechnungsmethoden. Diese Forderungen haben sich im Laufe der Zeit etwas gewandelt. Während bis vor einigen Jahren die Berechnung „per Hand“ unterstützt durch Rechenschieber und später Taschenrechner erfolgte, werden heute fast ausnahmslos auch Computer eingesetzt.

Dadurch sind neben den für die „Handrechnung“ geeigneten, zum Teil stark idealisierten Berechnungsmethoden heute auch rechenintensive Methoden, wie die Methode der Finiten Elemente (FEM) für den täglichen Einsatz geeignet. Damit ist es möglich, komplette Tragwerke dreidimensional zu erfassen.

Aufgabe dieses Werkes ist es jedoch, die Grundlagen der Baustatik zu vermitteln. Auch hier ist der Computer sinnvoll einsetzbar, jedoch nicht zwingend notwendig.

Abschließend soll noch hervorgehoben werden, dass die Baustatik ein Hilfsmittel des konstruierenden Ingenieurs ist, die nur in Verbindung mit konstruktiven, technologischen und wirtschaftlichen Kenntnissen wirkungsvoll angewendet werden kann.

1.2 Kräfte und Kraftarten

Eine Kraft ist nicht direkt wahrnehmbar, sie kann nur an ihrer Wirkung erkannt und gemessen werden.

Kräfte sind vektorielle Größen. Zu ihrer eindeutigen Bestimmung sind demnach drei Angaben notwendig, nämlich Größe, Richtung und Angriffspunkt.

Richtung und Angriffspunkt können auch über die Lage oder die Wirkungslinie der Kraft angegeben werden.

Die Angabe von Kräften kann erfolgen durch:

- reine Zahlenangaben (notwendig für rechnerische Lösungen),
- reine zeichnerische Angaben (notwendig für zeichnerische Lösungen unter Verwendung von Kräfteplänen),

– gemischte Darstellungsformen zur Übersicht und als anschauliches Hilfsmittel für Lösungsansätze.

Dabei geht man von einer grafischen Darstellung der Kräfte durch Pfeile in einem Lageplan aus, wobei alle drei Bestimmungselemente berücksichtigt werden (Bild 1.1):

1. die Größe der Kraft durch die Zahlenangabe oder durch Länge des Kraftpfeiles unter Verwendung eines Kräftemaßstabes (z. B. Maßstab der Kräfte 1 cm ≅ 1,0 kN oder 1 cm ≅ 100 N),
2. die Richtung durch die Pfeilspitze und bei Verwendung in Berechnungen durch den Richtungswinkel,
3. die Lage durch den Angriffspunkt der Kraft oder durch die Gerade, in der der Kraftvektor liegt. Die Gerade heißt Wirkungslinie.

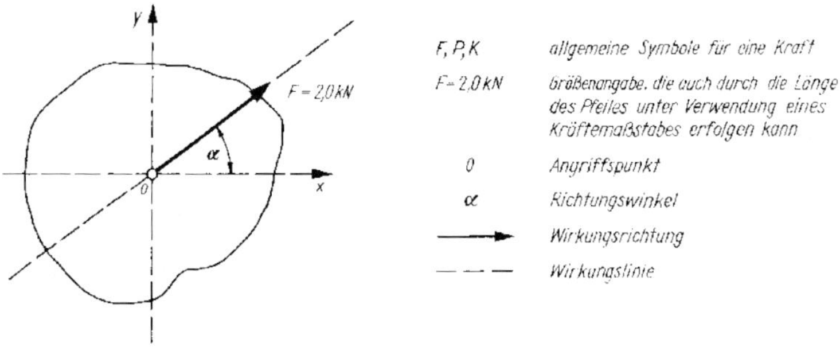

Bild 1.1

Die gesetzliche Einheit der Kraft auf der Grundlage des Systems der Internationalen Einheiten (SI) ist das Newton (N).

Ein Newton ist die Kraft, die der Masse 1 kg eine Beschleunigung von 1 m/s² erteilt:

$$1\ \text{N} = 1\ \frac{\text{kg} \cdot \text{m}}{\text{s}^2}$$

Die Gravitationskraft an der Erdoberfläche in mittleren geografischen Breiten erteilt der Masse 1 kg die Beschleunigung g ≈ 9,81 m/s² (die Normfallbeschleunigung beträgt g = 9,80665 m/s²). Somit ergibt sich für eine Masse von 1 kg unter den genannten Bedingungen eine Schwerkraft von 9,80665 N. Früher benutzte Einheiten wie das Kilopond und alle damit verbundenen Größen (p, Mp) sind nicht mehr zulässig.

Da im Alltag unsere Gewichtsvorstellung auf Massen (kg, t) beruhen, ist es zweckmäßig, sich einfache Beziehungen einzuprägen. Mit guter Näherung kann für praktische Berechnungen

1 N ≈ 0,1 kp	1 N ≈ 0,1 kg
10 N ≈ 1,0 kp	10 N ≈ 1,0 kg
10 kN ≈ 1000 kp	10 kN ≈ 1000 kg = 1,0 t

verwendet werden.

Solange eine Kraft nicht durch eine andere im Gleichgewicht gehalten wird, bewirkt sie eine Bewegungsänderung des Körpers, an dem sie angreift. Für den Zustand des Gleichgewichtes muss demnach noch mindestens eine zweite Kraft in der gleichen Wirkungslinie und der gleichen Größe, aber entgegengesetzter Richtung vorhanden sein (Bild 1.2). Der angreifenden (aktiven) Kraft wird durch eine widerstehende (passive) Kraft das Gleichgewicht gehalten. Das Gleichgewicht kann auch durch mehrere Kräfte hergestellt werden. In Bild 1.3 ist symbolisch ein Träger dargestellt, der durch eine Kraft F (Aktionskraft) beansprucht wird. In den Lagerpunkten entstehen die passiven Kräfte F_a und F_b (Reaktionskräfte). Soll der Träger in Ruhe bleiben, dann müssen die drei Kräfte im Gleichgewicht stehen. Aus dieser Bedingung können F_a und F_b berechnet werden, wenn F bekannt ist. Die Lager sind dann so zu bemessen, dass sie die Kräfte F_a und F_b mit ausreichender Sicherheit aufnehmen bzw. aufbringen können. Außerdem ist ein Träger auszuwählen, durch den die Kraft F zu den Auflagern geleitet werden kann, ohne dass er unzulässige Beanspruchungen erfährt.

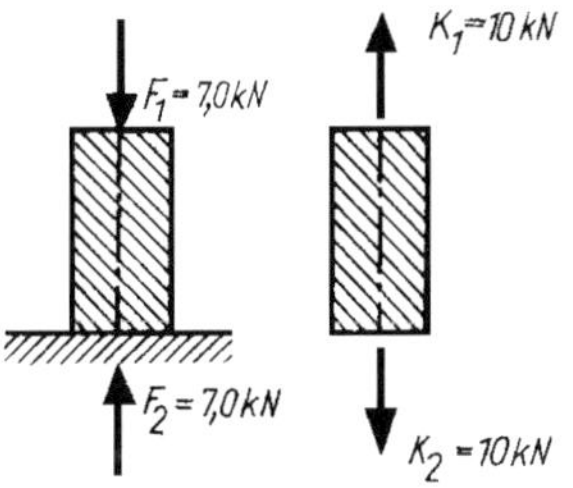

Bild 1.2

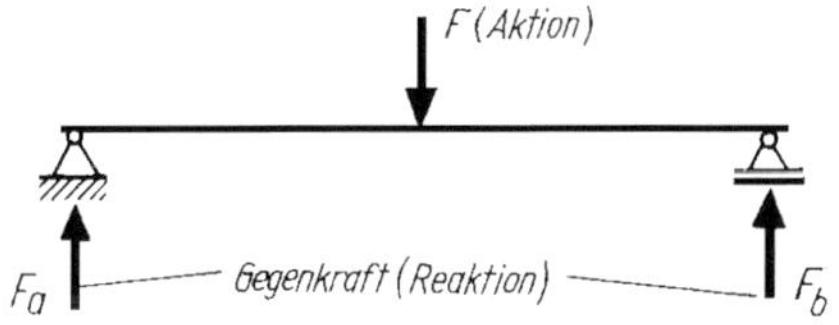

Bild 1.3

Diese Beispiele zeigen bereits in einfachster Form Ursache und Wirkung (Kraft und Gegenkraft) sowie die immer wiederkehrenden Aufgaben der Statik und Festigkeitslehre.

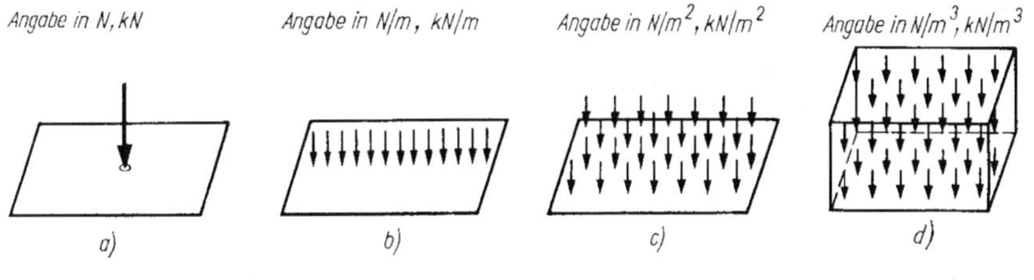

Bild 1.4

Kräfte, die auf ein Tragwerk einwirken, können in verschiedenen Formen auftreten (Bilder 1.4a bis d):

a) Punktkraft (Größe der Kraft in N, kN oder MN)

b) Linienkraft (Kraft je Längeneinheit, N/m, kN/m)

c) Flächenkraft (Kraft je Flächeneinheit, N/m^2, kN/m^2)

d) Volumenkraft (Kraft je Volumeneinheit, N/m^3, kN/m^3)

Die Volumenkraft ist dabei die ursprüngliche Form. Sie wirkt räumlich verteilt an allen Elementen eines Körpers infolge von Beschleunigungen (die wichtigste Volumenkraft ist die Schwerkraft). Für ihre Entstehung ist keine unmittelbare Berührung zweier Körper notwendig.

Alle anderen Formen treten bei direkter Übertragung auf. Punktkraft und Linienkraft stellen dabei Idealisierungen dar, die sehr häufig verwendet werden.

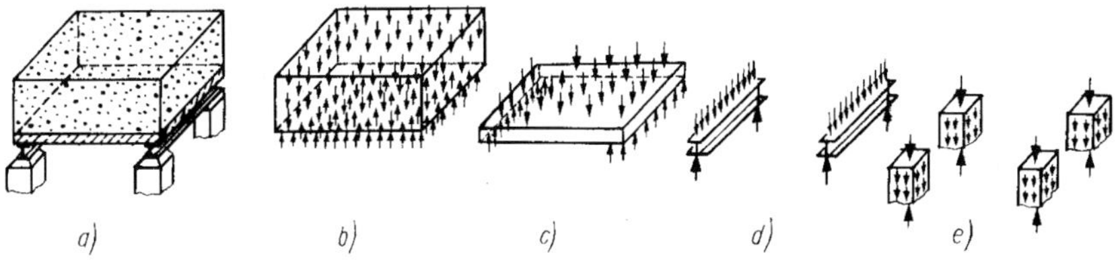

Bild 1.5

In Bild 1.5 ist das Auftreten dieser Lastformen an einem einfachen Beispiel gezeigt. Bild 1.5a stellt den willkürlich herausgeschnittenen Teil eines Tragwerkes dar. Das angedeutete Lagergut belastet Deckenplatte, Träger und Stützen. Die Aktionskräfte in Bild 1.5b sind Volumenkräfte in kN/m^3, während die Gegenkräfte in der Platte in Form von Flächenkräften auftreten. Bild 1.5c zeigt Aktions- und Reaktionskräfte der Platte (Last des Lagergutes und der Platte in kN/m^2, Gegenwirkung in den Trägern in Form von Linienkräften in kN/m). Die Bilder 1.5d und e zeigen jeweils die Aktions- und Reaktionskräfte an den Trägern und Stützen in Form von Linien- bzw. Punktkräften.

Zu beachten ist bei der Untersuchung weiterhin die Art der Eintragung der äußeren Kräfte. Wir unterscheiden hier folgende Arten:

1. **Allmählich anwachsende Belastung**
   Die Lasteintragung erfolgt über einen längeren Zeitraum verteilt (z. B. werden die Eigenlasten während der Bauzeit nach und nach aufgebracht).

2. **Plötzliche Belastung**
   Ein beträchtlicher Teil der Last wird in relativ kurzen Zeiträumen aufgebracht (z. B. wird die Last eines Eisenbahnzuges auf einer Brücke in wenigen Sekunden wirksam).

3. **Plötzliche Belastung in Verbindung mit Bewegungsenergie**
   Stößt eine bewegte Last gegen ein Tragwerk, so wird neben der plötzlichen Eintragung des Eigengewichtes noch die kinetische Energie wirksam.

Im ersten Fall sprechen wir von einer statischen Beanspruchung des Tragwerkes. Da die äußeren Kräfte allmählich anwachsen, nehmen auch die Kräfte im Inneren der Bauteile und die Formänderungen nur langsam zu. Äußere und innere Kräfte sind stets im Gleichgewicht. Zur statischen Beanspruchung gehören aber auch viele Verkehrslasten, wenn sie nicht mit Schwingungsuntersuchungen verbunden sind.

Im 2. und 3. Fall treten dynamische Vorgänge auf. Zwischen äußeren und inneren Kräften herrscht zunächst kein Gleichgewicht. Die Folgen sind Schwingungsvorgänge, denen besondere Aufmerksamkeit gewidmet werden muss, da sie die Sicherheit eines Bauwerkes gefährden können.

Wie bereits erwähnt, bleiben dynamische Belastungen außerhalb unserer Betrachtungen.

1.3 Äußere Kräfte an Bauteilen

Zu den äußeren Kräften eines Bauwerkes gehören die Lasten als Einwirkungen und die Stütz- oder Auflagerkräfte als Reaktionen. Die äußeren Kräfte haben ihre Ursache in den Eigenlasten, im Betriebszustand oder in physikalischen und chemischen Veränderungen der Baustoffe und des Baugrundes.

Es besteht die Forderung, dass die äußeren Kräfte an einem Bauteil untereinander im Gleichgewicht stehen. Mit dem Gleichgewicht der äußeren Kräfte beschäftigt sich die Statik.

Auf die häufig vorkommenden äußeren Kräfte soll jetzt näher eingegangen werden.

Ständige Lasten:

Darunter versteht man die Lasten der einzelnen Baukörper selbst. Sie sind im Bauwerk dauernd vorhanden. Zu ihrer Bezeichnung sind die aus Bild 1.6 ersichtlichen Buchstaben G (für Einzellasten) und g (für verteilte Lasten) üblich.

Einzellast aus Eigenlast in N, kN

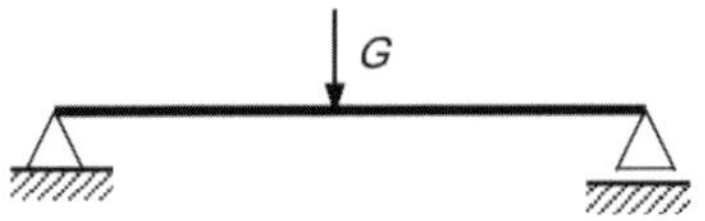

gleichmäßig verteilte Eigenlast in N/m, kN/m

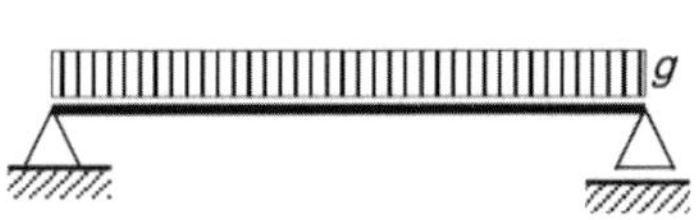

Lotrechte Verkehrslasten:

Verkehrslasten sind in Bezug auf Größe und Angriffspunkt veränderlich. Sie rühren aus den Eigenlasten von Personen, Einrichtungen, Lagerstoffen, Maschinen, Fahrzeugen, Schnee usw. her. Zur Bezeichnung werden der Buchstabe Q (für Einzellasten) und q (für verteilte Lasten) verwendet (Bild 1.7). Für spezielle Einwirkungen sind aber auch gesonderte Bezeichnungen gebräuchlich, wie z. B. *s* für Schneelasten. Für außergewöhnliche Einwirkungen wird der Buchstabe *A* bzw. *a* verwendet. Die veränderlichen Einwirkungen werden mit dem Buchstaben *E* zusammengefasst.

Einzellast aus Verkehrslast in N, kN | *Gleichmäßig verteilte Eigenlast in N/m, kN/m* | *Gleichmäßig verteilte Eigenlast und Verkehrslast*

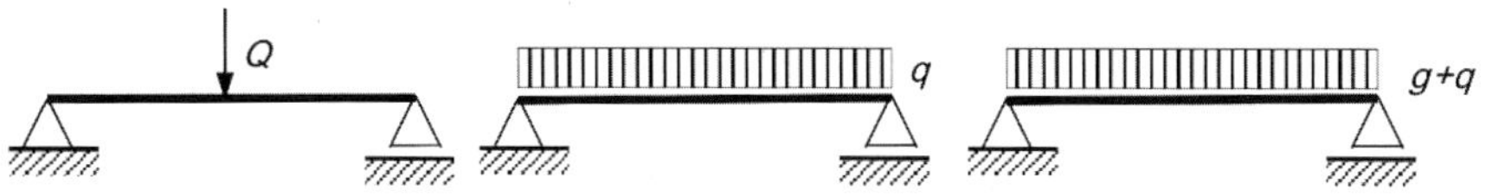

Bild 1.7

Waagerechte und schräggerichtete Verkehrslasten (Bild 1.8)**:**

Waagerechte Lasten entstehen an Brüstungen und Geländern aus Holmdruck, aus Bremskräften, Fliehkräften und Seitenstößen von Fahrzeugen auf Brücken und bei Kranbahnen. Geneigte Lasten treten auf bei Windkräften und bei Flüssigkeitsdruck.

In beiden Fällen wirken die Kräfte rechtwinklig zur getroffenen Fläche (bei Wind auch als Sog). Weiterhin kommen schräggerichtete Kräfte als Erddruck oder Silodruck von Schüttgütern vor. Diese können sowohl rechtwinklig als auch geneigt zur Angriffsfläche wirken. Zu beachten ist, dass verschiedene Lasten (insbesondere Windlasten) auch abhebende Wirkung haben können.

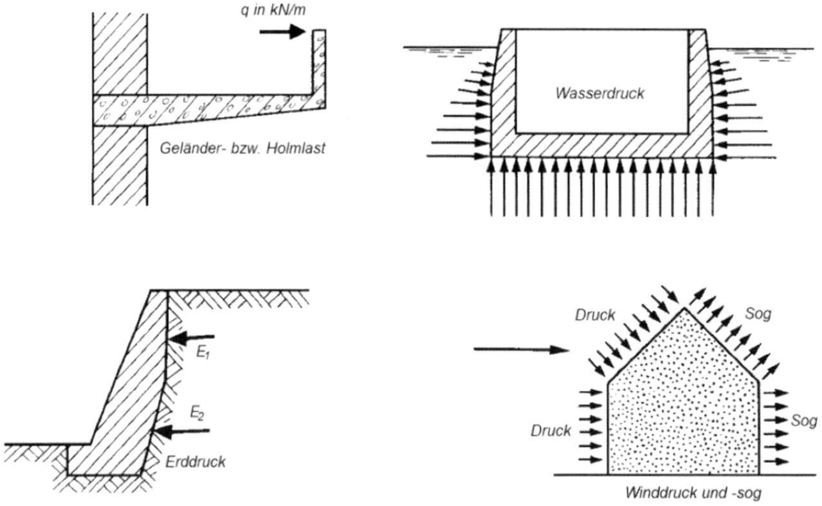

Bild 1.8

In der Regel sind Lasten zur Berechnung von Bauwerken genormt und in Vorschriften festgelegt. Allgemeingültige Vorschriften enthalten die Lastannahmen für Bauten (Eigenlasten für Baustoffe und Bauteile, Verkehrslasten, Schnee- und Windlasten). Darüber hinaus besteht eine Reihe von Standards bzw. Vorschriften für Spezialbauwerke (Stahltragwerke, Eisenbahnbrücken, Straßenbrücken, Kranbahnen, fliegende Bauten usw.), die zusätzliche Lastannahmen enthalten.

Im letzten Hauptteil dieses Bandes findet der Leser wesentliche Lastannahmen, verbunden mit der Lastenermittlung für einfache Bauelemente des Hochbaues. Das Studium dieses Teiles kann an jeder Stelle des Buches eingeschoben werden.

1.4 Teilsicherheitsbeiwerte der Einwirkungen, Kombinationsbeiwerte, Grenzzustände

In der weiteren Bearbeitung ist zu beachten, nach welchem Sicherheitskonzept gearbeitet wird. Ziel einer jeden Planung ist es, eine ausreichende Sicherheit gegen Versagen des Tragwerks und die Gewährleistung der Nutzung zu erreichen.

Mittlerweile wird in fast allen Bereichen (Eurocode s. DIN EN 1990 oder DIN 1055-100:2001-03) mit Teilsicherheitsbeiwerten gerechnet. Hier werden die in den Normen geregelten Lastannahmen als charakteristische Einwirkungen bezeichnet und mit dem Index *k* versehen. Außerdem wird unterschieden in:

G_k ständige Einwirkungen

Q_k veränderliche Einwirkungen

$F_{A,k}$ außergewöhnliche Einwirkungen

Diese werden mit den Teilsicherheitsbeiwerten der Einwirkungen γ_F und den Kombinationsbeiwerten ψ multipliziert. Die so gewonnenen Größen erhalten alle den Index *d* und heißen Bemessungswerte der Einwirkungen. Sie werden in dieser Form für die weitere Berechnung verwendet.

Im Weiteren sind für die bautechnischen Nachweise die unterschiedlichen Grenzzustände zu berücksichtigen. Im Grenzzustand der Tragfähigkeit (GZT) werden stabilisierende und destabilisierende Einwirkungen gegenübergestellt und hauptsächlich das Versagen des Tragwerks untersucht. Im Grenzzustand der Gebrauchstauglichkeit (GZG) dürfen bestimmte Kriterien für die Nutzung nicht überschritten werden. Hierzu zählen vorrangig Verformungsnachweise.

Hinsichtlich der Kombinationsbeiwerte wird auf die Norm verwiesen. Es sei jedoch angemerkt, dass bei den wichtigen Nachweisen im GZT neben dem Eigengewicht und eventuellen Vorspannungen die **erste** veränderliche Einwirkung grundsätzlich ohne Kombinationsbeiwert, also in voller Höhe angesetzt wird.

Tabelle 1.1: Beispiel für Teilsicherheitsbeiwerte γ_F

γ_F	**Anwendung**
1,35	für ständige Einwirkungen *G*
1,5	für ungünstig wirkende veränderliche Einwirkungen *Q*
1,0	wenn ständige Einwirkungen *G* Beanspruchungen aus veränderlichen Einwirkungen *Q* verringern, z. B. beim Tragsicherheitsnachweis von Dächern bei Windsog
1,0	wenn neben einer außergewöhnlichen Einwirkung F_A ständige Einwirkungen *G* und veränderliche Einwirkungen *Q* wirken, für alle drei Einwirkungen
	Für Tragwerke vom Typ Waagebalken gilt:
1,1	wenn Teile ständiger Einwirkungen die Beanspruchungen aus veränderlichen Einwirkungen erhöhen
0,9	wenn Teile ständiger Einwirkungen die Beanspruchungen aus veränderlichen Einwirkungen verringern, zur Untersuchung einer zusätzlichen Grundkombination

Bei linear-elastischer Schnittgrößenermittlung (nur solche Beispiele behandelt dieses Werk) darf im Hochbau eine vereinfachte Kombinationsregel angewendet werden. Im GZT gilt dann folgende Grundkombination (d. h. keine außergewöhnlichen Einwirkungen):

$$Q_d = \gamma_d \cdot G_k + 1{,}50 \cdot P_k \qquad (1.1)$$

γ_d ist abhängig davon, ob der Einfluss günstig oder ungünstig wirkt. G_k ist die ständige Last und P_k eine veränderliche Last. Eine Vorspannung ist nicht berücksichtigt.

Früher wurde ein summarischer Sicherheitsfaktor verwendet. In diesem Fall werden die im vorhergehenden Abschnitt genannten Lastannahmen (Einwirkungen) auch für die Berechnung verwendet. Die so errechneten Schnittgrößen und Spannungen werden Grenzwerten gegenübergestellt, die mit dem genannten summarischen Sicherheitsfaktor abgemindert sind.

1.5 Innere Kräfte der Bauteile

Infolge der Wirkung der äußeren Kräfte entstehen im Inneren des Bauteils Kräfte, die man in Form von Schnittkräften (Schnittgrößen) ermittelt. Der Begriff Schnittkraft ergibt sich aus der Tatsache, dass die inneren Beanspruchungen für Querschnitte bestimmt werden. Dazu wird das Tragwerk im betrachteten Querschnitt durch einen gedanklichen Schnitt getrennt, z. B. ein Balken an einer bestimmten Stelle *x* (Bilder 1.9a und b). Betrachtet man die beiden Tragwerksteile links und rechts von dem geführten Schnitt, dann müssen zur Herstellung des Gleichgewichtes zu den schon vorhandenen äußeren Kräften noch an jedem der beiden Schnittufer *l* und *r* innere Kräfte N_l, M_l, V_l und N_r, M_r, V_r eingeführt werden (Bild 1.9c). Aus Gründen des Gleichgewichtes gilt

$$N_l = N_r = N; \qquad M_l = M_r = M; \qquad V_l = V_r = V.$$

Nach ihrer Wirkungsweise bezeichnet man die Schnittgrößen als Längs-, Axial- oder Normalkraft *N*, als Biegemoment *M* und Querkraft *V*. Außerdem kann das Drill- oder Torsionsmoment M_T auftreten, auf dessen Wirkung in Bild 1.9c vorerst noch nicht eingegangen wurde.

Es sei an dieser Stelle darauf hingewiesen, dass Querkräfte lange Zeit mit *Q* bezeichnet wurden. Dies ist in der Praxis immer noch anzutreffen.

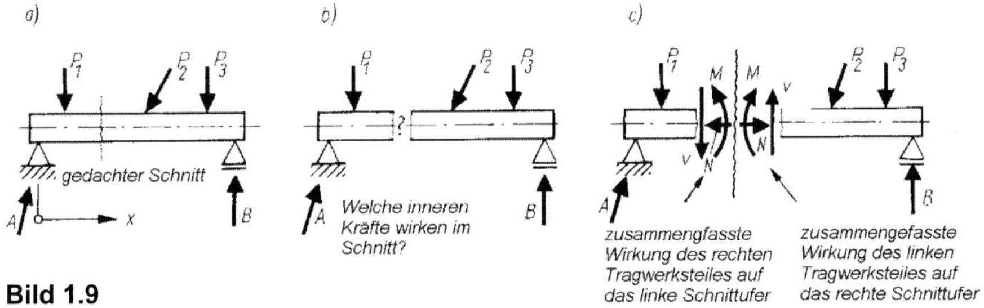

Bild 1.9

Bei der Betrachtung der beiden durch den gedachten Schnitt an der Stelle x entstehenden Tragwerksteile werden die Kräfte *N, M, V* wie äußere Kräfte behandelt und aus Gleichgewichtsberechnungen ermittelt. Die Schnittgrößen *N, V* und *M* liefern noch nicht die inneren Kräfte nach Größe, Richtung und Verteilung. Sie stellen nur eine Zusammenfassung der in den Querschnitten wirkenden Beanspruchungen (Resultierende der Spannungen) dar und werden daher mitunter auch als verallgemeinerte Kräfte bezeichnet.

Je nach Wirkungsweise der verallgemeinerten Kräfte *N, M, V* und M_T ergeben sich Zug-, Druck- und Biegebeanspruchungen sowie Schub- und Torsionsbeanspruchungen. Die entsprechenden Formänderungen sind Dehnungen und Stauchungen, Querschnittsverzerrungen, Querschnittsverdrehungen und damit Durchbiegungen sowie Verdrillungen.

Bei schlanken und dünnwandigen Bauteilen können Knicken, Kippen und Beulen auftreten. Diese Erscheinungen bezeichnet man als Stabilitätsverlust. Ihre Untersuchung gehört in das Gebiet der Stabilitätslehre.

1.6 Komponenten und Resultierende, Kräftegruppen und Kraftsysteme

Greifen an einem Körper zwei Kräfte an, so kann es für die Berechnung zweckmäßiger sein, sie durch eine wirkungsgleiche Kraft zu ersetzen. Auch der umgekehrte Weg wird oft notwendig. Den ersten Fall bezeichnet man als Zusammensetzung von Kräften, den zweiten als Zerlegung einer Kraft (Bild 1.10).

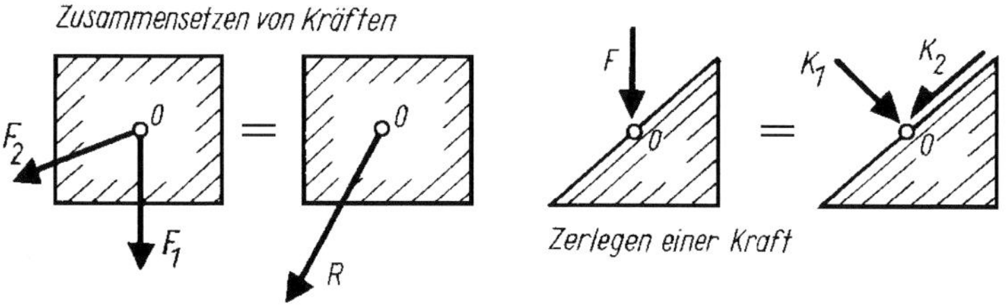

Bild 1.10

Die wirkungsgleiche Ersatzkraft nennt man Resultierende *R*.

Die Teilkräfte bei der Zerlegung heißen Komponenten oder auch Projektionen einer Kraft auf vorgegebene Richtungen.

Die Methoden zum Zusammensetzen oder Zerlegen von Kräften bilden den Inhalt des 2. und 3. Hauptteiles. Die Form des Körpers oder Tragwerkes ist für die allgemeinen Lösungen solcher Aufgaben ohne Bedeutung. Daher werden in den folgenden Abschnitten nur Kräfte und ihre Lage angegeben, ohne dass die Körper näher dargestellt werden.

Von Einfluss auf die Methoden und den Aufwand bei der Zusammensetzung und Zerlegung von Kräften ist jedoch deren Lage. Bezeichnet man alle im Rahmen einer Aufgabe zu betrachtenden Einzelkräfte als Kräftegruppe oder Kraftsystem, so können diese sämtlich in einer Ebene liegen oder im Raum irgendwie verstreut sein. Man unterscheidet danach ebene und räumliche Kraftsysteme. Innerhalb dieser Systeme können alle Kräfte noch den gleichen Angriffspunkt haben. Ein solches System heißt zentrales Kraftsystem. Greifen die Kräfte nicht in demselben Punkt an, so spricht man von einem allgemeinen Kraftsystem. Nach diesen Gesichtspunkten ergibt sich folgende Einteilung:

- System von Einzelkräften
  - ebenes Kraftsystem
    - zentrales Kraftsystem
    - allgemeines Kraftsystem
  - räumliches Kraftsystem
    - zentrales Kraftsystem
    - allgemeines Kraftsystem

In diesem Buch werden vorwiegend ebene Kräftegruppen betrachtet. Man spricht in diesem Zusammenhang von der Statik der Ebene und von ebenen Tragwerken im Gegensatz zur Statik des Raumes und zu räumlichen Tragwerken.

Es muss dazu erwähnt werden, dass alle Bauwerke eine räumliche Ausdehnung aufweisen. Bauwerke bestehen aber häufig aus Elementen (z. B. Fachwerkbinder), die mit den Methoden der ebenen Statik zu berechnen sind. Darüber hinaus können viele räumliche Tragwerke bei der Berechnung aufgrund von Symmetrieeigenschaften mit ebenen Kräftegruppen untersucht werden. Mit solchen Idealisierungen lassen sich die Berechnungen wesentlich vereinfachen. Es ist jedoch zu beachten, dass trotz Beanspruchung in einer Ebene auch Auswirkungen rechtwinklig zu dieser Ebene (z. B. Ausknicken von Druckstäben) auftreten können.

Bei statischen Betrachtungen stellt man Kräfte und Bauwerke nur in Form von Skizzen dar. Durch Pfeile werden die Wirkungsrichtungen der Kräfte und zugleich die Lastverteilungen eindeutig festgelegt. Vom Bauwerk wird nur das statische System oder Tragwerk in seinen Achsen abgebildet. Für die Auflagerungen werden leicht verständliche Symbole verwendet, auf die noch eingegangen wird.

2 Das zentrale Kraftsystem

2.1 Grafische Behandlung ebener Kräftegruppen

2.1.1 Zusammensetzen von Kräften

Greifen in einem Punkt 0 (Bild 2.1) zwei verschiedene Kräfte F_1 und F_2 an, die immer in einer Ebene liegen, dann findet man mit Hilfe des Parallelogramms der Kräfte die Resultierende R. Diese greift ebenfalls in 0 an und wirkt in der Ebene der beiden Kräfte F_1 und F_2.

Bild 2.1 lässt sofort erkennen, dass zur Lösung nicht das ganze Parallelogramm gezeichnet werden muss, sondern dass man mit einer Hälfte, dem *Kräftedreieck*, auskommt. Dazu werden beide Kräfte so aneinandergesetzt, dass ihre Richtungen in einem Zug liegen, wobei die Reihenfolge beliebig gewählt werden kann.

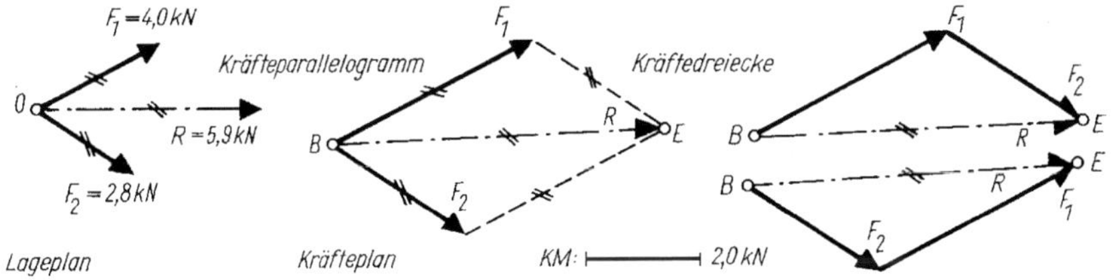

Bild 2.1

Die Verbindungslinie vom Beginnpunkt B zum Endpunkt E des Kräftezuges stellt nach Richtung und Größe die Resultierende R dar.

Aus Bild 2.1 sind weiterhin die beiden Begriffe *Lageplan* und *Kräfteplan* zu entnehmen.

Im Lageplan erfolgt nur die lagemäßige Wiedergabe der Kräfte nach Angriffspunkt und Richtung. Ihm ist demnach ein Längenmaßstab zugrunde zu legen (in Bild 2.1 noch nicht erforderlich, da es sich nur um einen Punkt handelt). Die Größe der Kräfte wird im Lageplan meist durch eine Zahlenangabe und nicht durch die Länge des Pfeiles angegeben.

Im Kräfteplan müssen die Kräfte nach Richtung und Größe unter Verwendung eines Kräftemaßstabes wiedergegeben werden.

Das Zusammensetzen von mehr als zwei Kräften erfolgt in der gleichen Weise. Das Aneinanderreihen der einzelnen Kräfte zum Kräftezug ergibt kein Dreieck mehr, sondern ein Polygon (Bild 2.2). Die Verbindungslinie von B nach E liefert die Resultierende R nach Richtung und Größe. Der Lage nach greift R im gemeinsamen Angriffspunkt 0 an.

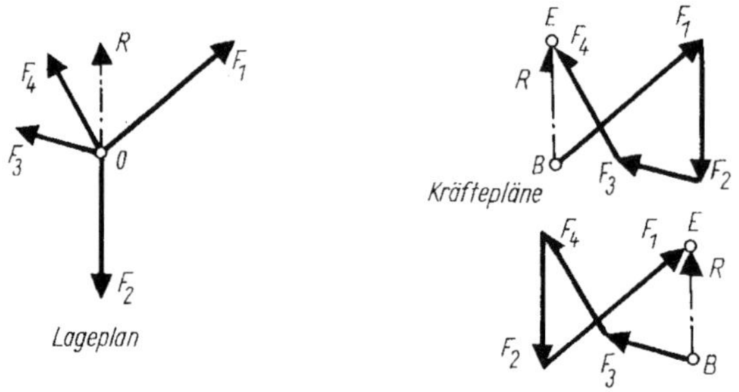

Bild 2.2

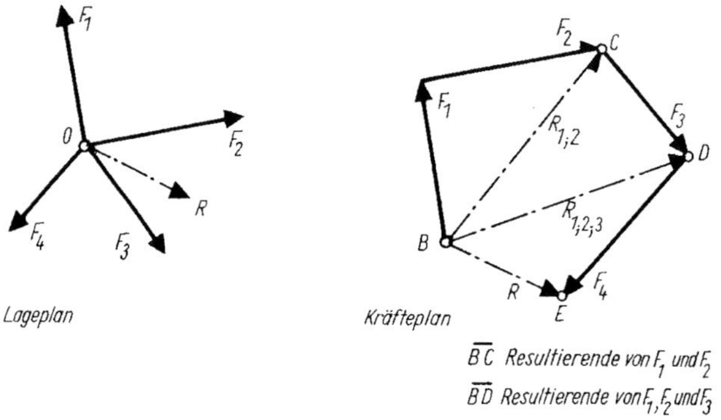

Bild 2.3

Die beiden Kräftepläne zeigen, dass bei verschiedener Reihenfolge das gleiche Ergebnis erzielt wird.

Die Richtigkeit der Lösung kann mit Hilfe von Bild 2.3 kontrolliert werden, indem man zunächst nur F_1 und F_2 durch eine einzige Kraft ersetzt. Diese und F_3 ergeben zusammen eine neue Resultierende, die bereits F_1, F_2 und F_3 enthält. Nachdem das ganze System auf R reduziert worden ist, erkennt man, dass Bild 2.2 nur die Zusammenfassung der Einzelschritte wiedergibt und die Teilresultierenden weggelassen werden können.

Als Sonderfall sei noch das Zusammensetzen von Kräften mit gleicher Wirkungslinie erwähnt (Bild 2.4). Der Kräftezug im Kräfteplan wird hier zu einer Geraden. Die Resultierende R wird durch die Strecke BE dargestellt. Dieser trifft sehr häufig zu, da wir vielfach mit lotrechten Lasten zu rechnen haben. Das Aneinanderfügen der Kräfte im Kräftezug und ihre Zusammenfassung zur Resultierenden R nennt man eine geometrische Addition. R ist die geometrische Summe der Einzelkräfte.

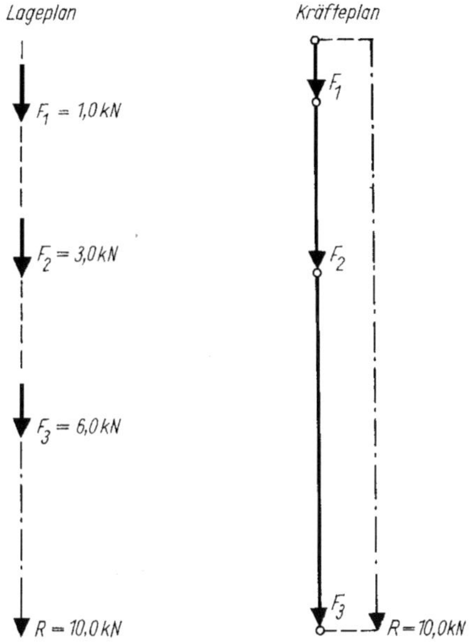

Bild 2.4

2.1.2 Zerlegen einer Kraft in Komponenten

Ersetzt man eine vorgegebene Kraft durch wirkungsgleiche Teilkräfte (Komponenten), dann sprechen wir von einer *Kraftzerlegung*. Sie stellt die Umkehrung zur Reduktion dar.

Zunächst soll die Zerlegung einer Kraft in zwei Komponenten betrachtet werden. Bild 2.5 lässt erkennen, dass die Aufgabe vieldeutig ist. Sie wird erst eindeutig, wenn die Wirkungslinien der beiden Komponenten festliegen (Bild 2.6). Dort sind z. B. die beiden Komponenten der Kraft F senkrecht zu den Linien OB und OC gesucht. Bild 2.7 zeigt, wie man eine Kraft F in zwei Komponenten mit den vorgegebenen Wirkungslinien a und b zerlegt. Durch den Punkt B im Kräfteplan wird die Parallele zu der einen Wirkungslinie und durch E, den Endpunkt der zu zerlegenden Kraft F, die Parallele zur anderen Wirkungslinie gezogen. Der Schnittpunkt C der beiden Parallelen bestimmt die Größen der beiden Komponenten. Ihre Richtung wird durch den Umfahrungssinn von B aus festgelegt. Er läuft Punkt E entgegen. Der Lageplan zeigt die beiden Komponenten F_a und F_b am Punkt 0. Sie erzeugen gemeinsam die gleiche Wirkung wie F allein.

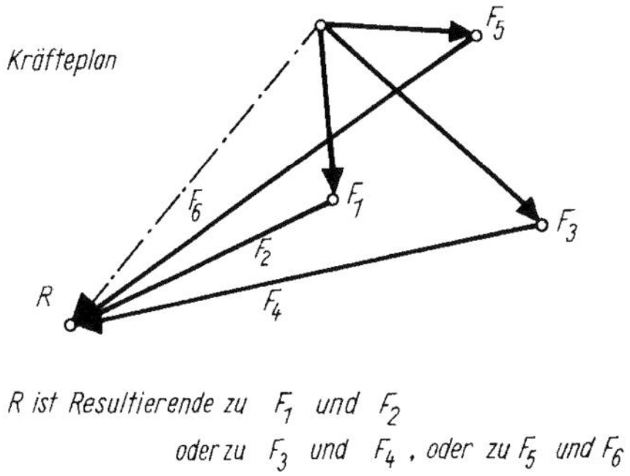

Bild 2.5

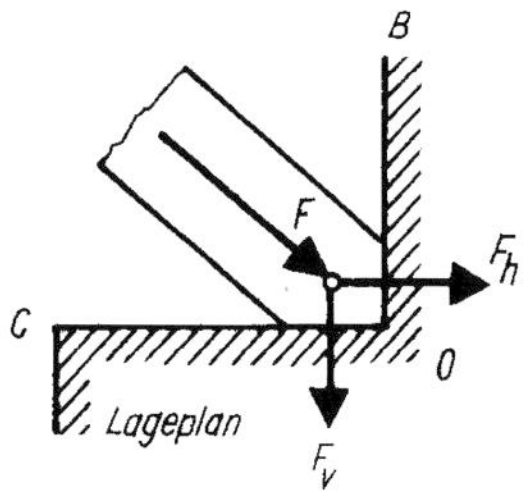

Bild 2.6

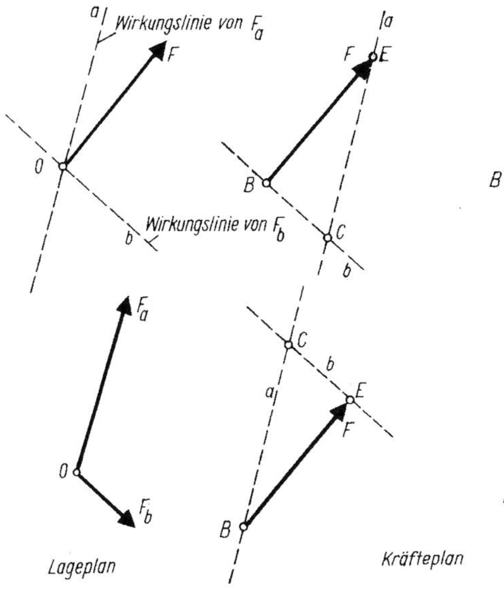

Bild 2.7

Aus dem Kräfteplan ist zu ersehen, dass es gleichgültig ist, ob man die Parallele zur Wirkungslinie *a* bei *B* oder *E* anträgt. Es sind beide Möglichkeiten dargestellt. Für die Lösung genügt eine davon. Auch die beiden nebeneinander gezeichneten Schritte im Kräfteplan fasst man in einem Bild zusammen. Zu beachten ist, dass die beiden Komponenten gleichen Umfahrungssinn aufweisen, der dem der Kraft *F* entgegenläuft.

Bild 2.8 zeigt noch zwei Beispiele der Zerlegung einer Kraft in zwei zueinander senkrechte Komponenten. Die Wirkungslinien der beiden Kräfte verlaufen vertikal und horizontal (Index *v* und *h*). Außerdem stimmen sie mit den Achsen des üblichen

Koordinatensystems überein (Index *x* und *y*). Man bezeichnet diese Komponenten auch als Projektionen der Kraft *F* auf die Achsen des Koordinatensystems.

Die Zerlegung einer Kraft in die in Bild 2.8 angegebenen Richtungen wird sehr häufig vorgenommen. Es fällt hierbei ins Auge, dass die Kraftecke rechtwinklige Dreiecke ergeben und daher die Komponenten auch rechnerisch einfach zu bestimmen sind.

Fällt eine Wirkungslinie mit der Kraft *F* zusammen, dann verschwindet die Komponente in der anderen Wirkungslinie (Bild 2.9).

Das Zerlegen einer Kraft in drei und mehr Komponenten ergibt beim ebenen zentralen Kraftsystem keine eindeutige Lösung (Bild 2.10). Es sind in einem solchen Fall beliebig viele Kräftezüge möglich. Die Zerlegung in zwei Komponenten liefert ein Kräftedreieck, diejenige in drei Komponenten bereits ein Kräfteviereck mit beliebig vielen Möglichkeiten.

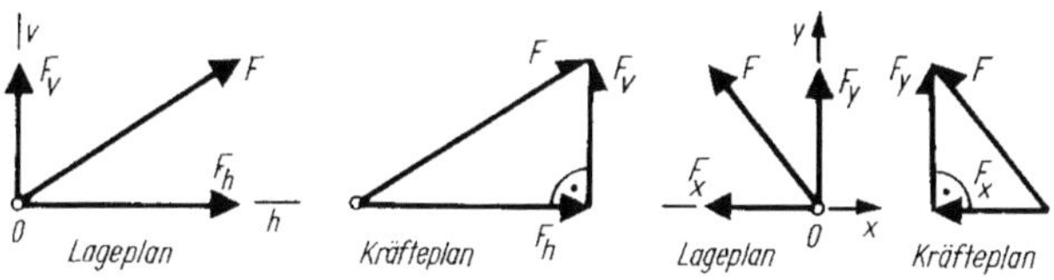

Bild 2.8

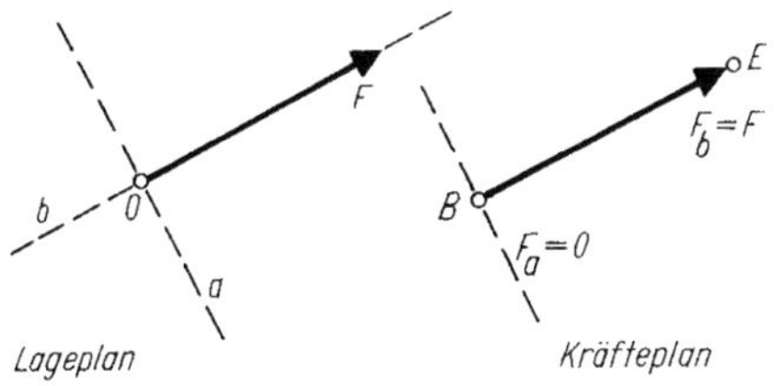

Bild 2.9

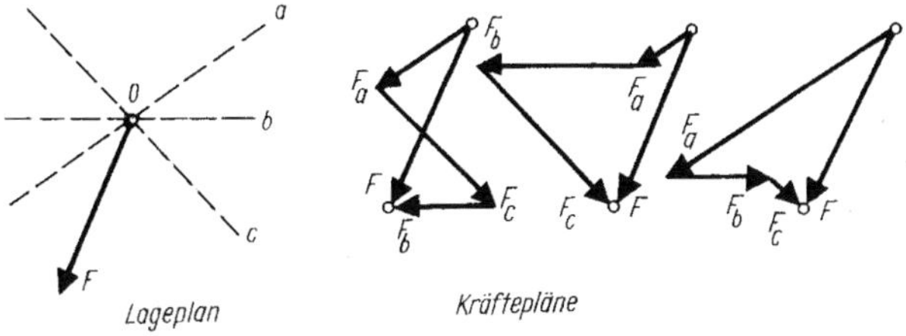

Bild 2.10

2.1.3 Gleichgewichtsbedingungen

Mehrere Kräfte eines ebenen zentralen Kraftsystems wirken im Angriffspunkt *0* eines Körpers. An die Stelle der vielen Einzelkräfte tritt nach der Reduktion die Resultierende *R*. Eine Wirkung kann offensichtlich nur dann nicht auftreten, wenn die Resultierende zu Null wird. Der Körper bleibt im Zustand der Ruhe. Damit kennen wir bereits die *Bedingung* für das Gleichgewicht.

> Ergibt sich bei der Reduktion des ebenen zentralen Kraftsystems eine Resultierende $R = 0$, dann befindet sich das System im Gleichgewicht.

Dieser Zustand muss für alle Bauwerke und Bauelemente nachgewiesen werden. Wegen der Bedeutung des Gleichgewichts muss man die Merkmale dafür kennen.

Bei der Reduktion fügt man die einzelnen Kräfte $F_1, ..., F_n$ mit gleichem Umfahrungssinn aneinander und schließt das Krafteck durch die entgegengesetzt gerichtete Resultierende. Wenn diese Null werden soll, müssen Anfangspunkt *B* von F_1 und Endpunkt *E* von F_n im Krafteck zusammenfallen, sodass man keine Resultierende mehr einfügen kann (Bild 2.11).

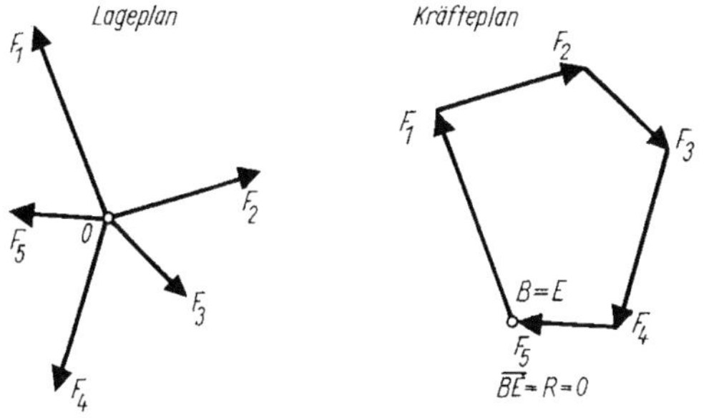

Bild 2.11

> Wenn im ebenen zentralen Kraftsystem Gleichgewicht herrscht, schließt sich das Krafteck der Kräfte $F_1, ..., F_n$ von selbst. Der einheitliche Umfahrungssinn wird nicht durch eine gegengerichtete Resultierende unterbrochen.

Bekannt sind an einem Körper (Bauwerk) zunächst nur die äußeren einwirkende Kräfte, die im Allgemeinen nicht im Gleichgewicht stehen. Die Aufgabe lautet dann, die das Gleichgewicht herstellenden Reaktionskräfte (Lagerkräfte) zu bestimmen. Für ein ebenes zentrales Kraftsystem zeigt Bild 2.12 die Lösung. Dort sind drei Kräfte $F_1, ..., F_3$ gegeben (Bild 2.12a), die – wie aus dem Krafteck ersichtlich ist – nicht im Gleichgewicht stehen. Es ergibt sich die Resultierende *R* (Bild 2.12b). Um Gleichgewicht herzustellen, ersetzt man *R* durch eine Kraft F_4, der man den gleichen Umfahrungssinn wie bei den Kräften $F_1, ..., F_3$ geben muss. Das Krafteck ist nun geschlossen (Bild 2.12c). F_4 ist die gesuchte Kraft, die am Körper noch wirken muss, damit Gleichgewicht herrscht.

Soll in einem gegebenen zentralen Kraftsystem, das sich auf eine Resultierende *R* reduzieren lässt, Gleichgewicht erzielt werden, dann ist dazu eine Kraft *F* notwendig, die die gleiche Größe und Wirkungslinie wie *R*, aber entgegengesetzte Richtung hat (Bild 2.12d).

Der einfachste Gleichgewichtsfall ergibt sich bei nur zwei Kräften. Ihre Resultierende verschwindet, wenn beide gleich groß, aber entgegengesetzt gerichtet sind und in einer Wirkungslinie liegen (Bild 2.12e).

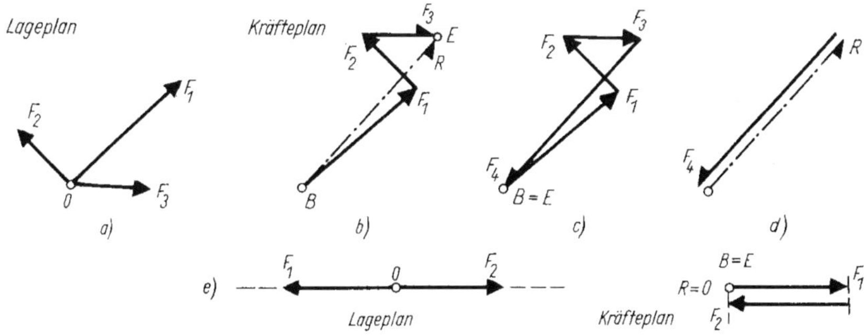

Bild 2.12

2.2 Analytische Behandlung ebener Kräftegruppen

2.2.1 Zerlegen einer Kraft in Komponenten

Grundsätzlich gilt, dass die Ansätze für die rechnerischen Lösungen aus den geometrischen Beziehungen der zeichnerischen Lösung abgeleitet werden können.

Für praktische Zwecke wählt man fast immer die Zerlegung in Komponenten in vertikaler und horizontaler Richtung (Bild 2.13), wobei diese Richtungen auch mit den Achsen *x* bzw. *y* des üblichen Koordinatensystems übereinstimmen.

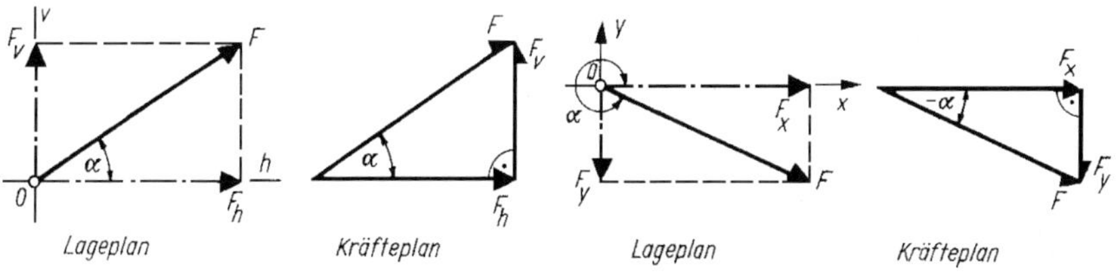

Bild 2.13

Aus bekannten Beziehungen ergeben sich die Größen der beiden Komponenten zu:

$$F_h = F \cos \alpha \quad (2.1) \qquad \text{bzw.} \qquad F_x = F \cos \alpha \quad (2.1a)$$

$$F_v = F \sin \alpha \quad (2.2) \qquad F_y = F \sin \alpha \quad (2.2a)$$

In diesen Formeln ist F mit dem Betrag einzusetzen.

Der Winkel α, den die zu zerlegende Kraft mit der positiven x-Achse einschließt, wird, von dieser ausgehend, entgegen dem Uhrzeigersinn (mathematisch positiv) gezählt ($\alpha = 0 \ldots 360°$). Damit können die Winkelfunktionen positive und negative Werte annehmen, ebenso natürlich die Komponenten. Aus dem Vorzeichen lässt sich eindeutig ihre Richtung erkennen. Positive Komponenten sind nach rechts bzw. oben gerichtet, negative nach links bzw. unten. Die Vorzeichen der Komponenten entsprechen damit zugleich denen der Achsen des Koordinatensystems.

Aus diesen Darstellungen wird erkennbar, dass eine Kraft auch durch Angabe ihrer beiden vorzeichenbehafteten Komponenten nach Größe und Richtung eindeutig festgelegt werden kann.

2.2.2 Zusammensetzen von Kräften

Besonders einfach wird das Zusammensetzen von beliebig vielen Kräften, wenn diese in der gleichen Wirkungslinie liegen (vgl. hierzu nochmals Bild 2.4). Die Resultierende R ergibt sich aus der algebraischen Addition der Einzelkräfte, wobei jede Kraft mit dem ihren Richtungssinn kennzeichnenden Vorzeichen einzusetzen ist. Allgemein erhält man die Gleichung:

$$R = F_1 + F_2 + \ldots + F_n\,; \quad R = \sum_{i=1}^{i=n} F_i \qquad (2.3)$$

Sind zwei Einzelkräfte vorhanden, die beide rechtwinklig zueinanderstehen (Bild 2.14), so erhält man ein rechtwinkliges Kräftedreieck. R ist darin die Hypotenuse, so dass nach dem pythagoreischen Lehrsatz gilt:

$$R = \sqrt{F_1^2 + F_2^2} \qquad (2.4)$$

Damit ist nur die Größe von R bekannt, den Winkel der Kraftwirkungslinie von R errechnet man eindeutig mit jeweils zwei der drei Winkelfunktionen

$$\tan \alpha = \frac{F_y}{F_x}; \qquad \sin \alpha = \frac{F_y}{R}; \qquad \cos \alpha = \frac{F_x}{R} \qquad (2.5)$$

Beim Zusammensetzen von mehr als zwei Kräften mit beliebigen Richtungen nutzt man die bereits abgeleiteten einfachen Beziehungen aus. Man wählt den Weg über die Zerlegung. Jede Kraft F_i wird durch ihre beiden Komponenten F_{ix} und F_{iy} ersetzt. Das System besteht dann nur noch aus Kräften in den beiden Richtungen x und y. Die Kräfte in jeweils einer Richtung lassen sich nach Gl. (2.3) einfach zu einer Teilresultierenden R_x

bzw. R_y zusammenfassen. Nun liegen nur noch zwei Kräfte vor, aus denen nach den Gln. (2.4) und (2.5) R ermittelt wird.

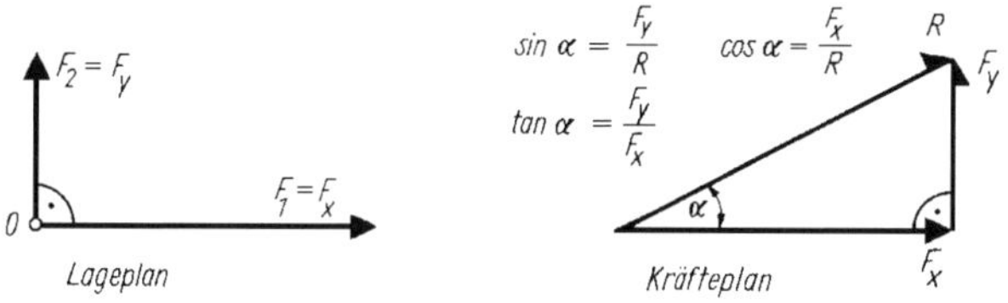

Bild 2.14

Die Bilder 2.15a bis d lassen die Einzelschritte und damit den Gang der Rechnung an einem Beispiel erkennen. Dort soll zu den im Punkt 0 angreifenden Kräften F_1, F_2 und F_3 die Resultierende bestimmt werden.

Zunächst ersetzt man die Kräfte durch ihre Komponenten

$$F_{1x} = F_1 \cos \alpha_1 ; \quad F_{2x} = F_2 \cos \alpha_2 ; \quad F_{3x} = F_3 \cos \alpha_3$$

$$F_{1y} = F_1 \sin \alpha_1 ; \quad F_{2y} = F_2 \sin \alpha_2 ; \quad F_{3y} = F_3 \sin \alpha_3$$

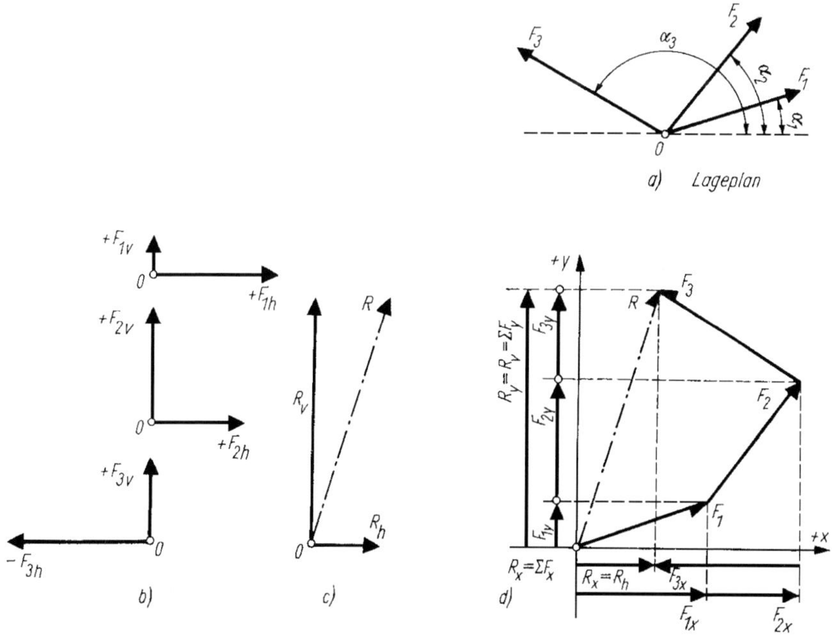

Bild 2.15

Danach ermittelt man die Teilresultierenden, wobei die Vorzeichen der Komponenten zu beachten sind:

$$R_x = F_{1x} + F_{2x} + F_{3x}; \qquad R_x = \sum F_i \cos\alpha_i \tag{2.5a}$$

$$R_y = F_{1y} + F_{2y} + F_{3y}; \qquad R_y = \sum F_i \sin\alpha_i \tag{2.5b}$$

Nunmehr lässt sich die Größe von R bestimmen:

$$R = \sqrt{R_x^2 + R_y^2} \quad ; \qquad R = \sqrt{(\sum F_{ix})^2 + (\sum F_{iy})^2} \tag{2.6}$$

Die Richtung von R erhält man aus:

$$\tan\alpha = \frac{R_y}{R_x}; \qquad \tan\alpha = \frac{\sum F_{iy}}{\sum F_{ix}} \tag{2.7}$$

Zur eindeutigen Festlegung von α_R muss noch sin α_R oder cos α_R bestimmt werden. Man kann jedoch aus den Vorzeichen der beiden Komponenten R_x und R_y deren Richtungen und damit auch die Richtung von R (I. oder III. bzw. II. oder IV. Quadrant) übersehen (vgl. dazu auch Bild 2.20c).

2.2.3 Gleichgewichtsbedingungen

Bei der zeichnerischen Behandlung ebener zentraler Kräftegruppen war bereits festgestellt worden, dass im Zustand des Gleichgewichts keine Resultierende auftreten darf. Bei der rechnerischen Reduktion führt man nach der Zerlegung der einzelnen Kräfte F_i in ihre Komponenten F_{ix} und F_{iy} die Kräfte auf die Teilresultierenden R_x und R_y zurück. Nach Gl. (2.6) kann R nur verschwinden, wenn sowohl R_x als auch R_y Null werden.

> Die rechnerische Bedingung für das Gleichgewicht eines ebenen zentralen Kraftsystems lautet $R = 0$. Diese Bedingung wird meist durch zwei Komponentenbedingungen in den Formen
>
> $R_x = 0$ bzw. $\sum F_{ix} = 0$ oder $\sum F_i \cos\alpha_i = 0$
>
> $R_y = 0$ bzw. $\sum F_{iy} = 0$ oder $\sum F_i \sin\alpha_i = 0$
>
> ersetzt.

Im Allgemeinen steht die vorgegebene Kräftegruppe $F_1, \ldots, F_n$ nicht im Gleichgewicht. Eine das Gleichgewicht herstellende Kraft muss ermittelt werden. Ihre beiden Komponenten F_x und F_y führt man als Unbekannte in die Komponentenbedingungen ein und löst diese nach F_x und F_y auf.

$$F_{1x} + F_{2x} + \ldots + F_{nx} + F_x = 0; \qquad F_x = -\sum F_{ix}$$

$$F_{1y} + F_{2y} + \ldots + F_{ny} + F_y = 0; \qquad F_y = -\sum F_{iy}$$

Es zeigt sich, dass die gesuchten Komponenten den Teilresultierenden entsprechen, jedoch umgekehrt gerichtet sind. Hat man ein Kraftsystem bereits auf Teilresultierende reduziert, dann findet man durch Umkehren ihrer Vorzeichen auch sofort die Komponenten der zum Gleichgewicht nötigen Kraft F.

2.3 Analytische Behandlung räumlicher Kräftegruppen

Zur Behandlung zentraler räumlicher Kräftegruppen werden die bisher gewonnenen Erkenntnisse und Prinzipien angewendet und auf die dritte Dimension erweitert. Dazu wird ein räumliches Koordinatensystem erforderlich. Die Zerlegung einer Kraft F_i in die Achsrichtungen ergibt (Bild 2.16a) die drei Komponenten F_{ix}, F_{iy} und F_{iz}. Man erhält sie nach den Gleichungen

$$F_{ix} = F_i \cos \beta_{ix}; \qquad F_{iy} = F_i \cos \beta_{iy}; \qquad F_{iz} = F_i \cos \beta_{iz} \tag{2.8}$$

Darin sind β_{ix}, β_{iy}, und β_{iz} die Winkel zwischen der Kraft F_i und den positiven Achsen x, y und z. Jede Komponente erhält man aus deren Zerlegung in einer Ebene, die durch die Kraft F_i und die jeweilige Achse bestimmt ist (Bild 2.16a). Geometrisch entsprechen die Komponenten den aufeinanderfolgenden drei verschiedenen Kanten eines Quaders und F_i der dazwischenliegenden Raumdiagonalen (Bild 2.16b). Man erkennt, dass der Quader dem um eine Dimension erweiterten Kräfteparallelogramm entspricht und F_i durch geometrische Addition der drei Komponenten entsteht. Eine Kraft im Raum wird also durch drei Komponenten eindeutig bestimmt bzw. nach drei Richtungen eindeutig zerlegt.

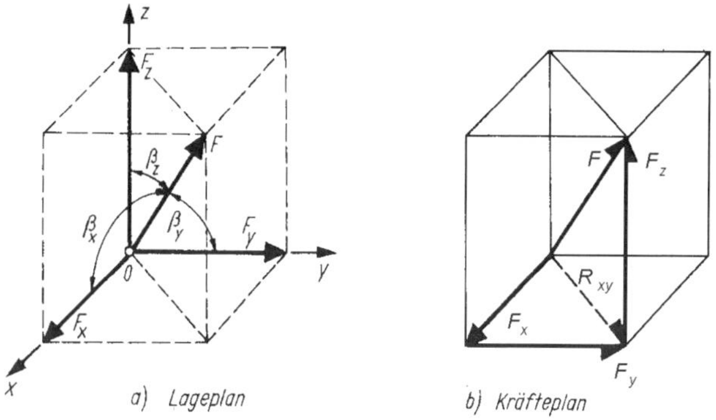

Bild 2.16

Bei der Reduktion einer zentralen räumlichen Kräftegruppe wählt man ebenfalls den Weg über die Zerlegung jeder einzelnen Kraft in rechtwinklige Komponenten und ermittelt dann die Teilresultierenden:

$$R_x = \sum F_{ix}; \quad \sum F_{ix} = \sum F_i \cos\beta_{ix}$$
$$R_y = \sum F_{iy}; \quad \sum F_{iy} = \sum F_i \cos\beta_{iy} \tag{2.9}$$
$$R_z = \sum F_{iz}; \quad \sum F_{iz} = \sum F_i \cos\beta_{iz}$$

Die Größen von R erhält man nach der Gleichung:

$$R = \sqrt{R_x^2 + R_y^2 + R_z^2}\,. \tag{2.10}$$

Der Lage nach greift R ebenfalls im gemeinsamen Angriffspunkt der Kräftegruppe an. Zur Darstellung der Richtung bestimmt man die Winkel, die R mit den Achsen bildet:

$$\cos\beta_x = \frac{R_x}{R}; \quad \cos\beta_y = \frac{R_y}{R}; \quad \cos\beta_z = \frac{R_z}{R} \tag{2.11}$$

Wegen $\cos^2\beta_x + \cos^2\beta_y + \cos^2\beta_z = 1$ brauchen nur zwei Winkel vorgegeben zu sein. Den Richtungskosinus erhält man zwar mit Vorzeichen, jedoch ist es zweckmäßig, auf Grund der Vorzeichen der drei Komponenten R_x, R_y und R_z die Richtung von R sinngemäß zu überprüfen.

Die Gleichgewichtsbedingungen für eine zentrale räumliche Kräftegruppe lassen sich nach den bisherigen Ableitungen sofort anschreiben. Die Bedingung $R = 0$ wird jetzt durch drei Komponentenbedingungen ausgedrückt:

$$R_x = 0 \quad \text{bzw.} \quad \sum F_{ix} = 0 \quad \text{oder} \quad \sum F_i \cos\beta_{ix} = 0$$
$$R_y = 0 \quad \text{bzw.} \quad \sum F_{iy} = 0 \quad \text{oder} \quad \sum F_i \cos\beta_{iy} = 0$$
$$R_z = 0 \quad \text{bzw.} \quad \sum F_{iz} = 0 \quad \text{oder} \quad \sum F_i \cos\beta_{iz} = 0$$

Wie bereits in den vorhergehenden Abschnitten erwähnt wurde, ist eine Gleichgewichtsaufgabe im Prinzip einer Zerlegungsaufgabe gleichwertig, nur die Richtungen bzw. Vorzeichen der Komponenten sind zu ändern.

2.4 Beispiele zum zentralen Kraftsystem

Beispiel 1

An einem Punkt greifen die beiden Kräfte $F_1 = 2{,}5$ kN und $F_2 = 3{,}0$ kN (Bild 2.17) an. Die Resultierende soll zeichnerisch und rechnerisch bestimmt werden.

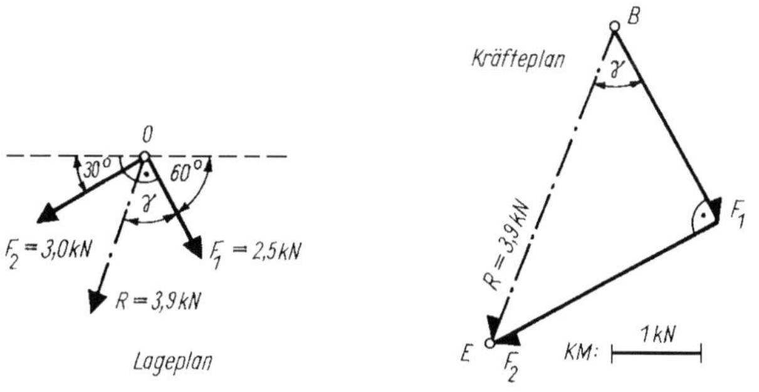

Bild 2.17

a) Zeichnerische Ermittlung

Im Kräfteplan (Bild 2.17) bilden F_1 und F_2 den Kräftezug *BE*, der *R* nach Größe und Richtung liefert. Die Lage wird durch Parallelverschiebung in den Punkt 0 erhalten.

b) Rechnerische Ermittlung

Aus dem rechtwinkligen Kräftedreieck bzw. nach Gl. (2.4) erhält man

$$R = \sqrt{2{,}5^2 + 3{,}0^2} = 3{,}9 \text{ kN}.$$

Die Richtung wird durch den Winkel y festgelegt:

$$\tan\gamma = \frac{F_y}{F_x} = \frac{3{,}0}{2{,}5} = 1{,}20 \qquad \gamma = 50°11'$$

Beispiel 2

Im Punkt 0 eines Körpers (Bild 2.18a) greifen die Kräfte $F_1 = 30$ kN und $F_2 = 38{,}4$ kN an. Gesucht ist die Resultierende *R* auf zeichnerischem und rechnerischem Wege.

a) Zeichnerische Ermittlung

Den Kräfteplan zeigt Bild 2.18b. Man erhält die Größe mit $R = 24{,}0$ kN. Die Resultierende greift ebenfalls in *0* an und wirkt in Richtung des dargestellten Pfeiles.

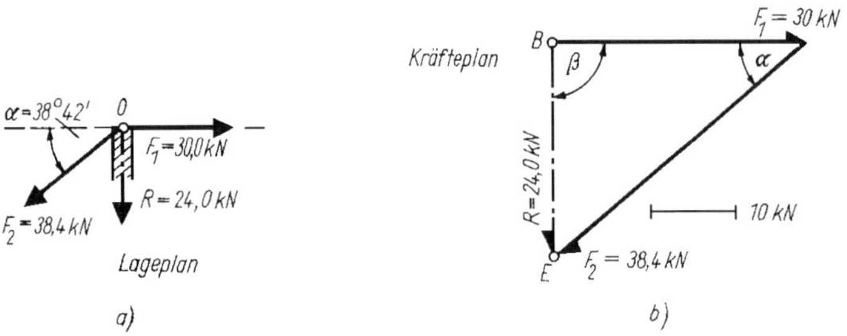

Bild 2.18

b) Rechnerische Ermittlung

R kann direkt aus dem Kräftedreieck mit Hilfe des Kosinussatzes der ebenen Trigonometrie bestimmt werden. Jedoch wird hier der Weg über die Teilresultierenden R_x und R_y für zweckmäßiger gehalten [Gln. (2.5), (2.6) und (2.7)].

$$\alpha_1 = 0° ; \qquad \sin \alpha_1 = 0 ; \qquad \cos \alpha_1 = 1{,}00$$

$$\alpha_2 = 218°42' ; \qquad \sin \alpha_2 = -0{,}622 ; \qquad \cos \alpha_2 = -0{,}783$$

$$R_x = 30 \cdot 1{,}000 - 38{,}4 \cdot 0{,}783 = 0$$

$$R_y = 30 \cdot 0 - 38{,}4 \cdot 0{,}622 = -24 \text{ kN}$$

$$R = \sqrt{0^2 + (-24)^2} = 24 \text{ kN}$$

$$\tan \alpha_R = -\infty ; \qquad \alpha_R = 270° ; \qquad \sin \alpha_R = -1{,}000$$

Beispiel 3

Das in Bild 2.19a skizzierte einfache Tragwerk wird an der Spitze durch eine Kraft *F* = 2000 N belastet. Wie groß sind die Komponenten dieser Kraft in Richtung der Stäbe *O* und *U*? Welche Wirkungen in Richtung der Stabachsen müssen am Punkt *S* angebracht werden, damit die Kräfte an ihm im Gleichgewicht sind?

a) Zeichnerische Lösung (Bild 2.19b)

Man trägt die Kraft *F* im Kräfteplan auf, zieht durch den Punkt *B* die Parallele zur Richtung von *O* und durch *E* die von *U*. Ihr Schnittpunkt *C* liefert die Größe der Komponenten:

$$K_O = 3080 \text{ N} ; \qquad K_U = 3950 \text{ N}$$

Die Richtung wird durch den Umfahrungssinn festgelegt, der für K_O und K_U dem von *F* entgegenlaufen muss (Bild 2.19c).

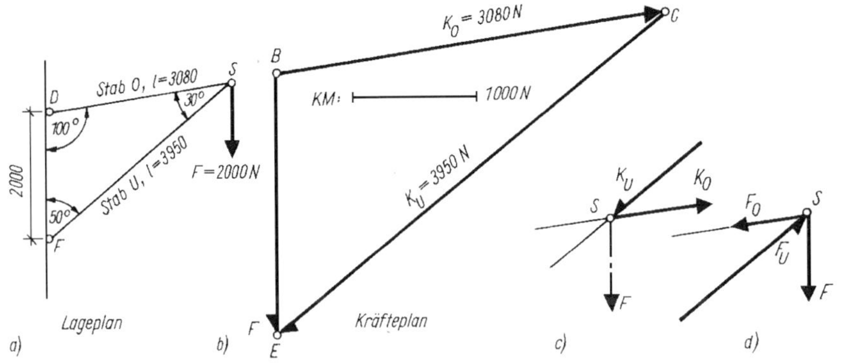

Bild 2.19

b) Rechnerische Lösung

Man kommt auf dem gleichen Wege zum Ziel wie im Beispiel 2. Da es sich um die Zerlegung in Komponenten handelt, wäre lediglich anzusetzen:

$$K_{Ux} + K_{Ox} = F_x; \qquad K_{Uy} + K_{Oy} = F_y$$

Es sind jedoch auch andere Lösungswege möglich (vgl. den ersten Satz zu Abschnitt 2.2.1.).

Das Kräftedreieck *BEC* enthält die Seiten *BE* = *F*, *BC* = K_O und *CE* = K_U. Es ist dem Stabdreieck *FDS* ähnlich. Danach müssen sich verhalten:

$$\frac{K_U}{F} = \frac{3{,}95}{2{,}0}; \qquad K_U = F \cdot 1{,}975 = 2000 \cdot 1{,}975 = 3950 \text{ N}$$

$$\frac{K_O}{F} = \frac{3{,}08}{2{,}0}; \qquad K_O = F \cdot 1{,}540 = 2000 \cdot 1{,}540 = 3080 \text{ N}$$

Auf die Weise erhält man nur die Größe der beiden Komponenten. Die Bestimmung der Richtung erfolgt am zweckmäßigsten mit Hilfe einer Skizze, die in Form des Kräfteplanes bereits vorliegt.

c) Gleichgewicht der Kräfte am Punkt *S* (Bild 2.19d)

Die beiden Komponenten sind die Kräfte, die an Stelle von *F* am Punkt *S* in Richtung der Stäbe *O* und *U* wirken. Von den Stäben muss daher eine gleich große, entgegengesetzt gerichtete Wirkung auf Punkt *S* ausgeübt werden, wenn dieser im Gleichgewicht sein soll. Die Richtungen von K_O und K_U im Kräfteplan sind nur umzukehren. Gleichgewichts- und Zerlegungsaufgaben dieser Art unterscheiden sich in der Lösung nur durch das Vorzeichen.

Beispiel 4

An einem Haltebock (Bild 2.20a) greifen im Punkt 0 sechs Kräfte in verschiedenen Richtungen an. Die Resultierende R ist sowohl zeichnerisch als auch rechnerisch zu bestimmen.

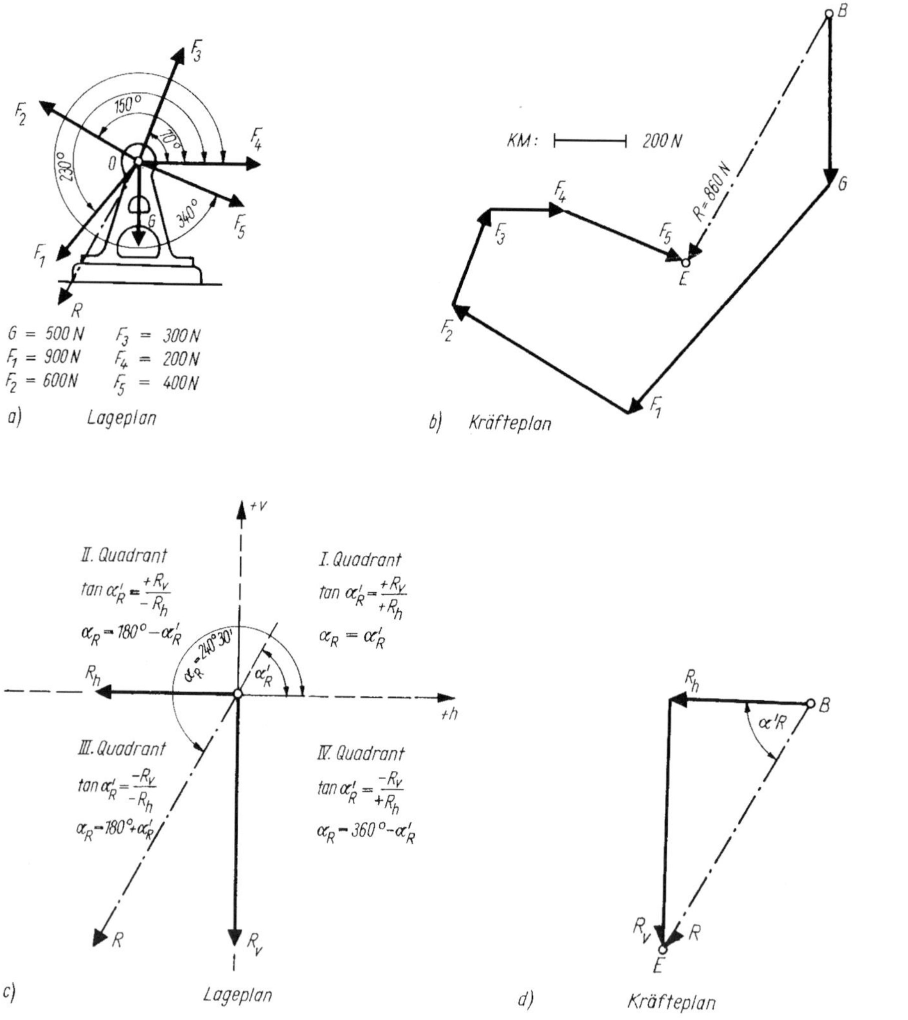

Bild 2.20

a) Zeichnerische Lösung

In Bild 2.20b ist der Kräftezug für die sechs Kräfte G, F_1, ..., F_5 dargestellt. Er beginnt in R und endet in E. Die Verbindungslinie von B nach E gibt nach Größe und Richtung die Resultierende R an. Durch Parallelverschiebung von R in den Punkt 0 wird ihre wirkliche Lage gefunden.

b) Rechnerische Lösung

R wird auf dem Weg über die Zerlegung der sechs Kräfte in ihre Komponenten mithilfe der Gln. (2.1) bis (2.7) ermittelt. Die Rechnung erfolgt zweckmäßigerweise in einer Tabelle. Hierfür eignet sich jedes Tabellenkalkulationsprogramm. (Hinweis: Bei vielen Programmen sind Winkelangaben im Bogenmaß vorzunehmen – Umrechnung von Gradmaß in Bogenmaß durch Multiplikation mit $\pi/180°$.)

Tabelle 2.1

F_i	**Betrag** N	**Richtung** α_i	**cos** α_i	**sin** α_i	$F_i \cdot$ **cos** α_i N	$F_i \cdot$ **sin** α_i N
G	500	270°	0,000	–1,000	0	–500
F_1	900	230°	–0,643	–0,766	–579	–689
F_2	600	150°	–0,866	0,500	–520	300
F_3	300	70°	0,342	0,940	103	282
F_4	200	0°	1,000	0,000	200	0
F_5	400	340°	0,940	–0,342	376	–137
Summen:			R_x [N] =	R_y [N] =	–420	–744
Resultierende:			R [N] =		854	
Winkel:			$\tan \alpha_R' = 1{,}774$		$\alpha_R' = 60{,}6°$	

Bis hier wurde die gesamte Berechnung mit einfachen Formelbeziehungen innerhalb der Tabellenkalkulation geführt. Diese gehen für den oberen Teil der Tabelle aus der Kopfzeile hervor. Durch Einfügen von Zeilen und Kopieren des Formelsatzes in die neue Zeile ist eine Erweiterung auf beliebig viele Lasten mit einfachen Mittel möglich. Für den unteren Bereich gilt:

$$R_x = \sum F_i \cos \alpha_i\,; \qquad R_y = \sum F_i \sin \alpha_i\,; \qquad \tan \alpha = \frac{R_y}{R_x}$$

Entsprechend dem oben erfolgtem Hinweis ist der Winkel durch Multiplikation mit $180°/\pi$ von Bogenmaß in Gradmaß wieder zurück zu rechnen.

Zu beachten ist, dass hier nur der Winkel α'_R ausgerechnet worden ist. Die Ermittlung des richtigen Quadranten ist innerhalb der Tabellenkalkulation durch entsprechende Vergleiche möglich, aber wesentlich aufwendiger als die bisherige Berechnung. Entsprechend den Vorzeichendefinitionen in Bild 2.20c ist die Zuordnung zum III. Quadranten sofort möglich:

$$\alpha_R = 180° + \alpha'_R = 180° + 60{,}6° = 240{,}6°$$

Beispiel 5

Vorgegeben ist ein Bockgerüst (Bild 2.21). Es hat die Spitze S und die Fußpunkte L, M und N sowie eine Kraft F = 10 kN. Die Wirkungslinie von F ist durch die Punkte S und O festgelegt, wobei F von O nach S gerichtet ist. Die Lage der Punkte S bis O ist in einem rechtwinkligen räumlichen Koordinatensystem (Rechtssystem) durch die folgenden Koordinaten gegeben (Maßeinheit m):

L (2; –3; 0) ; M (3; 2; 0) ; N (–3; 1; 0)

S (0; 0; 4) ; O (–1; 3; 6)

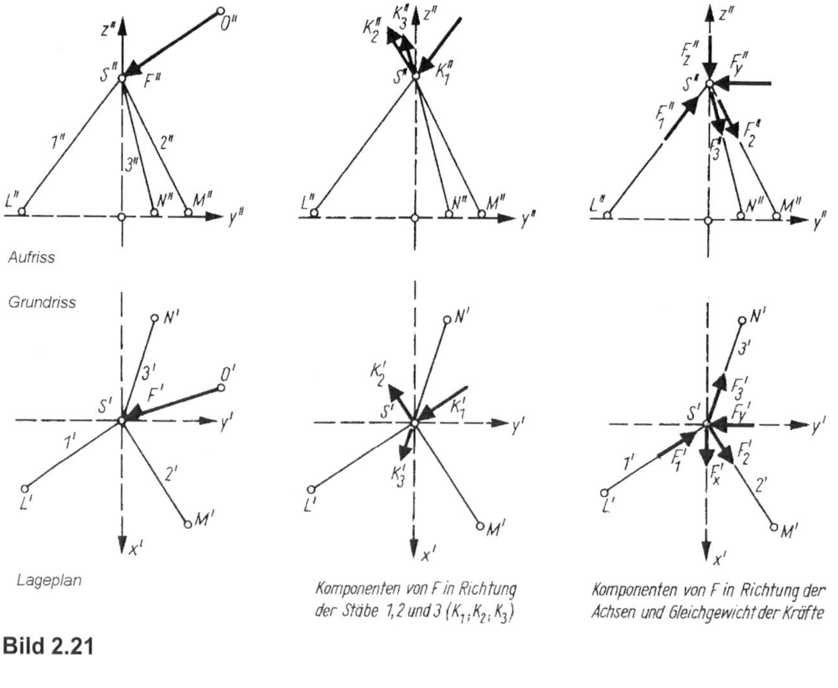

Bild 2.21

Gesucht sind auf rechnerischem Wege

a) die Komponenten von F in den Achsenrichtungen (K_x, K_y und K_z),
b) die Komponenten von F in Richtung der Stäbe 1, 2 und 3 (K_1, K_2 und K_3),
c) die das Gleichgewicht am Punkt S herstellenden Kräfte F_1, F_2 und F_3 in Richtung der drei Stäbe 1, 2 und 3.

Bestimmung des Richtungskosinus der einzelnen Komponenten der Kraft *F* und der einzelnen Stäbe 1, 2 und 3

Da sich diese Aufgabe mehrfach wiederholt, bietet sich hier wieder die Lösung in tabellarischer Form an. Dies ist insofern unbedingt zu empfehlen, da man es in der Regel mit mehr als einer Kraft zu tun hat.

Allgemein gilt dabei für einen vom Punkt A (x_A, x_A, z_A) nach B (x_B, x_B, z_B) gerichteten Vektor folgender Formelsatz:

$$l_{AB} = \sqrt{(x_B - x_A)^2 + (y_B - y_A)^2 + (z_B - z_A)^2} \qquad (2.12)$$

$$\cos\beta_x = \frac{x_B - x_A}{l_{AB}}; \qquad \cos\beta_y = \frac{y_B - y_A}{l_{AB}}; \qquad \cos\beta_z = \frac{z_B - z_A}{l_{AB}} \qquad (2.13)$$

Tabelle 2.2

	Einheit	**Kraft *F***	**Stab 1**	**Stab 2**	**Stab 3**
x_A	m	–1,00	2,00	3,00	–3,00
y_A	m	3,00	–3,00	2,00	1,00
z_A	m	6,00	0,00	0,00	0,00
x_B	m	0,00	0,00	0,00	0,00
y_B	m	0,00	0,00	0,00	0,00
z_B	m	4,00	4,00	4,00	4,00
$x_B - x_A$	m	1,00	–2,00	–3,00	3,00
$y_B - y_A$	m	–3,00	3,00	–2,00	–1,00
$z_B - z_A$	m	–2,00	4,00	4,00	4,00
l_{AB}	m	3,742	5,385	5,385	5,099
$\cos\beta_x$		0,267	–0,371	–0,557	0,588
$\cos\beta_y$		–0,802	0,557	–0,371	–0,196
$\cos\beta_z$		–0,535	0,743	0,743	0,784

a) Komponenten K_x, K_y und K_z von F

$$F_x = 10 \cdot 0{,}267 = 2{,}67 \text{ kN}$$

$$F_y = 10 \cdot (-0{,}802) = -8{,}02 \text{ kN}$$

$$F_z = 10 \cdot (-0{,}535) = -5{,}35 \text{ kN}$$

b) Komponenten K_1, K_2 und K_3

Dazu ist das folgende Gleichungssystem zu lösen:

$$-0{,}371\,K_1 - 0{,}557\,K_2 + 0{,}588\,K_3 = 2{,}68$$

$$0{,}577\,K_1 - 0{,}371\,K_2 - 0{,}196\,K_3 = -8{,}03$$

$$0{,}743\,K_1 + 0{,}743\,K_2 + 0{,}784\,K_3 = -5{,}35$$

Die Auflösung (z. B. mit dem Gaußschen Algorithmus) ergibt folgende Werte:

$$K_1 = -11{,}67 \text{ kN}\,; \qquad K_2 = 3{,}72 \text{ kN}\,; \qquad K_3 = 0{,}71 \text{ kN}$$

Die Vorzeichen der Komponenten lassen erkennen, dass die Richtung von K_1 umgekehrt werden muss, während die angenommenen Richtungen von K_2 und K_3 korrekt sind.

c) Gleichgewicht der Kräfte am Punkt S

Die Gleichgewichtsbedingungen lauten:

$$F_{1x} + F_{2x} + F_{3x} + F_x = 0\,; \qquad (\textstyle\sum F_{ix} = 0)$$

$$F_{1y} + F_{2y} + F_{3y} + F_y = 0\,; \qquad (\textstyle\sum F_{iy} = 0)$$

$$F_{1z} + F_{2z} + F_{3z} + F_z = 0\,; \qquad (\textstyle\sum F_{iz} = 0)$$

$$-0{,}371\,K_1 - 0{,}557\,K_2 + 0{,}588\,K_3 + 2{,}68 = 0$$

$$0{,}577\,K_1 - 0{,}371\,K_2 - 0{,}196\,K_3 - 8{,}03 = 0$$

$$0{,}743\,K_1 + 0{,}743\,K_2 + 0{,}784\,K_3 - 5{,}35 = 0$$

Man erkennt, dass sich diese Aufgabe von der unter b) erfolgten Zerlegung nur durch das Vorzeichen der Ergebnisse unterscheidet. Die gesuchten Kräfte sind:

$$F_1 = 11{,}67 \text{ kN}\,; \qquad F_2 = -3{,}72 \text{ kN}\,; \qquad F_3 = -0{,}71 \text{ kN}$$

3 Das allgemeine ebene Kraftsystem

3.1 Kräftepaar, Moment und Momentensatz

Die Bewegungsmöglichkeiten eines Körpers in der Ebene und auch im Raum lassen sich als Verschiebungen und Drehungen erklären.

Die Ursache einer Verschiebung ist eine Kraft, die in Form der Resultierenden auch für ein System von Kräften stehen kann.

Die Ursache einer Verdrehung ist ein Kräftepaar. Es besteht aus zwei gleich großen, entgegengesetzt gerichteten Kräften in zwei parallelen Wirkungslinien (Bild 3.1). Eine solche Anordnung von zwei Kräften ruft eine Drehung des Körpers um eine Achse senkrecht zur Wirkungsebene des Kräftepaares hervor.

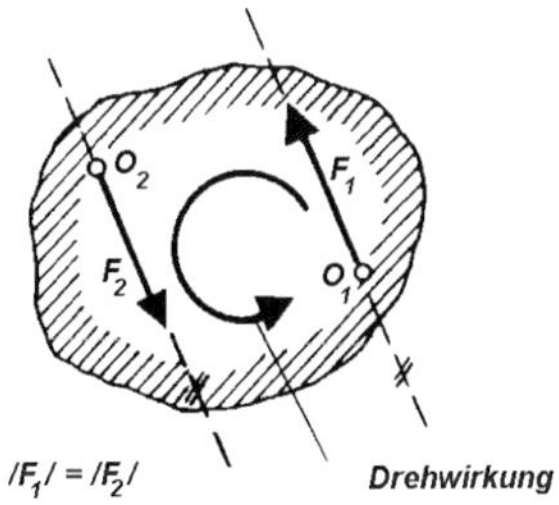

Bild 3.1

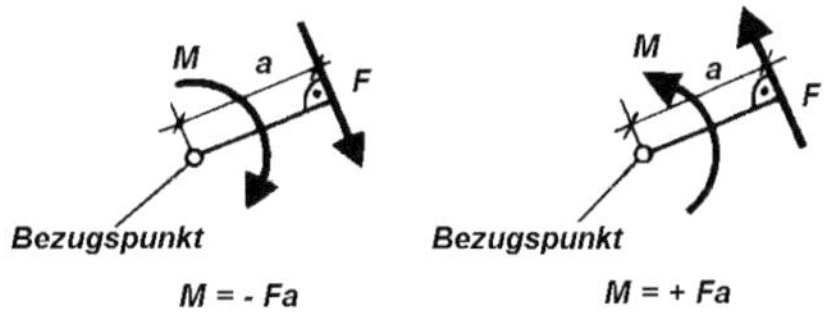

Bild 3.2

Ein Kräftepaar lässt sich nicht durch eine Resultierende ersetzen. Für die Drehwirkung von Kräften wird der Begriff Drehmoment oder auch Moment verwendet. Neben dem Moment eines Kräftepaares, das allein die Ursache einer Drehung ist, verwendet man in der Statik den Rechenbegriff „Moment einer Kraft" (Bild 3.2).

> Das Moment einer Kraft in Bezug auf einen Punkt ist das Produkt aus dem absoluten Betrag der Kraft und dem senkrechten Abstand ihrer Wirkungslinie vom Bezugspunkt:
>
> $$M = \pm F \cdot a \qquad (3.1)$$
>
> Rechtsdrehende Momente erhalten zunächst ein positives, linksdrehende Momente ein negatives Vorzeichen.

Den Abstand a bezeichnet man als Hebelarm.

Zur eindeutigen Angabe des Momentes einer Kraft gehören demnach die Größe und der Drehsinn. Die Einheit des Momentes folgt den Einheiten der Kraft und Länge, also kNm oder Ncm usw.

Aus Gl. (3.1) erkennt man, dass für die Größe und den Drehsinn des Momentes einer Kraft der absolute Betrag der Kraft und die Lage des Bezugspunktes maßgebend werden. Wählt man verschiedene Bezugspunkte, so erhält man ganz unterschiedliche Ergebnisse für *M.* Hierin besteht auch der Unterschied zwischen dem als Rechengröße verwendeten Begriff „Moment einer Kraft“ und dem eine Drehwirkung erzeugenden Moment eines Kräftepaares.

Berechnet man das Moment eines Kräftepaares für verschiedene Bezugspunkte nach Gl. (3.1) (Bild 3.3), so ergibt sich stets der gleiche Wert.

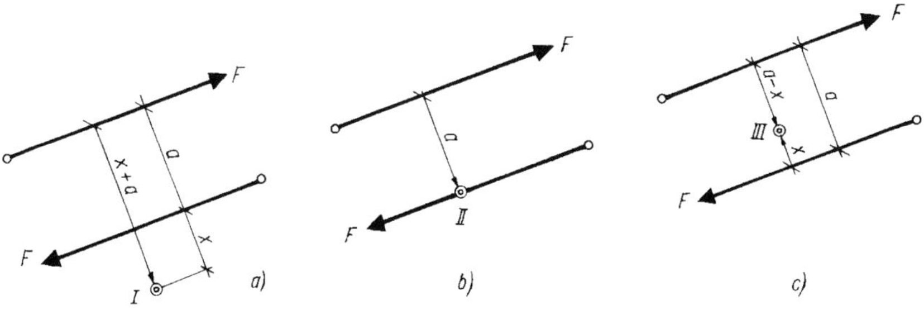

Bild 3.3

Für die Bezugspunkte *I*, *II* und *III* erhält man

$M_I = F\,(a + x) - F\,x = F\,a$ (Bild 3.3a)

$M_{II} = F\,a$ (Bild 3.3b)

$M_{III} = F\,(a - x) + F\,x = F\,a$ (Bild 3.3c)

Der Bezugspunkt kann dabei als Durchstoßpunkt einer senkrechten Drehachse durch die Kraftebene angesehen werden.

> Das Moment eines Kräftepaares ist für jede Drehachse senkrecht zur Kraftebene gleich. Daraus folgt, dass ein Kräftepaar in seiner Ebene beliebig verschoben werden kann, ohne dass sich an seiner Wirkung etwas ändert.

Die Gleichwertigkeit (Äquivalenz) von Kräftepaaren ist erfüllt, wenn ihre Drehmomente übereinstimmen. Das gilt sowohl für die Größe als auch für die Drehrichtung. Jedes Kräftepaar kann durch ein gleichwertiges anderes ersetzt werden, ohne dass sich der Kräftezustand ändert. Bild 3.4 zeigt einige gleichwertige Kräftepaare.

Ebenso wie Kräfte zu einer Resultierenden kann man mehrere an einem starren Körper angreifende Kräftepaare zu einem resultierenden Kräftepaar zusammenfassen. Die Wirkung des resultierenden Kräftepaares, das resultierende Moment, ist gleich der Summe der Momente der einzelnen Kräftepaare

$$M_R = M_1 + M_2 + \ldots + M_n\,; \qquad M_R = \sum M_i \tag{3.2}$$

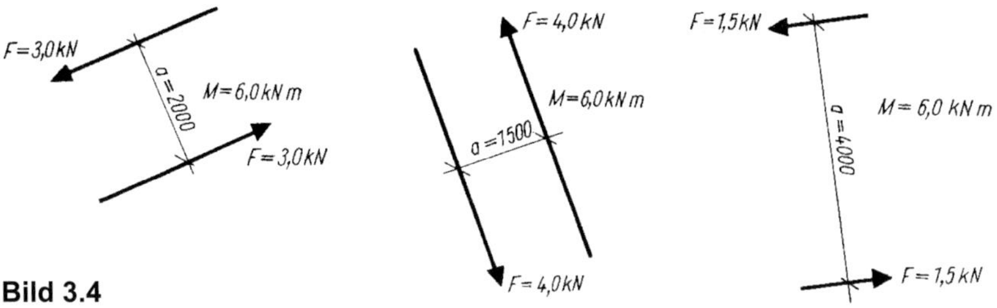

Bild 3.4

Der Beweis für diese Beziehung ist einfach zu erbringen und kann daher übergangen werden. Da es sich bei der Ermittlung von M_R um eine algebraische Addition handelt, ist stets der rechnerische Weg vorzuziehen.

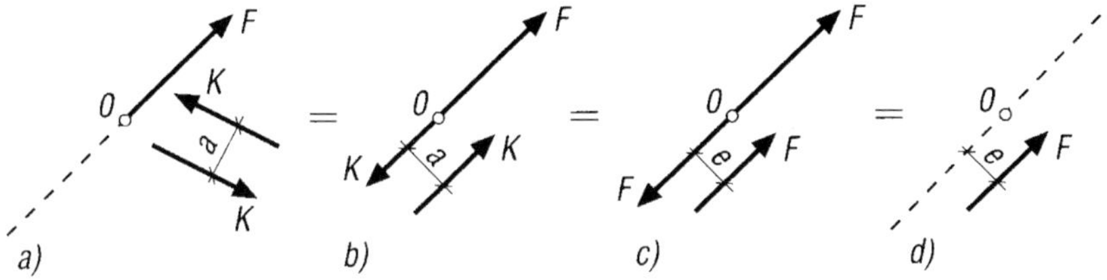

Bild 3.5

Das Zusammensetzen eines Kräftepaares mit einer Einzelkraft zeigt Bild 3.5.

Dort greifen an einem Körper an (Bild 3.5a):

- eine Kraft im Punkt 0,
- ein Kräftepaar mit dem Moment $M = K\,a$

Beide sollen zusammengesetzt werden. Man verschiebt zunächst das Kräftepaar nach Bild 3.5b so, dass eine Kraft in der Wirkungslinie von F am Punkt 0 angreift. Danach verwandelt man das Kräftepaar Ka in ein gleichwertiges Kräftepaar Fe, wobei e wie folgt bestimmt wird:

$$K\,a = F\,e = M; \qquad e = \frac{M}{F} = \frac{K\,a}{F}$$

Diesen Zustand zeigt Bild 3.5c. Jetzt erscheinen in 0 zwei gleich große, entgegengesetzt gerichtete Kräfte F, die einander aufheben. Übrig bleibt allein F (Bild 3.5d), allerdings parallel zur ursprünglichen Lage, um die Strecke e verschoben.

Das Zusammensetzen einer Einzelkraft mit einem Kräftepaar ergibt eine parallel verschobene Einzelkraft. Sie erzeugt, bezogen auf ihren ursprünglichen Angriffspunkt, ein Moment, das dem Moment des Kräftepaares gleichwertig ist.

Als Umkehrung zu diesem Satz kann man erwarten, dass bei der Parallelverschiebung einer Einzelkraft um eine Strecke *a* zur Wirkung der Kraft *F* in der neuen Lage noch ein Moment von der Größe *Fa* hinzutritt (Bild 3.6).

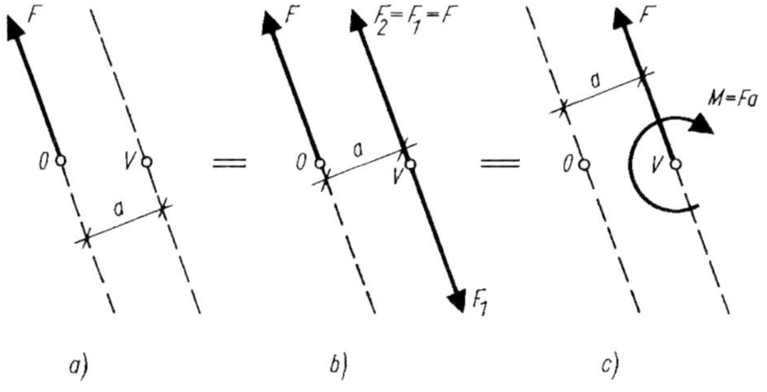

Bild 3.6

Eine Kraft *F* (Bild 3.6) soll parallel in den Punkt *V* verschoben werden. Bringt man dort zwei gleich große, entgegengesetzt gerichtete Kräfte $F_1 = F_2 = F$ an (Bild 3.6b), dann ändert sich am ursprünglichen Zustand nichts, da beide sich aufheben.

Fasst man nun die drei Kräfte anders zusammen, bilden F und F_1 ein Kräftepaar, und $F_2 = F$ liegt jetzt in der gewünschten Wirkungslinie. Neben der parallel verschobenen Kraft *F* ist jetzt noch ein Moment $M = F\,a$ vorhanden (Bild 3.6c).

> Wird eine Kraft *F* um die Strecke *a* parallel verschoben, muss zur Herstellung der ursprünglichen Wirkung im neuen Angriffspunkt ein Moment von der Größe $M = F\,a$ hinzugefügt werden. Der Drehsinn und damit das Vorzeichen ergeben sich aus dem Moment der Kraft in ihrer ursprünglichen Lage in Bezug auf einen Punkt der neuen Wirkungslinie.

In Gl. (3.1) lernten wir das Moment einer Kraft kennen. Die Betrachtungen werden jetzt anhand von Bild 3.7 fortgesetzt. In Bild 3.7a ist eine Kraft *F* dargestellt, die, bezogen auf den Punkt 0, das Moment $M = F\,l$ erzeugt.

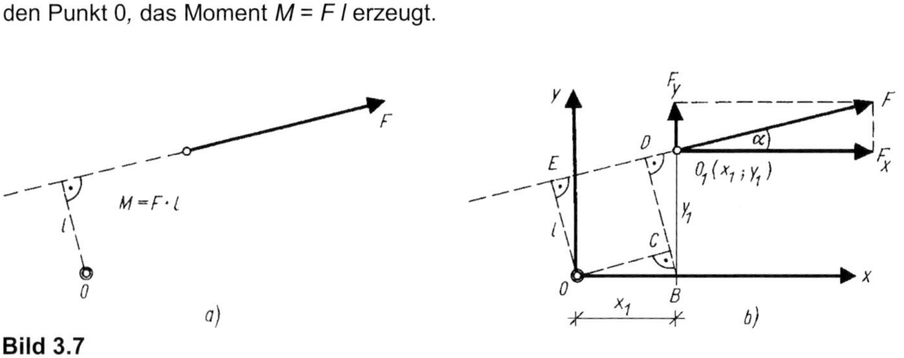

Bild 3.7

Wird durch 0 als Koordinatenursprung ein rechtwinkliges Koordinatensystem gelegt, so kann der Hebelarm 1 auch durch die Koordinaten x_1 und y_1 ausgedrückt werden (Bild 3.7b):

$$l = y_1 \cos \alpha - x_1 \sin \alpha$$

Damit lässt sich M in der nachstehenden Form schreiben:

$$M = F\ (y_1 \cos \alpha - x_1 \sin \alpha);$$
$$M = F\, y_1 \cos \alpha - F\, x_1 \sin \alpha \qquad (3.3)$$

Die Ausdrücke $F \cos \alpha$ und $F \sin \alpha$ sind nichts anderes als die Komponenten F_x und F_y der Kraft F. Für M kann man daher auch schreiben:

$$M = F_x y_1 - F_y x_1 \qquad (3.3a)$$

Das Moment der Kraft F ist demnach so groß wie die algebraische Summe der Momente ihrer beiden Komponenten, bezogen auf den gleichen Punkt.

Dieser Satz wird als *Momentensatz* bezeichnet. Er drückt aus, dass die Resultierende, bezogen auf einen beliebigen Punkt, das gleiche Moment erzeugt wie die Einzelkräfte zusammen.

3.2 Grafische Reduktion mit Teilresultierenden

Bevor auf die Reduktion eines allgemeinen ebenen Kraftsystems eingegangen werden kann, muss noch die Verschiebbarkeit einer Kraft in ihrer Wirkungslinie erklärt werden.

Bild 3.8a zeigt die Kraft F im Punkt 0 eines ebenen Körperschnittes. Sie bewirkt eine Bewegung in Pfeilrichtung. Trägt man in der Wirkungslinie die Kraft F im Punkt 0′ an, dann ändert sich an der Wirkung nichts (Bild 3.8b).

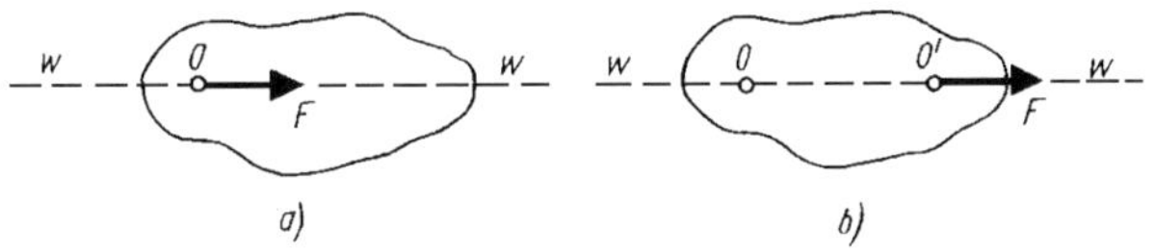

Bild 3.8

Daraus folgt:

> Eine Kraft darf an einem starren Körper in ihrer Wirkungslinie beliebig verschoben werden, ohne dass sich dadurch ihre Wirkung in Bezug auf den Gleichgewichtszustand des Körpers ändert.

Zu beachten ist jedoch, dass eine Verschiebung zwar ohne Einfluss auf den Gleichgewichtszustand der äußeren Kräfte ist, allerdings kann sich dabei die Art der inneren Kräfte ändern (Bild 3.9).

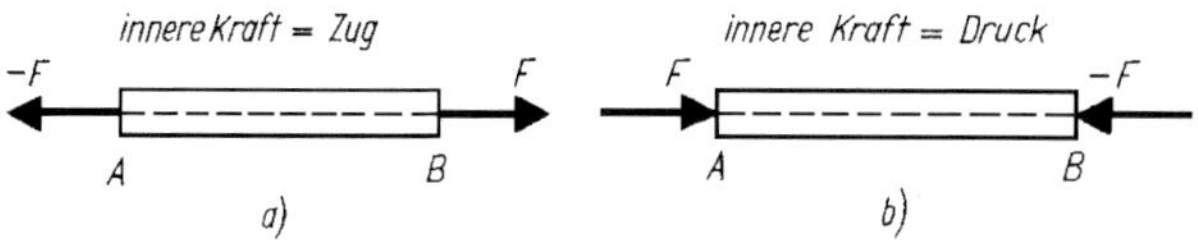

Bild 3.9

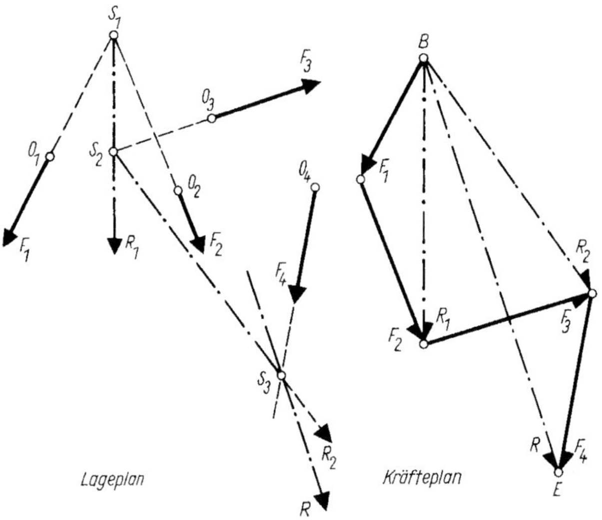

Bild 3.10

Infolge der Verschiebbarkeit können Kräfte am starren Körper durch linienflüchtige Vektoren beschrieben werden. Von dieser erläuterten Eigenschaft wird sofort bei der Reduktion mit Teilresultierenden Gebrauch gemacht.

Bei beliebig vielen Kräften (Bild 3.10) werden zunächst zwei (F_1 und F_2) in den Schnittpunkt ihrer Wirkungslinie S_1 verschoben. Man erhält damit zwei Kräfte an einem Angriffspunkt, für die R_1 nach bekannten Regeln ermittelt wird (Größe und Richtung im Kräfteplan, Angriffspunkt in S_1). Diese Resultierende ersetzt F_1 und F_2. Ihre Wirkungslinie wird mit der einer weiteren Kraft F_3 zum Schnitt gebracht (S_2) und beide nach S_2 verschoben. R_1 und F_3 liefern die Größe und Richtung von R_2 im Kräfteplan. Die Lage von R_2 ist durch S_2 gegeben.

Auf diese Weise reduziert man das System schrittweise, bis die Resultierende R der gesamten Kräftegruppe gefunden ist. Aus Bild 3.10 ist weiterhin zu entnehmen:

1. Größe und Richtung der Resultierenden können einem Krafteck entnommen werden, das wie bei einem ebenen zentralen Kraftsystem entsteht.
2. Für die Ermittlung der Lage genügen nicht mehr die Kenntnisse von zentralen ebenen Kraftsystemen, sondern es ist das oben beschriebene Verfahren notwendig.

Das schrittweise Zusammensetzen mit Teilresultierenden ist in manchen Fällen umständlich. Bei parallel laufenden Kräften führt es überhaupt nicht zum Ziel. Daher verwendet man vorwiegend das im folgenden Abschnitt beschriebene Seileckverfahren.

3.3 Grafische Reduktion mit Seileck

Die in Bild 3.11a der Lage nach dargestellten drei Kräfte sollen zusammengesetzt werden. Größe und Richtung der Kräfte bzw. der Resultierenden zeigt der Kräfteplan in Bild 3.11b. Wo aber liegt jetzt R im Lageplan?

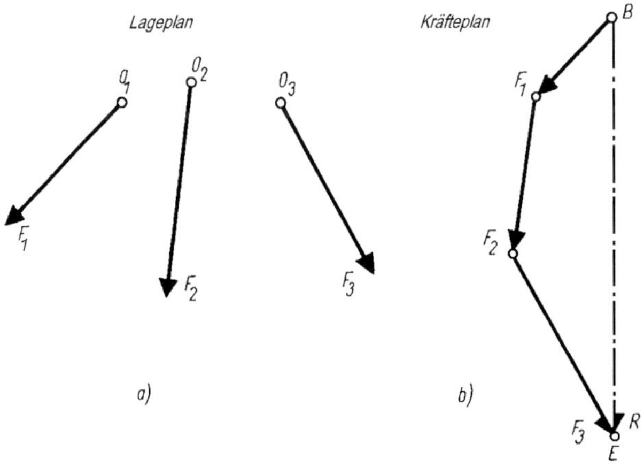

Bild 3.11

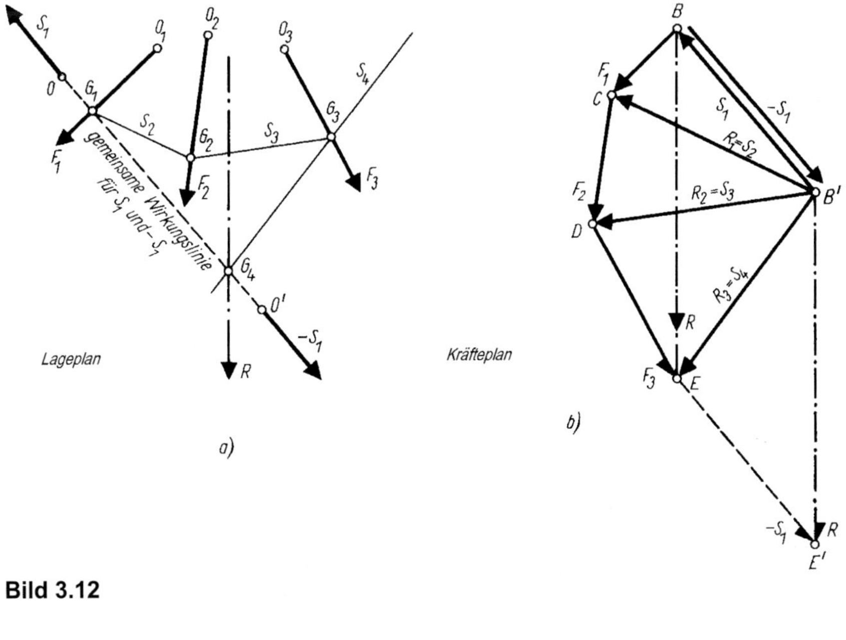

Bild 3.12

Es wurde bereits dargelegt, dass zwei gleich große, entgegengesetzt gerichtete Kräfte in einer Wirkungslinie den Kräftezustand nicht verändern. Man kann daher zwei solche Kräfte einem Kraftsystem hinzufügen oder wegnehmen.

Das Kraftsystem in Bild 3.11 wird um die Kräfte S_1 und $-S_1$, die sich gegenseitig aufheben, erweitert (Bild 3.12a). Die Resultierende des jetzt aus fünf Kräften (F_1, F_2, F_3, S_1 und $-S_1$) bestehenden Systemes ist die gleiche wie diejenige aus F_1, F_2 und F_3. Setzt man die fünf Kräfte mit Teilresultierenden schrittweise zusammen (Bilder 3.12a und b), dann ergibt sich Tabelle 3.1:

Tabelle 3.1

Schritt	Kraft	Angriffs-punkt	Gemeinsamer Angriffspunkt	Zusammen-gesetzt zu	Krafteck
1	S_1	O	G_1	$R_1 = S_2$	$B'BC$
	F_1	O_1			
2	S_2	G_1	G_2	$R_2 = S_3$	$B'CD$
	F_2	O_2			
3	S_3	G_2	G_3	$R_3 = S_4$	$B'DE$
	F_3	O_3			
4	S_4	G_3	G_4	R	$B'EE'$
	$-S_1$	O'			

In Bild 3.12 wird deutlich, dass die Endresultierende $R = \overline{B'E'}$ die gleiche geblieben ist sowohl für den Kräftezug $BCDE$, der zu den Kräften F_1, F_2 und F_3 gehört, als auch für den Kräftezug $B'BCDEE'$, der zu den fünf Kräften S_1, F_1, F_2, F_3 und $-S_1$ gehört. In diesem Kräftezug ist $\overline{B'E'} = R$ und genauso lang wie $R = \overline{BE}$ (Parallelogramm der Kräfte). Es können daher, wie in der Doppellinie BB' geschehen, die beiden Kräfte S_1 und $-S_1$ übereinander liegend gedacht werden, sodass für die weitere Erörterung nur noch die Figur $BCDE$ betrachtet zu werden braucht. Sie ergibt Größe und Richtung von R. Die Lage von R aber kann dem Lageplan entnommen werden. R läuft dort durch den Schnittpunkt der Kräfte S_1 und S_4, die Parallelen zu diesen Kräften in Bild 3.12b sind.

Man kommt daher auf folgende Weise zum Ziel:

1. Zu den Kräften F eines Kraftsystems wird das Krafteck gezeichnet. Daraus ergeben sich Größe und Richtung der Resultierenden R dieser Kräfte.

2. Es wird ein beliebiger Punkt B' gewählt, der als Pol bezeichnet wird. Vom Pol werden Strahlen, Polstrahlen genannt, zu sämtlichen Eckpunkten des Kraftecks gezogen.
3. Zu den Polstrahlen werden im Lageplan die Parallelen (Seilstrahlen) gezeichnet. Der Linienzug der Seilstrahlen im Lageplan wird Seileck oder auch Seilpolygon genannt.
4. Beim Zeichnen der Seilstrahlen ist folgende Regel zu beachten:
   Schließen zwei Polstrahlen im Krafteck eine Kraft ein, so schneiden sich die Seilstrahlen im Lageplan auf dieser eingeschlossenen Kraft. Der Schnittpunkt des ersten und des letzten Seilstrahles ist ein Punkt der Wirkungslinie der Resultierenden.

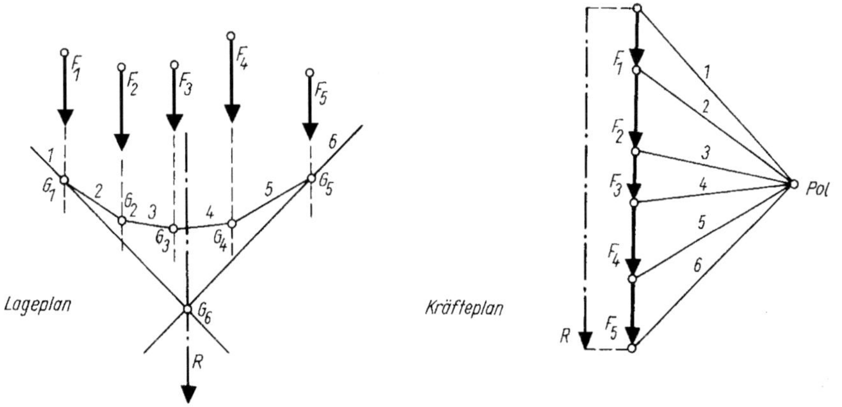

Bild 3.13

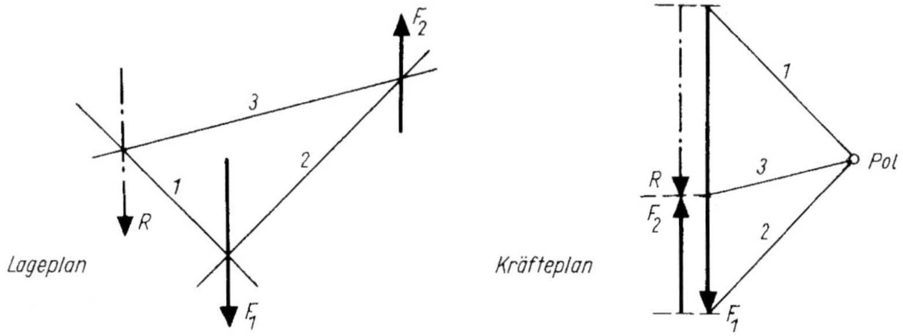

Bild 3.14

Der Name Seileck rührt daher, dass sich ein biegsames Seil, das mit Einzelkräften belastet und an seinen Enden festgehalten wird, nach einem Polygonzug einstellt, der mit der Lage der Seilstrahlen S_1, ..., S_n übereinstimmt.

Es ist gleichgültig, wo im Krafteck der Pol gewählt bzw. wo im Lageplan der erste Seilstrahl (Parallele zum ersten Polstrahl im Krafteck) hingelegt wird. Stets wird sich die gleiche Resultierende nach Größe, Richtung und Lage ergeben. Die zwei gleich großen, entgegengesetzt gerichteten Kräfte $+S_1$ und $-S_1$ bleiben ohne Wirkung auf das System, ganz gleich, wo sie in der Ebene liegen, wenn sie nur eine gemeinsame Wirkungslinie haben.

Beim Zusammensetzen parallel gerichteter Kräfte wird das Seileckverfahren besonders einfach, da jetzt der Kräftezug eine Strecke ist. Die Resultierende R ist gleich der Summe der einzelnen Kräfte. Bild 3.13 zeigt die Zusammensetzung an einem Beispiel.

Ein besonderer Fall ist die Zusammensetzung zweier ungleich großer, entgegengesetzt gerichteter Kräfte (Bild 3.14).

Hierbei ist zu beachten, dass sich diejenigen Polstrahlen, die im Kräftezug eine Kraft einschließen, als Seilstrahlen im Lageplan auch auf der Wirkungslinie dieser Kraft schneiden.

Im Bild 3.14 bedeutet dies:

> Polstrahlen 1 und 2 schließen Kraft F_1 ein und schneiden sich als Seilstrahlen auf F_1.
>
> Polstrahlen 2 und 3 schließen Kraft F_2 ein und schneiden sich als Seilstrahlen auf F_2.
>
> Polstrahlen 1 und 3 schließen Resultierende R ein und schneiden sich als Seilstrahlen auf R.

Die Resultierende liegt in diesem Fall außerhalb der beiden Kräfte, und zwar jenseits der größeren von beiden.

Es soll nun noch der Fall untersucht werden, wenn die beiden parallelen Kräfte gleich groß, aber entgegengesetzt gerichtet sind (Bild 3.15). Im Kräfteplan fällt der Endpunkt mit dem Anfangspunkt zusammen. Man erhält $R = 0$. Es bleibt also keine Kraft übrig, die eine Verschiebung hervorrufen könnte. Gleichgewicht kann aber trotzdem nicht herrschen; denn zwei Kräfte können nur im Gleichgewicht sein, wenn sie eine gemein-

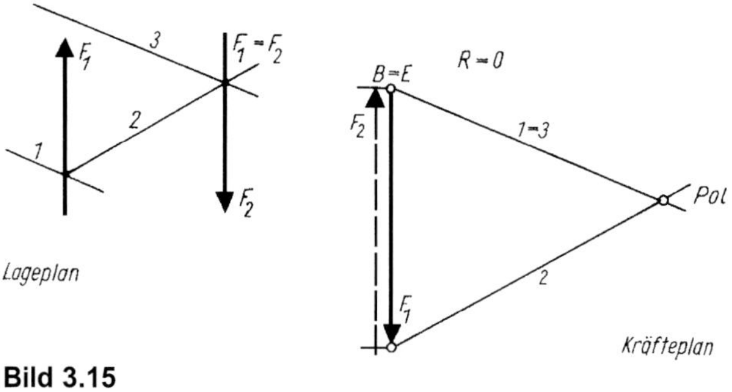

Bild 3.15

same Wirkungslinie haben, gleich groß, aber entgegengesetzt gerichtet sind. Unter der Wirkung von zwei Kräften nach Bild 3.15 erfährt ein Körper eine Verdrehung. Zwei dieser Kräfte kennen wir bereits als Kräftepaar. Sie sind einem Drehmoment gleichwertig und lassen sich nicht durch eine einzige Kraft ersetzen. Das zeichnerische Kennzeichen der Reduktion auf ein Kräftepaar ist R = 0 im Kräfteplan und parallele Richtung der beiden äußersten Seilstrahlen im Lageplan.

Mit Hilfe des Seileckverfahrens ist es auch möglich, dass Moment vieler, in der Ebene verstreut wirkender Kräfte, bezogen auf einen Punkt, zeichnerisch zu bestimmen. Die rechnerische Ermittlung kann mit dem im Abschnitt 3.1 abgeleiteten Momentensatz, Gl. (3.3), erfolgen.

Der Lageplan in Bild 3.16 zeigt vier Kräfte, deren Moment, bezogen auf Punkt *L,* gesucht wird.

Nach dem Momentensatz erzeugt die Resultierende das gleiche Moment wie die Kräftegruppen, also $M = R\ l$. Darin ist 1 der Abstand der Resultierenden vom Bezugspunkt *L*.

Nachdem *R* im Krafteck nach Größe und Richtung ermittelt ist, wird mit Hilfe des zugehörigen Seilecks die Wirkungslinie gefunden. Damit ist auch 1 bekannt und könnte dem Lageplan entnommen werden.

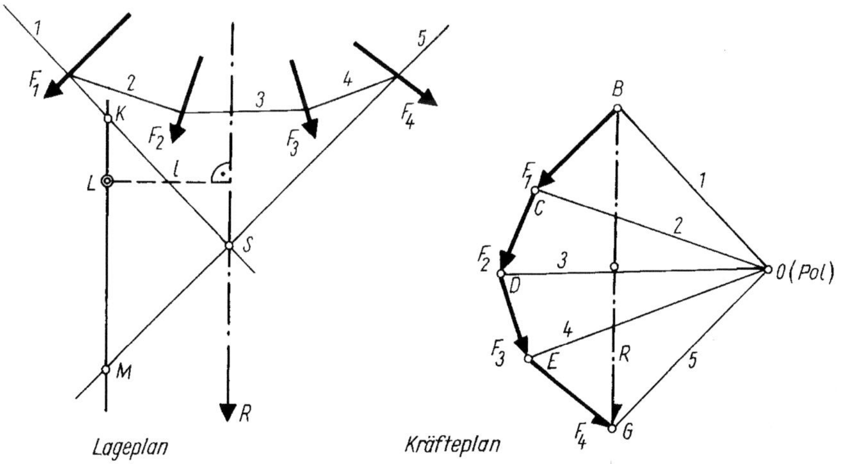

Bild 3.16

Fasst man die Kräfte als Vektoren auf, so lässt sich das Seileckverfahren auch auf andere Einsatzgebiete problemlos übertragen, bei denen die Aufgabe steht, eine Resultierende zu finden. Im Folgenden soll dies am Beispiel der zeichnerischen Ermittlung von Schwerpunkten aufgezeigt werden. Das gilt besonders für unregelmäßig gestaltete Flächen (Bild 3.17).

Man teilt solche Flächen in Teilflächen, deren Schwerpunkte genau genug bestimmbar sind. Die Größe der Teilflächen fasst man als parallel laufende Kräfte auf, die in ihren jeweiligen Schwerpunkten wirken. Dafür werden unter Verwendung eines Maßstabes (z. B. 1,0 m² ≅ 10 cm) ein Krafteck mit Pol und das Seileck gezeichnet. Man erhält durch den Schnittpunkt der äußeren Seilstrahlen die Wirkunglinie der Resultierenden, wobei die Größe von *R* der Gesamtfläche entspricht. Die gefundene Wirkungslinie ist eine Schwerlinie.

Wiederholt man die gesamte Konstruktion um 90° gedreht, so findet man eine zweite Schwerlinie. Im Schnittpunkt der beiden Schwerlinien liegt der gesuchte Schwerpunkt der Fläche.

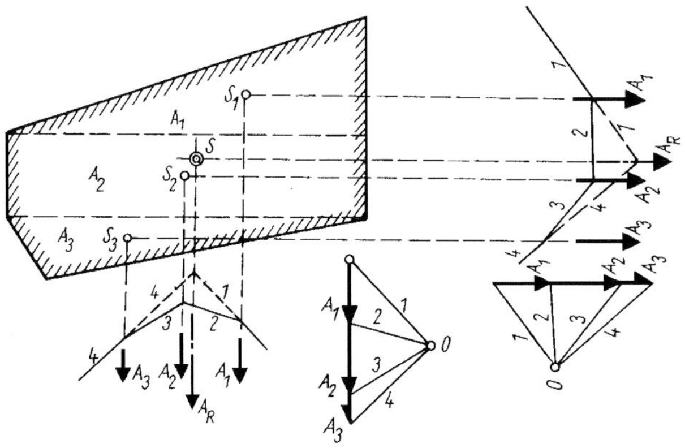

Bild 3.17

3.4 Analytische Reduktion

Bei der Zusammensetzung beliebig vieler, in einer Ebene verstreut liegenden Kräften wählt man den Weg über die Zerlegung.

In Bild 3.18a sind drei verschiedene Kräfte F_1, F_2 und F_3 wie folgt gegeben:

- ihrer Größe nach durch die Angaben F_1, F_2 und F_3,
- ihrer Richtung nach durch die Winkel α_1, α_2 und α_3, die die zugehörige Kraft mit der positiven *x*-Achse einschließt,
- ihrer Lage nach durch die Angabe der Koordinaten x_1, y_1, x_2, y_2, x_3 und y_3 der Angriffspunkte O_1, O_2 und O_3.

Bestimmt werden soll die Resultierende dieser Kräfte. Dazu wird jede Kraft in Komponenten nach Gl. (2.1) und (2.2) zerlegt. Man erhält allgemein

$$F_{ix} = F_i \cos \alpha_i ; \qquad F_{iy} = F_i \sin \alpha_i$$

Nun werden sämtliche Komponenten parallel in den Koordinatenursprung verschoben. Nach Abschnitt 3.1. müssen dabei die Verschiebungsmomente berücksichtigt werden. Für eine Kraft erhält man

$$M_i = F_{ix}\, y_i - F_{iy}\, x_i$$

Alle Verschiebungsmomente werden zu einem resultierenden Moment zusammengefasst:

$$M_R = \sum (F_{ix}\, y_i - F_{iy}\, x_i) \tag{3.4}$$

Die Komponenten der Kräfte im Koordinatensprung stellen jetzt ein zentrales ebenes Kraftsystem dar. Dieses wird auf (Bild 3.18b)

$$R_x = \sum F_{ix}\,; \qquad R_y = \sum F_{iy}$$

reduziert; Größe und Richtung der Resultierenden findet man aus

$$R = \sqrt{R_x^2 + R_y^2}$$

$$\tan \alpha_R = \frac{R_y}{R_x}\,; \qquad \sin \alpha_R = \frac{R_y}{R}\,; \qquad \cos \alpha_R = \frac{R_x}{R}$$

Eine der beiden letzten Gleichungen muss man zur Bestimmung des Winkels α_R zusätzlich verwenden, denn die Tangensfunktion gibt keine eindeutige Lösung. R selbst ist stets absolut zu nehmen, während die Komponenten aus der Rechnung mit Vorzeichen behaftet sind. Die Kräfte F_i sind dabei auch absolut in die Rechnung einzuführen. Die Vorzeichen der Koordinaten der Lastangriffspunkte sind durch ihre Lage im System bestimmt, ebenso die Vorzeichen der Winkelfunktionen durch den Quadranten, in dem der Winkel liegt. Das System ist jetzt reduziert auf eine Einzelkraft R und ein resultierendes Moment M_R (Bild 3.18).

Nach Abschnitt 3.1. läuft die Zusammenfassung auf eine Verschiebung von R hinaus. Der Abstand soll r genannt werden und beträgt

$$r = \frac{M_R}{R} \tag{3.5a}$$

Die Größe der Verschiebung ist absolut zu nehmen (Bild 3.18c). Die Richtung findet man aus der Bedingung, dass das Moment der verschobenen Kraft R, auf den Ursprung bezogen, den gleichen Drehsinn wie M_R haben muss.

Zweckmäßig ist es jedoch, zwei Punkte der Wirkungslinie von R zu bestimmen. Die Schnittpunkte von R mit den Achsen findet man besonders einfach (Bild 3.18d). Man denkt sich im Schnittpunkt von R mit der y-Achse R zerlegt in R_x und R_y. Das Moment von R (dargestellt durch die Komponenten R_x und R_y), bezogen auf den Ursprung, muss gleich M_R sein:

$$R_x\, y_r - R_y \cdot 0 = M_R\,; \qquad y_R = \frac{M_R}{R_x} \tag{3.5b}$$

Wird das gleich noch einmal im Schnittpunkt von R mit der x-Achse durchgeführt (Bild 3.18e), erhält man

$$-R_y\, x_r + R_x \cdot 0 = M_R; \qquad x_R = -\frac{M_R}{R_y} \tag{3.5c}$$

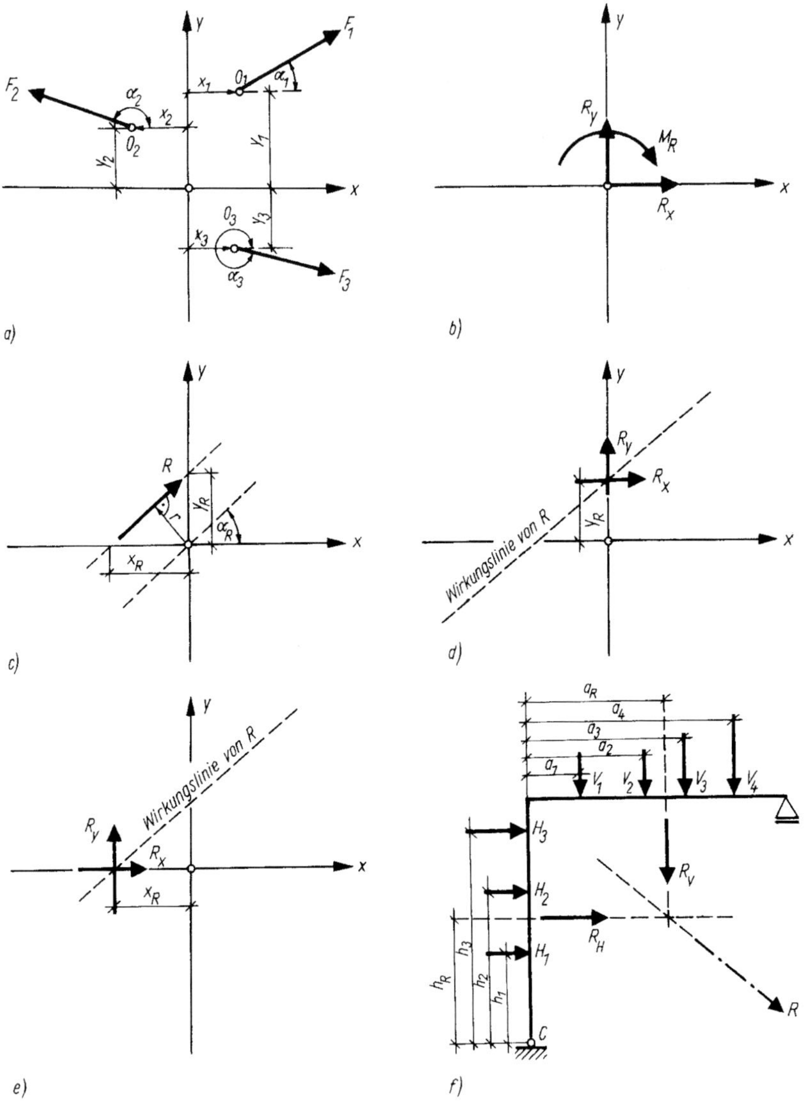

Bild 3.18

R_x und R_y sind mit Vorzeichen einzuführen, ebenso M_R (rechtsdrehend +, linksdrehend –).

Das gleiche Verfahren ist allgemein anwendbar und daher bei mehreren Kräften mit verschiedenen Angriffspunkten und beliebigen Richtungen zu empfehlen.

Wenn von vornherein nur Kräfte in vertikaler und horizontaler Richtung wirken, wie es Bild 3.18f zeigt, führt folgender Weg vorteilhafter zum Ziel.

Man fasst zunächst nur die Horizontalkräfte zusammen und erhält

$$R_H = H_1 + H_2 + \ldots + H_n = \sum H_i$$

Das Moment von R_H, bezogen auf Punkt C, muss gleich der Summe der Momente der Kräfte H_i sein. Es wird:

$$R_H \, h_R = \sum H_i \, h_i; \qquad h_R = \frac{\sum H_i \, h_i}{R_H}$$

Damit ist die Lage von R_H gefunden.

Den gleichen Weg wählt man nun bei der Reduktion der Kräfte in vertikaler Richtung.

Die Ergebnisse lauten

$$R_V = \sum V_i; \qquad a_R = \frac{\sum V_i \, a_i}{R_V}$$

Durch den Schnittpunkt der beiden Kräfte R_H und R_V verläuft auch R. Die Bestimmung der Größe und Richtung von R geschieht in der bekannten Weise nach den Gleichungen

$$R = \sqrt{R_H^2 + R_V^2}; \qquad \tan \alpha_R = \frac{R_V}{R_H}$$

Infolge der gut zu übersehenden Wirkungsrichtungen sowohl der Einzelkräfte als auch der Resultierenden kann hierbei auf eine strenge Definition der Vorzeichen für die Kräfte und deren Lage verzichtet werden. Man wird sie durch einfache Überlegung hinsichtlich ihrer Wirkung mit dem richtigen Sinn in die Rechnung einsetzen können.

3.5 Zerlegen einer Kraft und Gleichgewicht

3.5.1 Gleichgewichtsbedingungen

Im ebenen allgemeinen Kraftsystem kann wie im zentralen Kraftsystem nur eine Kraft zerlegt werden. Da der Vorgang der Zerlegung sich auch hier vom Gleichgewichtsfall nur durch die Richtung der gesuchten Kräfte unterscheidet, werden beide Aufgaben gemeinsam behandelt.

Zunächst sind die Gleichgewichtsbedingungen zu formulieren. Kräfte in einer Ebene können Drehungen (*Rotationen*) um eine dazu senkrechte Achse und Verschiebungen (*Translationen*) bewirken. Eine beliebige Verschiebung lässt sich durch zwei Verschiebungen in Richtung der Achsen eines Koordinatensystems darstellen.

Soll der Körper in Ruhe bleiben, dürfen alle an ihm wirkenden Kräfte keine Resultierende ergeben, denn sie ist die Ursache einer Verschiebung, also $R = 0$.

Weiterhin dürfen keine Kräftepaare wirken, denn sie sind die Ursache einer Drehung. Kennzeichen dafür ist, dass sämtliche Kräfte für jeden beliebigen Bezugspunkt zusammen kein Moment ergeben, also $\sum M = 0$.

Die *rechnerischen Gleichgewichtsbedingungen* lauten daher für Kräfte, deren Wirkungslinien in der x,y-Ebene eines räumlichen Koordinatensystems liegen:

$$\begin{aligned} &R_x = \sum_{i=1}^{n} F_{ix} = 0 \quad \text{bzw.} \quad \sum H = 0 \\ &R_y = \sum_{i=1}^{n} F_{iy} = 0 \quad \text{bzw.} \quad \sum V = 0 \\ &\sum_{i=1}^{n} M_{iz} = 0 \quad \text{bzw.} \quad \sum M = 0 \end{aligned} \tag{3.6}$$

Die rechts stehende Form wird sehr häufig für den praktischen Gebrauch verwendet, da in der Regel nur vertikal und horizontal gerichtete Kräfte wirken. Auf die Kennzeichnung mit Indizes kann dann zur Vereinfachung der Darstellung verzichtet werden.

Zuerst hat man zu untersuchen, ob die Kräfte am Bauwerk im Gleichgewicht sind. Beim Aufstellen von Gleichungen, die dem Überprüfen dieses Zustandes dienen, treten unbekannte Größen (Kräfte) auf. Zum Berechnen von mehreren Unbekannten muss eine entsprechende Anzahl von untereinander unabhängigen Gleichungen aufstellbar sein. Es stehen drei Gleichungen zur Verfügung:

$$\sum H = 0; \qquad \sum V = 0; \qquad \sum M = 0$$

Es dürfen daher bei Gleichgewichtsaufgaben, die sich auf Kräfte im ebenen allgemeinen Kraftsystem erstrecken, nur drei unbekannte Größen vorhanden sein, um eine eindeutige Lösung zu erhalten.

Es lässt sich nachweisen, dass jede Komponentenbedingung durch eine weitere Momentenbedingung ersetzt werden kann, allerdings für einen zusätzlichen Bezugspunkt. Daher bleibt es gleichgültig, in welcher der folgenden Kombinationen die drei Gleichgewichtsbedingungen angewendet werden.

Anordnung 1:

Zwei Komponentenbedingungen und eine Momentenbedingung für einen Bezugspunkt:

$$\sum H = 0\,; \qquad \sum V = 0\,; \qquad \sum M = 0$$

Anordnung 2:

Eine Komponentenbedingung und zwei Momentenbedingungen für zwei Bezugspunkte *(I* und *II)*:

$$\sum H = 0 \quad \text{oder} \quad \sum V = 0\,; \qquad \sum M_I = 0\,; \qquad \sum M_{II} = 0$$

Anordnung 3:

Keine Komponentenbedingung, aber drei Momentenbedingungen für drei verschiedene Bezugspunkte *(I, II, III),* die nicht in einer Geraden liegen dürfen:

$$\sum M_I = 0\,; \qquad \sum M_{II} = 0\,; \qquad \sum M_{III} = 0$$

Durch geschickte Wahl des Bezugspunktes, z. B. im Schnittpunkt der Wirkungslinien zweier unbekannter Kräfte, können die drei Momentengleichungen derart aufgestellt werden, dass in jeder Gleichung nur eine Kraft als Unbekannte auftritt, die sich sofort berechnen lässt. Es ist allerdings angebracht, die Ergebnisse dann mit den Komponentenbedingungen zu kontrollieren.

Es soll an dieser Stelle auch noch etwas über die Gleichgewichtsbedingungen für räumliche Kräfte gesagt werden. Jede beliebige Bewegung im Raum lässt sich durch drei Verschiebungskomponenten und drei Drehungen um drei Achsen (x, y und z) beschreiben. Die Ursachen der Bewegung sind in Kräften und Momenten zu suchen.

Es müssen also sechs Bedingungen erfüllt sein, wenn Gleichgewicht herrschen soll:

$$R_x = \sum F_{ix} = 0\,; \qquad \sum M_x = 0$$

$$R_y = \sum F_{iy} = 0\,; \qquad \sum M_y = 0$$

$$R_z = \sum F_{iz} = 0\,; \qquad \sum M_z = 0$$

Bei Kräften mit Wirkungslinien nur in einer x,y-Ebene ist von vornherein schon:

$$R_z = 0\,; \qquad \sum M_x = 0\,; \qquad \sum M_y = 0$$

Es bleiben die bereits bekannten drei Gleichgewichtsbedingungen der Ebene übrig:

$$R_x = \sum F_{ix} = 0\,; \qquad R_y = \sum F_{iy} = 0\,; \qquad \sum M_{iz} = 0$$

Die *zeichnerischen Merkmale des Gleichgewichts* eines ebenen Kraftsystems sollen ebenfalls noch angeführt werden. Bei der Reduktion sind drei Ergebnisse möglich.

1. Das Kraftsystem reduziert sich auf eine Resultierende (Bild 3.19). Die Kennzeichen sind: Krafteck und Seileck offen. Beide können durch Hinzufügen einer Kraft geschlossen werden. Diese muss die Lage und Größe von *R* haben, aber entgegengesetzt gerichtet sein.

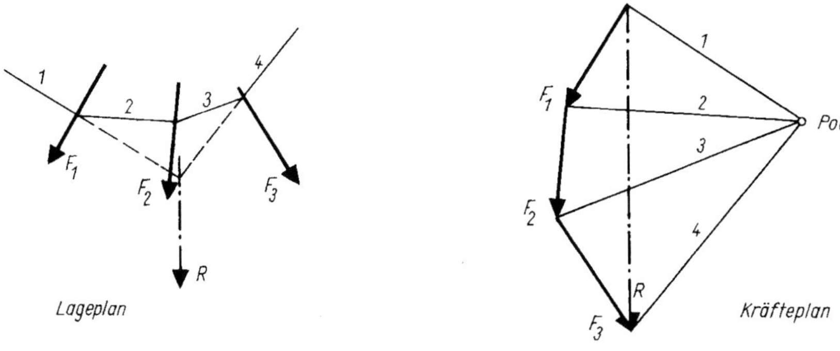

Bild 3.19

2. Das Kraftsystem reduziert sich auf ein Kräftepaar (Bild 3.20). Die Kennzeichen sind: Krafteck geschlossen, Seileck offen. Das Seileck kann nicht durch Hinzufügen einer einzigen Kraft geschlossen werden, sondern zum Gleichgewicht ist ein Kräftepaar notwendig.

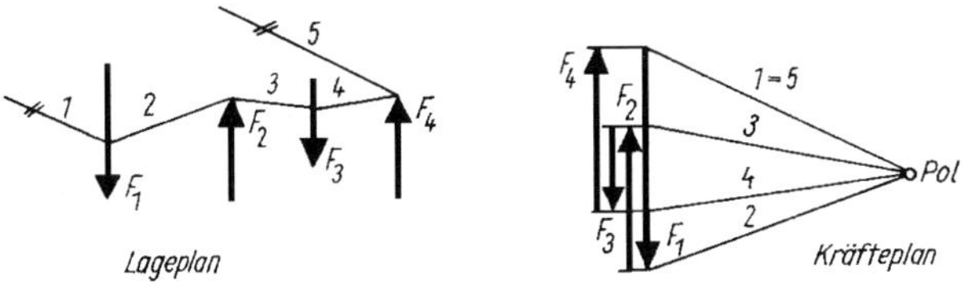

Bild 3.20

3. Das Kraftsystem ist im Gleichgewicht (Bild 3.21). Die Kennzeichen sind: Krafteck und Seileck geschlossen.

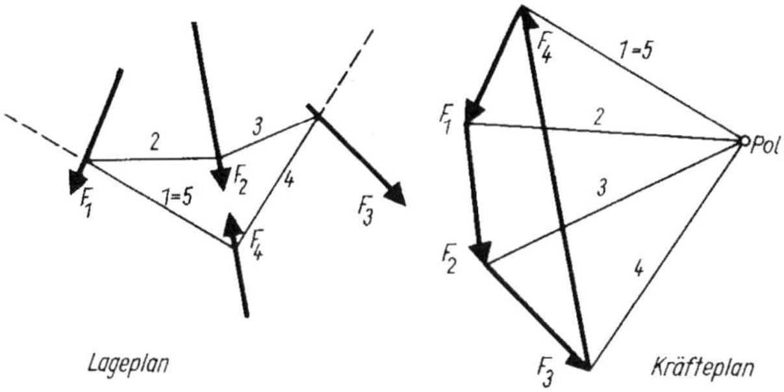

Bild 3.21

Im Folgenden soll nun näher aufgezeigt werden, wie die gefundenen Komponenten- bzw. Momentenbedingungen genutzt werden können und unbekannte Kräfte, von denen nur ihre Wirkungslinie bekannt sind, zu berechnen sind. Dabei ist jeweils eine Kraft in Lage, Größe und Richtung bekannt. Sie kann auch die Resultierende R aus mehreren Einzelkräften F_1, F_2, ..., F_n sein.

3.5.2 Gleichgewicht bei drei Kräften

In diesem Fall sind zu einer Kraft F in zwei vorgegebenen Wirkungslinien die Kräfte F_1 und F_2 so zu bestimmen, dass alle drei im Gleichgewicht stehen.

Bei der Zerlegung einer Kraft nach zwei vorgegebenen Wirkungslinien müssen die beiden Komponenten K_1 und K_2 die Kraft F ersetzen (Bild 3.22).

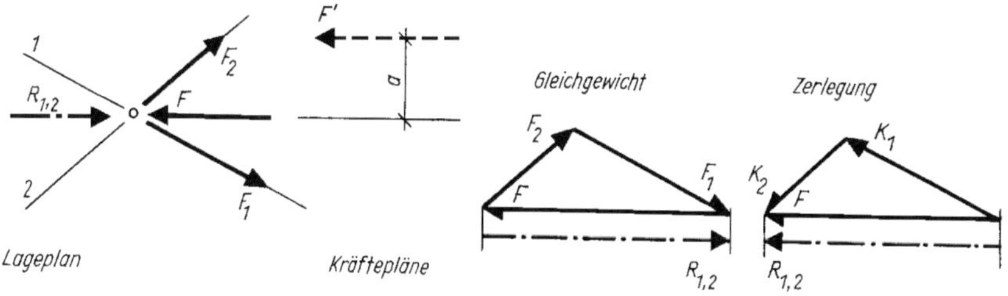

Bild 3.22

Beide Aufgaben erfordern, dass sich die Wirkungslinien der drei Kräfte in einem Punkt schneiden. Nur in diesem Fall liegt die Resultierende aus F_1 und F_2 (bzw. aus K_1 und K_2) in der Wirkungslinie von F, so dass sie sich nicht nur aufheben (bzw. K_1 und K_2 die Kraft F ersetzen), sondern auch kein Moment ($M = 0$) auftritt.

Der Beweis kann mit Hilfe von Bild 3.22 erbracht werden. Die Bedingung $R = 0$ ist durch das geschlossene Krafteck erfüllt. Solange jedoch F nicht in die Wirkungslinie von $R_{1,2}$ fällt ($a = 0$ wird), bleibt stets noch ein Kräftepaar aus F' und $R_{1,2}$ übrig und damit $M \neq 0$.

Daraus folgt, dass drei Kräfte in einer Ebene nur dann im Gleichgewicht sein können, wenn:

1. sich ihre Wirkungslinien in einem Punkt schneiden,
2. ihre Resultierende gleich Null ist, d. h. das zu ihnen gehörige Krafteck geschlossen ist und die Kräfte darin einen fortlaufenden Umfahrungssinn haben.

Diese Bedingungen erfüllen auch drei parallele Kräfte. Parallele Linien haben ihren gemeinsamen Schnittpunkt im Unendlichen.

Bei der zeichnerischen Zerlegung einer Kraft F in zwei parallel liegende Komponenten reicht das Krafteck nicht aus. Es wird ein Seileck gebraucht (Bild 3.23).

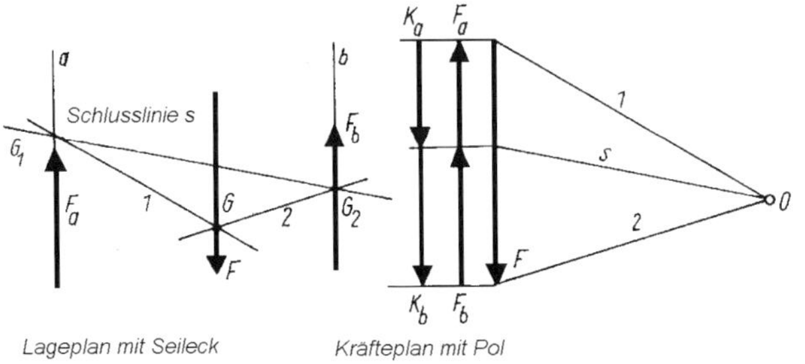

Bild 3.23

Zu F wird ein Krafteck mit Pol 0 gezeichnet, das die Polstrahlen 1 und 2 zum Anfangs- und Endpunkt der Kraft F enthält. Die zugehörigen Seilstrahlen im Lageplan werden, in einem beliebigen Punkt G_1 auf a beginnend, eingetragen. Sie schneiden sich auf der Wirkungslinie von F in G und liefern den Schnittpunkt G_2 auf b. Die Verbindung $G_1G_2 = s$ heißt Schlusslinie. Man überträgt ihre Richtung parallel in den Pol des Kraftecks. Sie teilt F in die gesuchten Komponenten K_a und K_b. Kehrt man die Richtungen der beiden Komponenten um, so erhält man die Kräfte F_a und F_b, die mit F im Gleichgewicht stehen (Kennzeichen: Krafteck und Seileck geschlossen).

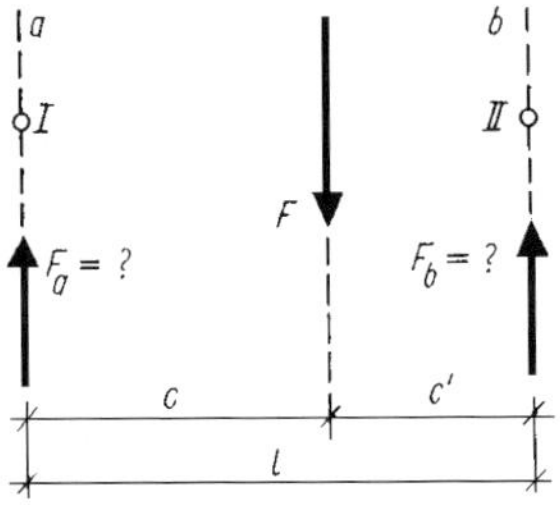

Bild 3.24

Rechnerisch löst man die geschilderten Aufgaben mit Hilfe der drei Gleichgewichtsbedingungen. Ist eine Kraft F gegeben und sollen zwei zu ihr parallele Kräfte F_a und F_b (Bild 3.24) gesucht werden, die ihr Gleichgewicht halten, dann sind zwei Unbekannte zu bestimmen. Dazu müssen zwei Gleichungen aufgestellt werden. Besonders zweckmäßig erweisen sich die unter Abschnitt 3.5.1 erwähnten Momentenbedingungen, wobei die Momentenbezugspunkte geschickt gewählt werden müssen. Für I und II lauten z. B. die Gleichungen $\sum M = 0$:

$$\sum M_I = 0\,; \qquad F_a \cdot 0 + F\,c - F_b\,l = 0\,; \qquad F_b = \frac{F\,c}{l}$$

$$\sum M_{II} = 0\,; \qquad F_a\,l - F\,c' - F_b \cdot 0 = 0\,; \qquad F_a = \frac{F\,c'}{l}$$

Da der jeweilige Bezugspunkt auf der Wirkungslinie einer unbekannten Kraft liegt, wird deren Moment Null, und sie tritt in der Gleichung nicht mehr auf. Man hat auf diese Weise zwei Gleichungen mit nur jeweils einer Unbekannten aufzulösen.

Die Darlegungen lassen erkennen, dass es beim Gleichgewichtsfall dreier Kräfte darum geht, zwei Kräfte F_a und F_b, deren Wirkungslinien bekannt sind, ihrer Größe nach so zu bestimmen, dass sie einer bekannten Kraft gemeinsam das Gleichgewicht halten. Diese eine bekannte Kraft F kann, wie bereits erwähnt, auch die Resultierende R von vielen anderen Kräften F_1, ..., F_i sein, sodass die Kräfte F_a und F_b gleichzeitig auch allen anderen Kräften F_1, ..., F_i, die durch R ersetzt werden, Gleichgewicht halten.

3.5.3 Gleichgewicht bei vier Kräften

In diesem Fall soll eine gegebene Kraft mit drei unbekannten Kräften, deren Wirkungslinien festliegen, ins Gleichgewicht gebracht werden.

Bei der Zerlegung wären die Komponenten einer Kraft in drei vorgegebenen Wirkungslinien zu bestimmen.

Die Aufgabe ist nur unter der Bedingung lösbar, dass die drei Wirkungslinien keinen gemeinsamen Schnittpunkt haben (daher dürfen sie auch nicht parallel laufen). Haben alle vier Wirkungslinien einen gemeinsamen Schnittpunkt, ist die Aufgabe nicht eindeutig lösbar (vgl. zentrales ebenes Kraftsystem).

Die zeichnerische Lösung wird in Verbindung mit Bild 3.25 erläutert. Dort ist eine nach Größe und Richtung bekannte Kraft F_1 gegeben. Außerdem enthält der Lageplan (Bild 3.25a) die Wirkungslinien von drei unbekannten Kräften F_2, F_3 und F_4. Von diesen vier Kräften können jeweils zwei nur durch eine zugehörige Resultierende ersetzt werden. In Bild 3.25b wurden F_1 und F_2, desgleichen F_3 und F_4 zu je einer Resultierenden zusammengefasst.

Wenn diese vier Kräfte im Gleichgewicht stehen, dann müssen auch die beiden Resultierenden untereinander im Gleichgewicht sein. Dies ist bei Kräften nur dann der Fall, wenn diese in einer gemeinsamen Geraden wirken. Jede der Resultierenden läuft aber durch den Schnittpunkt der Wirkungslinien der zwei Kräfte, zu denen sie gehört. Wenn die beiden Resultierenden in der gleichen Geraden liegen sollen, ist ihre Wirkungslinie durch die Verbindungsgerade der beiden Schnittpunkte (im Bild 0 und 0′) gegeben. Damit ist die Lösung der Aufgabe nach den Regeln für das Gleichgewicht von drei Kräften in einem Punkt möglich.

Man kann daher festhalten:

Eine bekannte Kraft F_1 wird in drei Kräfte F_2, F_3, F_4 zerlegt bzw. mit ihnen ins Gleichgewicht gesetzt, indem

1. die bekannte Kraft F_1 mit einer unbekannten Kraft F_2 in 0 zum Schnitt gebracht wird,
2. zwei unbekannte Kräfte F_3 und F_4 miteinander in 0′ zum Schnitt gebracht werden,
3. die Verbindungsgerade 00′ gezogen wird,
4. die Kraft F_1 nach den Richtungen F_2 und 00′ (entspricht $R_{3,4}$) zerlegt wird,

5. $R_{3,4}$ in die Richtungen F_3 und F_4 zerlegt wird, sodass damit die Zerlegung beendet ist. Dabei ist zu beachten, dass bei einer Gleichgewichtsaufgabe die beteiligten Kräfte den gleichen Umfahrungssinn aufweisen (Bilder 3.25b bis e).

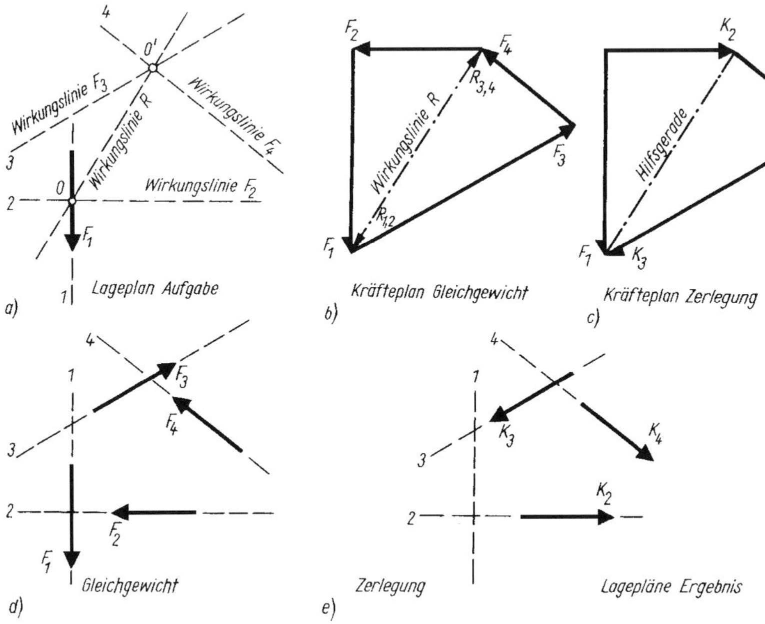

Bild 3.25

Es gibt auch Fälle, die zu besonderen Ergebnissen führen. Diese Fälle bereits vor einer nummerischen Berechnung bzw. graphischen Ermittlung zu überblicken, kann im Einzelfall viel Zeit ersparen. So können z. B. bei Fachwerken dadurch Stäbe ohne Beanspruchung leicht erkannt werden.

1. Gegeben sind eine Kraft F_1 und die Wirkungslinien von F_2, F_3 und F_4. Die Kraft F_1 schneidet sich mit zwei Wirkungslinien in einem Schnittpunkt 0 (Bild 3.26). In diesem Fall lässt sich F_1 nur mit F_2 und F_3 ins Gleichgewicht setzen, während die dritte Kraft F_4 den Wert Null annimmt. Nach dem Verfahren ist F_3 die Kraft, deren Wirkungslinie mit der Hilfsgeraden zusammenfällt. Das ist nur möglich, wenn F_4 den Wert Null annimmt. Bild 3.26 erläutert dies.

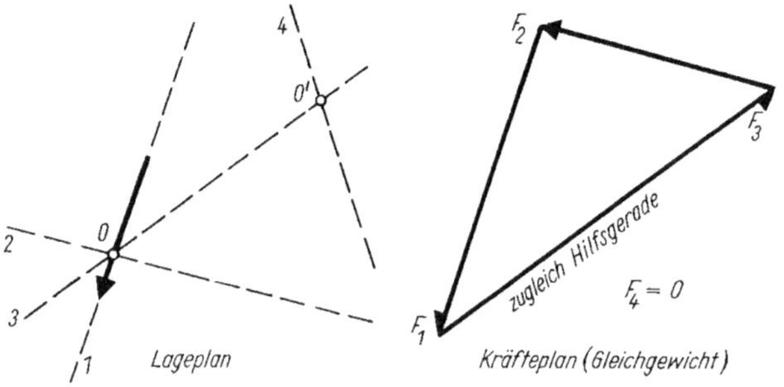

Bild 3.26

2. Gegeben sind eine Kraft F_1 und die Wirkungslinien von F_2, F_3 und F_4. Die Kraft F_1 fällt in die Richtung von einer der drei Wirkungslinien (Bild 3.27). In diesem Fall werden die Kräfte in den beiden anderen Wirkungslinien (im Bild F_2 und F_3) Null, und nur in der Wirkungslinie von F_4 entsteht eine Kraft, weil die Schnittpunkte 0 und 0′ je zweier kombinierter Kräfte auf der Wirkungslinie von F liegen.

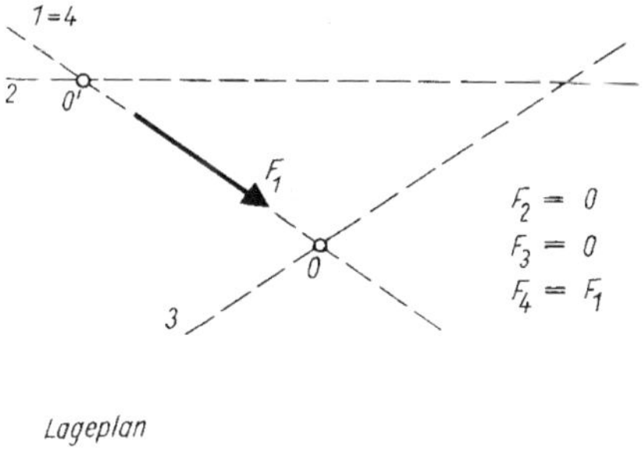

Bild 3.27

3. Gegeben sind eine Kraft F_1 und die Wirkungslinie von F_2, F_3 und F_4. Die Kraft F_1 läuft parallel zu den Wirkungslinien von F_2 und F_3 (Bild 3.28). Hier wird die in der vierten Wirkungslinie liegende Kraft F_4 gleich Null. Dies ist auch aus der analytischen Berechnung leicht erkennbar, denn F_4 muss einen Anteil F_{4x} und F_{4y} haben. Da alle anderen Kräfte aber keinen F_{ix}-Anteil haben, d. h. $F_{1x} = F_{2x} = F_{3x} = 0$ ist, folgt $\sum H = 0 = F_{4x}$ und damit $F_4 = 0$.

Die rechnerische Lösung erfolgt mit Hilfe der Gleichgewichtsbedingungen. Da jetzt drei unbekannte Kräfte zu bestimmen sind, müssen drei Gleichungen aufgestellt werden. Zu empfehlen sind auch hier drei Momentenbedingungen, da man mit ihnen schnell zum Ziel kommt. Für die in Bild 3.29 dargestellte Kräftegruppe soll die Anwendung gezeigt werden.

In Bild 3.29 sind die Wirkungslinien *1, 2* und *3* der unbekannten Kräfte F_1, F_2 und F_3 gegeben. Sie sollen mit der bekannten Kraft F im Gleichgewicht stehen. Wendet

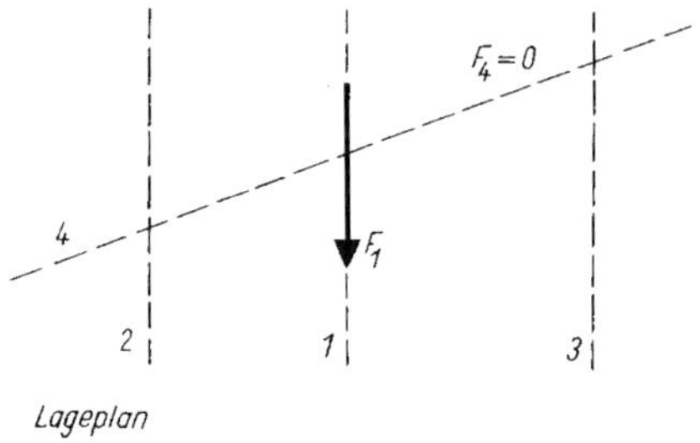

Bild 3.28

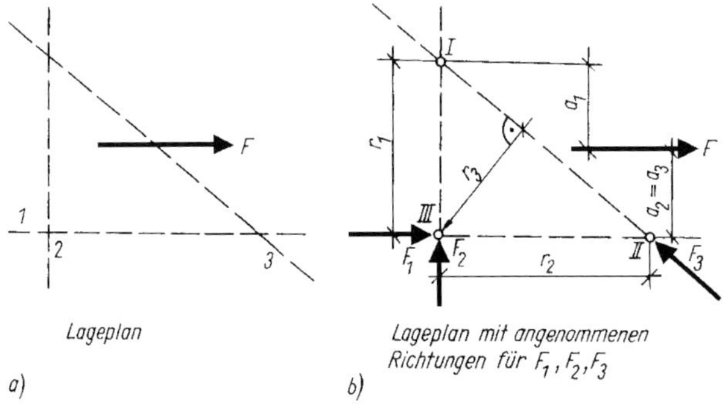

Bild 3.29

man die Bedingung $\Sigma M = 0$ für die Bezugspunkte *I, II* und *III* an, so lauten die Gleichungen, wenn man die Kräfte zunächst mit den Richtungen nach Bild 3.29 ansetzt:

$$\sum M_I = 0: \qquad -F_1\, r_1 + F_2 \cdot 0 + F_3 \cdot 0 - F\, a_1 = 0$$

$$\sum M_{II} = 0: \qquad F_1 \cdot 0 + F_2\, r_2 + F_3 \cdot 0 + F\, a_2 = 0$$

$$\sum M_{III} = 0: \qquad F_1 \cdot 0 + F_2 \cdot 0 - F_3\, r_3 + F\, a_3 = 0$$

$$-F_1\, r_1 - F\, a_1 = 0; \qquad F_1\, r_1 = -F\, a_1$$

$$F_2\, r_2 + F\, a_2 = 0; \qquad F_2\, r_2 = -F\, a_2$$

$$-F_3\, r_3 + F\, a_3 = 0; \qquad F_3\, r_3 = F\, a_3$$

Die Null ergebenden Glieder können sofort entfallen, so dass die unten rechts stehende Form der drei Gleichungen entsteht. Man erkennt, wie vorteilhaft sich daraus die Kräfte F_1, F_2 und F_3 berechnen lassen. Jede andere Kombination der Gleichgewichtsbedingungen erfordert mehr Rechenaufwand.

Sind die Komponenten von F in den Wirkungslinien 1, 2 und 3 gesucht (Zerlegung einer Kraft nach drei Richtungen), so geht man davon aus, dass F die gleiche Wirkung wie K_1, K_2 und K_3 haben muss, also (Richtung der Komponenten ebenfalls nach Bild 3.29 angenommen):

$$-K_1 r_1 + K_2 \cdot 0 + K_3 \cdot 0 = -F a_1; \qquad K_1 r_1 = F a_1$$

$$K_1 \cdot 0 + K_2 r_2 + K_3 \cdot 0 = F a_2; \qquad K_2 r_2 = F a_2$$

$$K_1 \cdot 0 + K_2 \cdot 0 - K_3 r_3 = F a_3; \qquad K_3 r_3 = -F a_3$$

Man erkennt, dass sich Zerlegungs- und Gleichgewichtsaufgaben nur durch das Vorzeichen der Lösung unterscheiden.

Die zunächst angenommenen Richtungen der gesuchten Kräfte werden durch das Vorzeichen des Ergebnisses bestätigt (+) oder korrigiert (–).

3.6 Resultierende von Linien- und Flächenkräften

Bisher wurden Kräfte nur in Form von Einzelkräften (Punktkräften) betrachtet. Diese Anordnung stellt eine Vereinfachung bzw. Zusammenfassung von verteilt wirkenden Kräften dar. Die Reduktion von Flächenkräften auf Linienkräfte und weiter bis zu Punktkräften ist für die Untersuchung von Tragwerken unumgänglich.

Im Bild 3.30 kann zunächst die Reduktion von Streckenlasten verschiedener Ausdehnung auf eine resultierende Einzellast verfolgt werden. Es lassen sich dabei folgende Grundregeln erkennen:

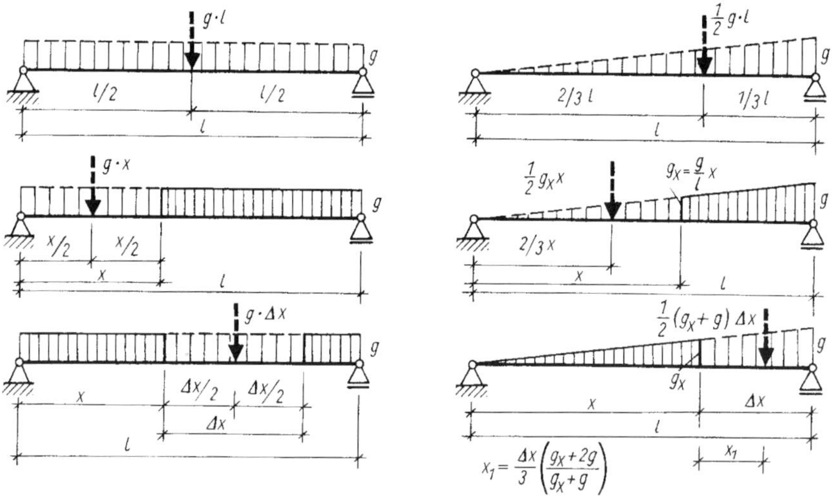

Bild 3.30

- Die Richtung der Einzellast stimmt mit der Wirkungsrichtung der Streckenlast überein.
- Die Größe der Einzellast entspricht der Fläche der Belastungsfigur.
- Die Wirkungslinie der Einzellast verläuft durch den Schwerpunkt der Belastungsfigur.

Aus Bild 3.31 lassen sich analoge Beziehungen für Flächenkräfte erkennen. Die Kraftverteilung kann dabei durch einen Körper dargestellt werden, wobei die Höhe jeweils die Größe der wirkenden Flächenlast symbolisiert. Folgende Regeln gelten hier:

- Die Richtung der Einzellast stimmt mit der Wirkungsrichtung der Flächenlasten überein.
- Die Größe der Einzellast entspricht dem Volumen des Belastungskörpers.
- Die Wirkungslinie der Einzellast verläuft durch den Schwerpunkt des Belastungskörpers.

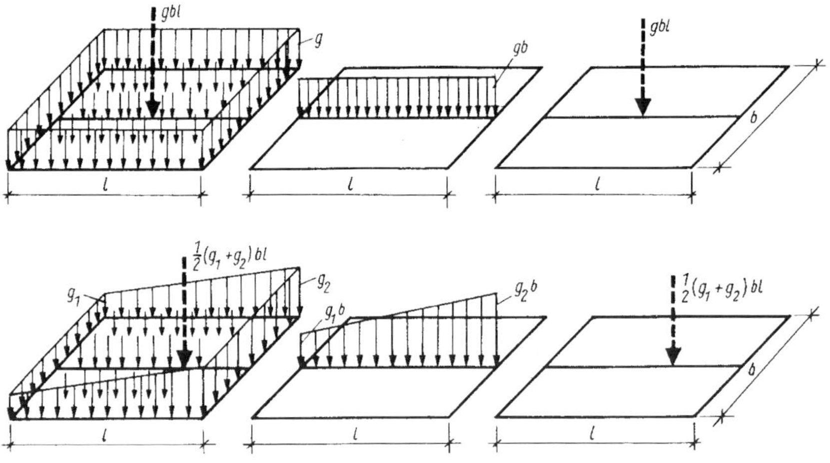

Bild 3.31

Im Bild 3.31 wurde zusätzlich die Reduktion von Flächenkräften über Linienkräfte auf Punktkräfte dargestellt.

Die Anwendung dieser Zusammenhänge wird vorwiegend bei der Lastenermittlung und der Ermittlung von Stütz- und Schnittkräften näher behandelt.

3.7 Beispiele

Beispiel 1

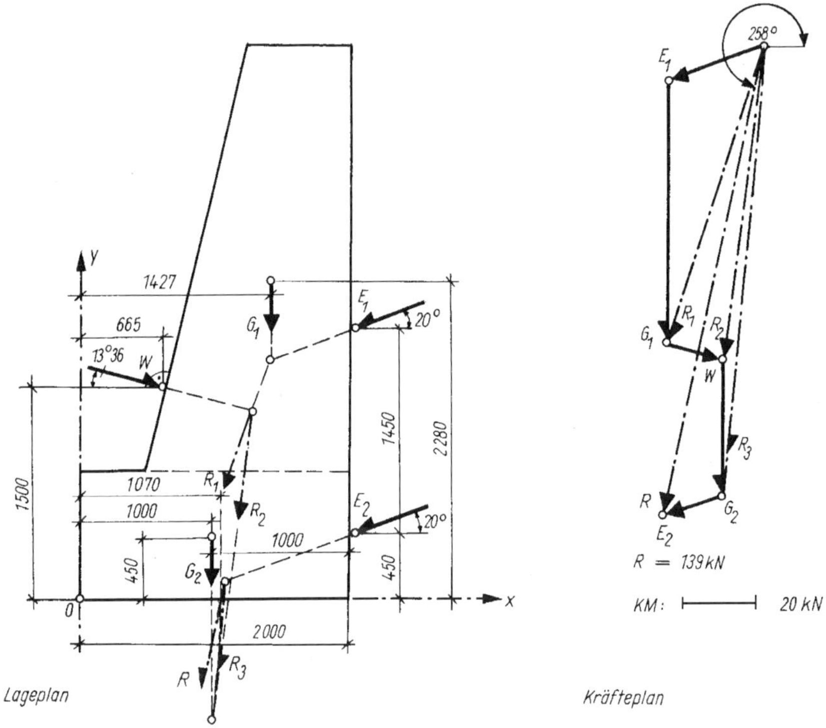

Bild 3.32

Für die in Bild 3.32 dargestellte Kräftegruppe ist die Resultierende zeichnerisch mithilfe von Teilresultierenden und rechnerisch zu bestimmen. Die Kräfte haben die Größe

E_1 = 30,0 kN; E_2 = 18,0 kN; W = 16,7 kN;

G_1 = 77,0 kN; G_2 = 39,6 kN

a) Zeichnerische Lösung

Die Wirkungslinien von E_1 und G_1 werden zum Schnitt gebracht und E_1 und G_1 im Krafteck zur Resultierenden R_1 zusammengefasst. Die Richtung von R_1 wird in den gemeinsamen Angriffspunkt von E_1 und G_1 übertragen und zum Schnitt mit der Wirkungslinie von W gebracht. Die Zusammensetzung der beiden Kräfte R_1 und W ergibt die Resultierende R_2.

Die Richtung von R_2, in den gemeinsamen Angriffspunkt von W und R_1 übertragen, schneidet die Richtung von G_2 im gemeinsamen Angriffspunkt mit dieser Kraft. Im Krafteck erhält man aus der Zusammensetzung von R_2 und G_2 die Resultierende R_3. Ihre in den gemeinsamen Angriffspunkt übertragene Richtung schneidet sich mit der Wirkungslinie von E_2 in einem gemeinsamen, neuen Angriffspunkt für R_3 und E_2. Die Zusammenfassung dieser beiden Kräfte ergibt die Endresultierende R = 139 kN. Die Resultierende ist gegen die Horizontale (positive x-Achse) in einem Winkel von 258° geneigt und greift in der Bodenfuge in der Entfernung von 1,07 m vom Punkt O an, wie der Zeichnung entnommen wird.

Die gefundene Resultierende ruft die gleiche Wirkung in der Bodenfuge hervor wie die Einzelkräfte W, E_1, E_2, G_1 und G_2.

Man erkennt, dass infolge der vielen schleifenden Schnitte die zeichnerische Lösung bei einer Zeichnung von Hand ungenau wird. Abhilfe schafft hier nur ein CAD-Programm.

b) Rechnerische Lösung

Tabelle 3.1

F_i	Betrag	Richtung	Angriffspunkt		cos α_i	sin α_i	F_{ix}	F_{iy}	$F_{ix}y_i$	$F_{iy}x_i$
		α_i	y_i	x_i						
	kN	°	m	m			kN	kN	kNm	kNm
G_1	77,0	270,0	2,28	1,43	0,000	–1,000	0,00	–77,00	0,00	–109,88
G_2	39,6	270,0	0,45	1,00	0,000	–1,000	0,00	–39,60	0,00	–39,60
W	16,7	346,4	1,50	0,67	0,972	–0,235	16,23	–3,93	24,35	–2,61
E_1	30,0	200,0	1,90	2,00	–0,940	–0,342	–28,19	–10,26	–53,56	–20,52
E_2	18,0	200,0	0,45	2,00	–0,940	–0,342	–16,91	–6,16	–7,61	–12,31
						Σ	–28,87	–136,94	–36,83	–184,92

R =	139,95	kN		
tan α_R' =	4,74		tan α_R' =	78,09
M_R =	148,10	kNm		
x_R =	1,08	m		

Die Lösung erfolgt auf dem Weg über die Zerlegung aller Kräfte in ihre rechtwinkligen Komponenten. Der Ursprung des Koordinatensystems wird in den Punkt O gelegt. Die Rechnung wird in Tabellenform durchgeführt. Zu beachten ist die einheitliche Definition der Winkel α_i zur positiven x-Achse und bei vielen Tabellenkalkulationsprogrammen die Umrechnung auf Bogenmaß.

Die Berechnung der Tabelle selber geht aus dem Tabellenkopf hervor. Die gesuchten Größen berechnen sich wie folgt:

$$R = \sqrt{F_{ix}^2 + F_{iy}^2}; \qquad \tan\alpha_R' = \frac{\sum F_{iy}}{\sum F_{ix}}$$

$$M_R = \sum (F_{ix}\, y_i - F_{iy}\, x_i)\,; \qquad x_R = -\frac{M_R}{\sum F_{iy}}$$

Zu beachten ist, dass wie bereits bei den Beispielen in Kapitel 2 nur α_R' ausgerechnet wird. Der richtige Quadrant wird mithilfe von Bild 2.20c gefunden:

$$\alpha_R = 180° + 78{,}1° = 258{,}1°$$

Beispiel 2

Die Kräftegruppe nach Bild 3.33a ist zeichnerisch (mit dem Seileckverfahren) und rechnerisch auf eine Resultierende zurückzuführen.

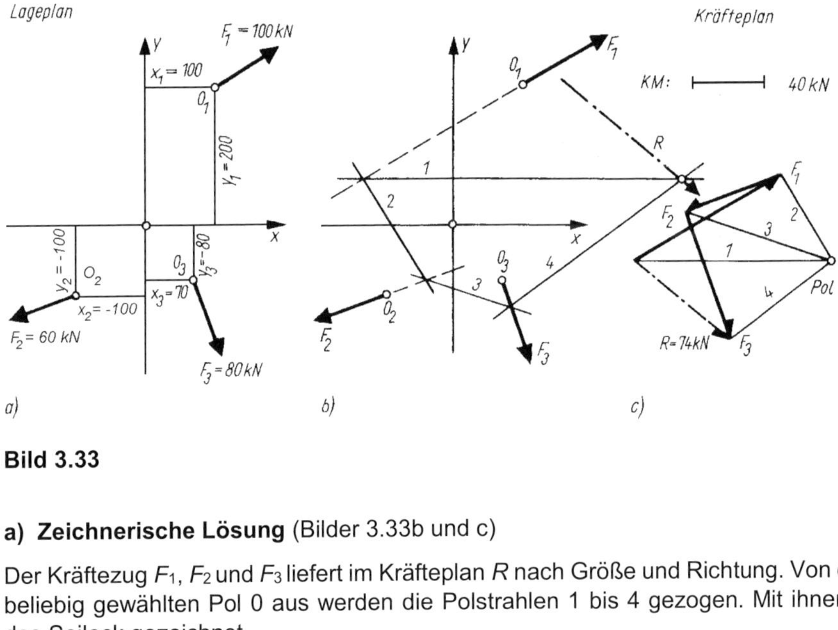

Bild 3.33

a) Zeichnerische Lösung (Bilder 3.33b und c)

Der Kräftezug F_1, F_2 und F_3 liefert im Kräfteplan R nach Größe und Richtung. Von einem beliebig gewählten Pol 0 aus werden die Polstrahlen 1 bis 4 gezogen. Mit ihnen wird das Seileck gezeichnet.

Man beginnt mit Seilstrahl 1 und zieht ihn bis zum Schnittpunkt mit F_1. Von dort aus wird Seilstrahl 2 bis zum Schnittpunkt mit F_2 gezogen. Seilstrahl 3 liegt zwischen F_2 und F_3. Im Schnittpunkt von Seilstrahl 1 und 4 findet man einen Punkt der Wirkungslinie von R.

b) Rechnerische Lösung

Tabelle 3.3

F_i	Be-trag	Rich-tung	Angriffspunkt		cos α_i	sin α_i	F_{ix}	F_{iy}	$F_{ix}\,y_i$	$F_{iy}\,x_i$
		α_i	y_i	x_i						
	kN	°	m	m			kN	kN	kNm	kNm
F_1	100,0	30	0,20	0,10	0,866	0,500	86,60	50,00	17,32	5,00
F_2	60,0	200	–0,10	–0,10	–0,940	–0,342	–56,38	–20,52	5,64	2,05
F_3	80,0	290	–0,08	0,07	0,342	–0,940	27,36	–75,18	–2,19	–5,26
						Σ	57,58	–45,70	20,77	1,79

R = 73,51 kN
tan α_R' = –0,79   tan α_R' = –38,43
M_R = 18,98 kNm
x_R = 0,42 m
y_R = 0,33 m
r = 0,26 m

Es wurde die Tabelle aus Beispiel 1 übernommen. Hinzugefügt wurde lediglich die Berechnung von y_R und r.

Der richtige Quadrant für α_R wird wieder mit Hilfe von Bild 2.20c gefunden:

$$\alpha_R = 360° - 38{,}43° = 321{,}6°$$

Beispiel 3

Für die in Bild 3.34 dargestellte Kräftegruppe soll die Resultierende zeichnerisch und rechnerisch ermittelt werden. Außerdem soll die Kräftegruppe mit den Kräften A und B ins Gleichgewicht gesetzt werden, deren Wirkungslinien lotrecht durch die Auflagerungspunkte verlaufen.

a) Zeichnerische Lösung

Im Kräfteplan wird R = 7400 N ermittelt. Mit Hilfe der Polfigur und der Seilstrahlen findet man im Lageplan R im Schnittpunkt von Seilstrahl 1 und 5.

Durch den Schnittpunkt von 1 und der Wirkungslinie von A sowie von 5 mit der von B legt man die Schlusslinie s. Überträgt man s parallel in den Pol 0, dann teilt sie auf dem Kräftezug R in A und B. Das Seileck ist geschlossen (s, 1, 2, 3, 4, 5), ebenso das Krafteck (P_1, P_2, P_3, P_4, B, A).

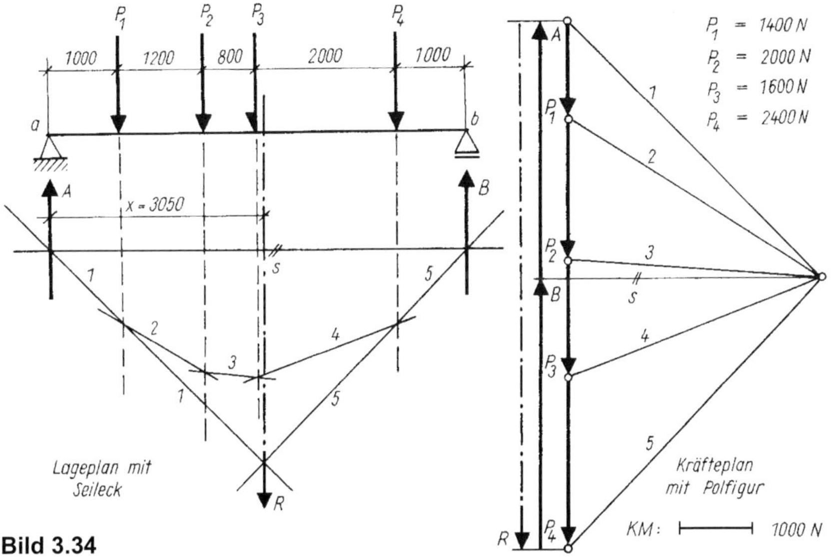

Bild 3.34

b) Rechnerische Lösung

$$R = \sum P_i = 1400 + 2000 + 1600 + 2400 = 7400 \text{ N}$$

Die Richtung von R ist sofort zu übersehen (lotrecht). Die Lage wird mit dem Momentsatz bestimmt *(R* muss für einen beliebigen Bezugspunkt das gleiche Moment erzeugen wie die Einzelkräfte zusammen). Für Bezugspunkt *a* erhält man:

$$R\,x = 1400 \cdot 1{,}0 + 2000 \cdot 2{,}2 + 1600 \cdot 3 + 2400 \cdot 5$$

$$x = \frac{22600}{7400} \approx 3{,}05 \text{ m (rechts von } a)$$

Die zum Gleichgewicht erforderlichen Kräfte A und B werden mit zwei Momentenbedingungen bestimmt:

$\sum M_b = 0$;

$$A \cdot 6{,}0 - 1400 \cdot 5{,}0 - 2000 \cdot 3{,}8 - 1600 \cdot 3{,}0 - 2400 \cdot 1{,}0 = 0$$

$\sum M_a = 0$;

$$-B \cdot 6{,}0 + 1400 \cdot 1{,}0 + 2000 \cdot 2{,}2 + 1600 \cdot 3{,}0 + 2400 \cdot 5{,}0 = 0$$

Daraus folgt:

$$A = 3633 \text{ N}; \qquad B = 3767 \text{ N}$$

Eine Kontrolle mit $\sum V = 0$ bestätigt das Ergebnis.

Beispiel 4

In Bild 3.35 ist eine Kraft F gegeben. Sie soll mit drei Kräften, deren Wirkungslinien durch die Achsen der Stäbe 1, 2 und 3 gegeben sind, im Gleichgewicht stehen. Die Kräfte F_1, F_2 und F_3 sind zeichnerisch und rechnerisch zu bestimmen.

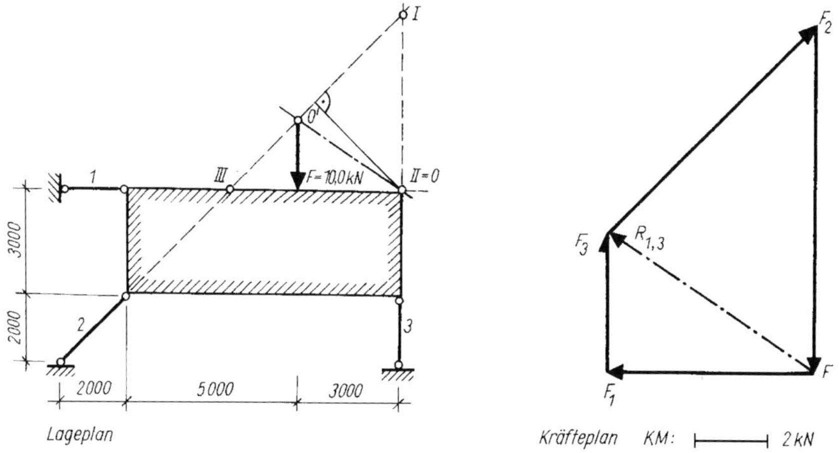

Bild 3.35

a) Zeichnerische Lösung

Die Wirkungslinien von F_1 und F_3 liefern den Schnittpunkt 0, die von F und F_2 den Schnittpunkt 0′. F wird im Kräfteplan mit F_2 und einer Kraft $R_{1,3}$ ins Gleichgewicht gesetzt, deren Wirkungslinie durch 0 0′ verläuft. $R_{1,3}$ zerlegt man dann noch in F_1 und F_3.

b) Rechnerische Lösung

Man wendet $\sum M = 0$ für drei verschiedene Bezugspunkte an. Die Kräfte F_1, F_2 und F_3 sind zunächst mit einer angenommenen Richtung in die Rechnung einzuführen. Sie werden nach rechts bzw. oben gerichtet angesetzt.

$$\sum M_I = 0: \quad -F_1 \cdot 5{,}00 - 10{,}0 \cdot 3{,}00 = 0: \quad F_1 = -6{,}00 \text{ kN}$$

$$\sum M_{II} = 0: \quad F_2 \cdot 3{,}54 - 10{,}0 \cdot 3{,}00 = 0: \quad F_2 = +8{,}46 \text{ kN}$$

$$\sum M_{III} = 0: \quad -F_3 \cdot 5{,}00 + 10{,}0 \cdot 2{,}00 = 0: \quad F_3 = +4{,}00 \text{ kN}$$

Das Vorzeichen bestätigt (+) oder korrigiert (–) die angenommene Richtung.

4 Grundbegriffe für die statische Untersuchung von Tragwerken

4.1 Auflagerarten und statische Bestimmtheit

Bauwerke haben die auftretenden äußeren Lasten einschließlich der Eigenlasten aufzunehmen und dem Baugrund zuzuleiten.

Das Tragwerk, d. h. die Gesamtheit der tragenden Bauelemente, ist so auszubilden, dass unter dem Einfluss der vorkommenden Lasten keine unzulässig großen Verformungen auftreten und gegen Zerstörungen einzelner Teile bzw. des gesamten Tragwerkes ausreichende Sicherheit besteht.

Damit das Tragwerk als Ganzes sich nicht bewegen kann, muss es in seiner Lage festgelegt sein. Diese Funktion übernehmen die Auflager.

Man unterscheidet verschiedene Lagerungs- oder Stützungsarten. Die Einteilung erfolgt nach

- der Bewegungsmöglichkeit des im Auflager angeschlossenen Tragwerkes,
- der Bestimmung des im Auflager wirkenden Stützenwiderstandes.

Die Bewegungsmöglichkeiten eines Tragwerkes in der Ebene bestehen in Verschiebungen in zwei Richtungen und in Verdrehungen um eine dazu senkrechte Achse. Im räumlichen Fall sind Verschiebungen in drei Richtungen und Verdrehungen um 3 Achsen möglich. Das Tragwerk hat dementsprechend drei oder sechs Freiheitsgrade. Die Auflager müssen diese Freiheitsgrade sperren.

Im Weiteren werden ebene Systeme betrachtet. Die drei gebräuchlichsten Auflagerarten in der Ebene sind:

1. Die beweglichen Auflager

Sie werden als Rollen- oder Walzenlager, Gleitlager und Pendelstützen ausgeführt (Bild 4.1). Diese Lager erlauben Drehungen des Tragwerkes um den Lagerpunkt und Verschiebungen in Richtung der Bewegungsbahn. Gesperrt wird die Verschiebung senkrecht zur Bewegungsbahn. Da sie einen Freiheitsgrad aufheben, werden sie als statisch einwertig bezeichnet.

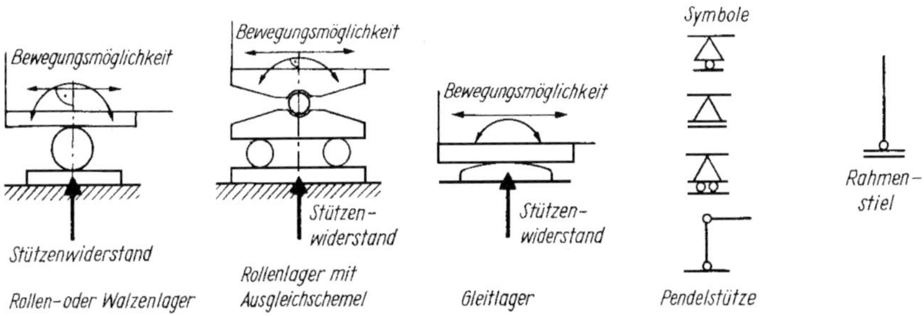

Bild 4.1

Von der im Auflager übertragbaren Kraft sind der Angriffspunkt und die Richtung bekannt (senkrecht zur Bewegungsbahn bzw. bei Pendelstützen durch die Verbindungslinie der beiden Endpunkte). Unbekannt ist nur die Größe der Stützkraft.

Für den Stützenwiderstand eines beweglichen Auflagers ist eine Unbekannte zu ermitteln.

2. Die festen Auflager oder Auflagergelenke

Ausführungsmöglichkeiten dieser Lager zeigt Bild 4.2. Deutlich ist zu erkennen, dass eine Drehbarkeit um den Auflagerpunkt noch bestehen bleibt, Verschiebungen jedoch ausgeschlossen werden. Da das feste Lager zwei Freiheitsgrade aufhebt, wird es als statisch zweiwertig bezeichnet.

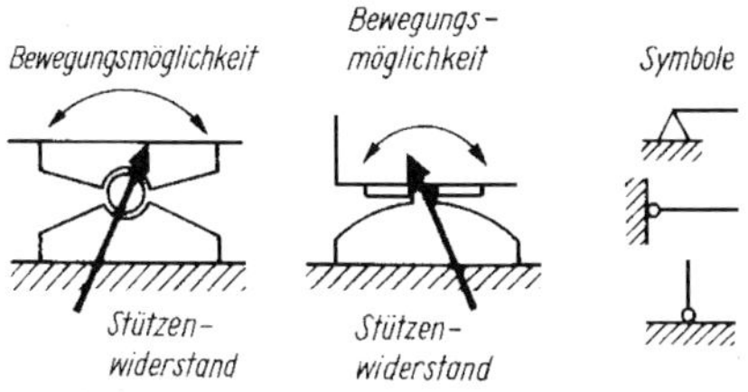

Bild 4.2

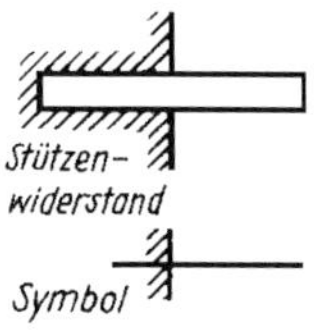

Bild 4.3

Von der Stützkraft eines festen Auflagers ist nur der Angriffspunkt bekannt, während Größe und Richtung unbekannt sind.

Für den Stützenwiderstand eines festen Auflagers sind also zwei Unbekannte zu ermitteln, die meist als Größe zweier Komponenten in bekannten Richtungen bestimmt werden.

3. Die eingespannten Auflager

Diese Auflagerart (Bild 4.3) gestattet dem Tragwerk keine Bewegungsmöglichkeit mehr. Gesperrt werden beide Verschiebungen und die Drehung. Da es drei Freiheitsgrade aufhebt, wird es als statisch dreiwertig bezeichnet. Von der Stützkraft sind Größe, Richtung und Angriffspunkt unbekannt, daher müssen drei Unbekannte ermittelt werden. Man bestimmt dafür zwei Komponenten in bekannten Richtungen und ein Moment.

Anstelle des Auflagers können einfache Stäbe gelenkig angeschlossen werden. Um auf diese Weise die gleiche Auflagerwirkung zu erreichen, müssen je nach der zu ersetzenden Auflagerart verschieden viele Stäbe angebracht werden, und zwar entsprechend Bild 4.4:

- anstelle des beweglichen Lagers ein Stab
- anstelle des festen Lagers zwei dreieckförmig zueinanderstehende Stäbe
- anstelle der Einspannung drei Stäbe (davon zwei dreieckförmig zueinander).

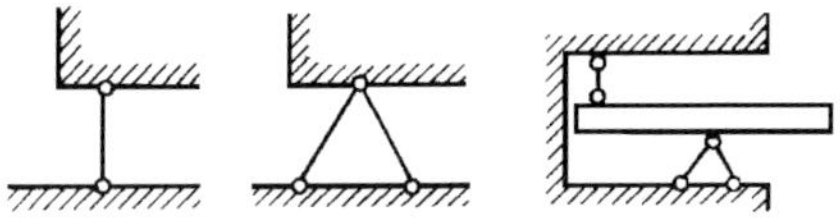

Bild 4.4

Betrachtet man nun die drei Freiheitsgrade separat, so ergeben sich für mögliche Lagerungsarten weitere Kombinationsmöglichkeiten. So ist es z. B. möglich, die Verdrehung zu sperren und ein oder zwei Verschiebungen freizugeben (Bild 4.5).

Bild 4.5

Solche Lager sind in Rechenprogrammen in allen Varianten häufig frei wählbar. Man muss sich jedoch überlegen, ob sie sinnvoll und ausführbar sind. In Tabelle 4.1 sind alle möglichen Lagerarten zusammengestellt. Zu beachten ist, dass bei Rahmentragwerken u. Ä. diese auch um einen bestimmten Winkel (z. B. 90°) gedreht auftreten können.

Tabelle 4.1

Bild	H gesperrt	V gesperrt	M gesperrt
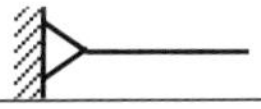	x	x	x
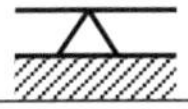	x	x	
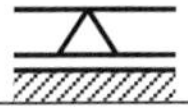		x	
		x	x
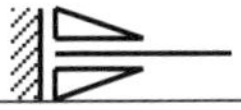			x
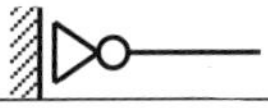	x		
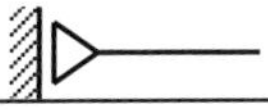	x		x

Nachdem die Auflagerarten und deren Wirkung erklärt wurden, muss ihre Anordnung betrachtet werden. Das einfache ebene Tragwerk verfügt in der Ebene über drei Freiheitsgrade. Zur starren Lagerung sind demnach drei Fesselungen erforderlich. Man kann sie z. B. durch eine Einspannung oder je ein festes und ein bewegliches Lager oder auch drei bewegliche Lager erzielen. Auch wenn Lager mit mehr als drei Fesselungen angeordnet werden, ist der sichere Anschluss gewährleistet.

Nur bei weniger als drei Fesselungen bleiben Bewegungsmöglichkeiten offen, sodass diese Anordnung praktisch unbrauchbar ist.

In statischer Hinsicht bestehen zwischen Tragwerken mit der gerade notwendigen Anzahl Fesselungen und Tragwerken mit zu vielen Fesselungen wesentliche Unterschiede in der Berechnung.

Bei der Untersuchung eines Tragwerkes sind die Einwirkungen als Aktionskräfte vorgegeben. Dagegen müssen die Auflagerkräfte als Reaktionen erst bestimmt werden. Beide sind äußere Kräfte, die im Gleichgewicht stehen müssen. Zur Ermittlung dienen die drei Gleichgewichtsbedingungen. Mit drei Bedingungen lassen sich jedoch stets nur drei Unbekannte errechnen. Ordnet man nur die gerade notwendige Anzahl von drei Fesselungen an, lassen sich die Auflagerkräfte mit den Gleichgewichtsbedingungen bestimmen.

Man nennt Tragwerke, die so aufgelagert sind, statisch bestimmt gelagert. Damit wird ausgedrückt, dass allein mit den Gleichgewichtsbedingungen der Statik der starren Körper ihre Auflagerwiderstände bestimmt werden können.

Tragwerke mit zu vielen Fesselungen werden dagegen als statisch unbestimmt bezeichnet. Die Anzahl der überzähligen Fesselungen liefert den Grad der statischen Unbestimmtheit. Für einfache Tragwerke erhält man bei n Unbekannten eine $(n-3)$-fache statische Unbestimmtheit.

Auch bei solchen Tragwerken lassen sich alle Auflagerreaktionen bestimmen. Nur kann man die Tragwerke dann nicht mehr als starr voraussetzen. Das Formänderungsverhalten der Tragwerksteile beeinflusst die Stützkräfte. Aus Formänderungsbedingungen wird eine dem Grad der statischen Unbestimmtheit entsprechende Anzahl von zusätzlichen Gleichungen gewonnen.

Beim statisch unbestimmten Tragwerk können auch ohne äußere Lasten Beanspruchungen auftreten, sobald irgendwelche Ursachen Veränderungen der geometrischen Parameter hervorrufen (Längenänderungen infolge von Temperaturschwankungen, Auflagerverschiebungen oder -verdrehungen). Die überstarre Lagerung behindert den Ausgleich solcher Erscheinungen, während die statisch bestimmte Lagerung keine Behinderung zur Folge hat.

Eine aus der Auflagerung herrührende statische Unbestimmtheit wird als äußerliche statische Unbestimmtheit bezeichnet. Daneben gibt es noch eine innere statische Unbestimmtheit, deren Ursache im Aufbau der Tragwerke liegt. Bezeichnet man mit a die Anzahl der Auflagerunbekannten, so gilt für ein einteiliges ebenes Tragwerk:

$a > 3$	statisch unbestimmte Stützung	
$a = 3$	statisch bestimmte Stützung	(4.1)
$a < 3$	unbrauchbar, da beweglich	

Besteht ein Tragsystem aus mehreren einteiligen Tragwerken, die gelenkig miteinander verbunden sind, so lauten die Bedingungen:

$$3s < a + g \quad \text{statisch unbestimmte Stützung}$$
$$3s = a + g \quad \text{statisch bestimmte Stützung} \tag{4.2}$$
$$3s > a + g \quad \text{Dieses System ist beweglich und daher unbrauchbar}$$

Der Buchstabe s gibt die Zahl der verbundenen einteiligen Tragwerke an. Das Produkt $3s$ bedeutet demnach die Anzahl der Gleichgewichtsbedingungen, da für jedes Tragwerk drei aufgestellt werden können.

Die rechte Seite enthält die Anzahl der Unbekannten (die mit den Fesselungen übereinstimmt). Der Buchstabe a kennzeichnet die Auflagerunbekannten, während g die Gelenkunbekannten angibt. Ein Gelenk gestattet gegenseitige Verdrehungen der verbundenen Tragwerke, aber keine gegenseitigen Verschiebungen. In der Wirkung ist es einem festen Lager gleichwertig. Für jedes Gelenk, durch das ein weiteres Tragwerk an ein vorhandenes angeschlossen wird, entstehen daher zwei zusätzliche Unbekannte, die meist als Gelenkkräfte in vertikaler und horizontaler Richtung angesetzt werden.

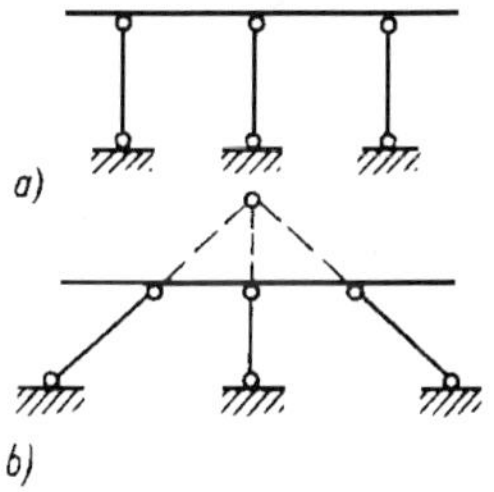

Bild 4.6

Gleichung (4.2) mit $3s = a + g$ lässt sich nur für einfache Tragwerke mit innerem, statisch bestimmtem Aufbau verwenden. Für Tragwerke mit kompliziertem Aufbau gibt es selbstverständlich auch Auszählbedingungen, auf die jedoch hier nicht eingegangen zu werden braucht. Solche Tragwerke werden heutzutage mit Rechenprogrammen berechnet. Bei diesen ist in der Regel der Grad der statischen Unbestimmtheit nicht vorzugeben.

Die Gleichung $3s = a + g$ stellt nur eine notwendige, aber keine hinreichende Bedingung für eine sichere, statisch bestimmte Stützung dar. Mit ihrer Erfüllung ist demnach ein kinematisch starrer Anschluss eines Tragwerkes noch nicht garantiert. Es sind z. B. die Tragwerke nach Bild 4.6 formal statisch bestimmt gelagert. Der Träger nach Bild 4.6a ist jedoch offensichtlich beweglich, während der nach Bild 4.6b eine sogenannte unendlich kleine Verschieblichkeit besitzt. Beide Stützungen sind praktisch unbrauchbar. Die Achsen dreier Pendelstützen dürfen sich nicht in einem Punkt schneiden!

Beispiele für statisch bestimmte bzw. statisch unbestimmte Stützung werden im folgenden Abschnitt bei der Betrachtung der Tragwerke angeführt.

4.2 Arten der Tragwerke

Die Methoden der statischen Berechnung werden in erster Linie von der Art und vom Aufbau eines Tragwerkes bestimmt. Daher ist es notwendig, die Tragwerke nach bestimmten Gesichtspunkten einzuteilen.

Das in einem Bauwerk enthaltene Tragwerk lässt sich fast immer in einzelne Tragelemente zergliedern. Es gibt, von der konstruktiven Seite her betrachtet, eine Vielzahl solcher Tragelemente (z. B. Sparren, Pfetten, Stiele, Decken, Balken, Säulen, Wände, Stürze und Fundamente). In der Statik interessieren aber weniger die konstruktiven Möglichkeiten, sondern man unterteilt die Tragwerke bzw. Tragelemente nach ihrer statischen Wirksamkeit. Beeinflusst wird die statische Wirksamkeit vorwiegend von

- der geometrischen Form,
- der Art der Verbindung der Tragelemente,
- der Art der Stützung der Tragelemente bzw. der Tragwerke und
- von der Tragwirkung.

Im Hinblick auf die geometrische Form unterscheidet man

- eindimensionale Tragelemente (Stabwerke),
- zweidimensionale Tragelemente (Flächentragwerke) und
- dreidimensionale Tragelemente (Körpertragwerke).

Bei eindimensionalen Tragelementen sind zwei Abmessungen klein gegenüber der dritten. Man bezeichnet sie als Stäbe. Unterteilt werden diese in Biegestäbe mit und ohne Längskraft und reine Längskraftstäbe.

Bei Biegestäben werden vorwiegend steife Verbindungen gewählt, bei reinen Längskraftstäben ausschließlich gelenkige Zusammenschlüsse. Aus Stäben gebildete Tragwerke bilden die große Gruppe der Stabtragwerke, und zwar:

Träger: in einer Geraden angeordnete biegesteife Stäbe

Rahmen: ebene Tragwerke mit biegesteif verbundenen Stäben

Fachwerke: ebene Tragwerke mit gelenkig verbundenen Längskraftstäben

Bild 4.7 zeigt die verschiedenen Trägerarten, die außerdem nach statisch bestimmter und statisch unbestimmter Stützung untergliedert werden:

a) Kragträger auch als Freiträger bezeichnet

b) Träger auf zwei Stützen

c) und d) Träger auf zwei Stützen mit einem bzw. zwei Kragarmen

e) statisch bestimmter Träger mit drei beweglichen Lagern

f) Gelenkträger

g) einseitig eingespannter Träger (einfach statisch unbestimmt)

h) einseitig eingespannter Träger (einfach statisch unbestimmt) *m.* Kragarm

i) zweiseitig eingespannter Träger (dreifach statisch unbestimmt)

k) Durchlaufträger (im Bild dreifach statisch unbestimmt)

Bild 4.8 zeigt einige Rahmenformen, wobei die Bezeichnungen aus dem Aufbau leicht abgeleitet werden können.

Bild 4.9 enthält einige statisch bestimmte Fachwerke.

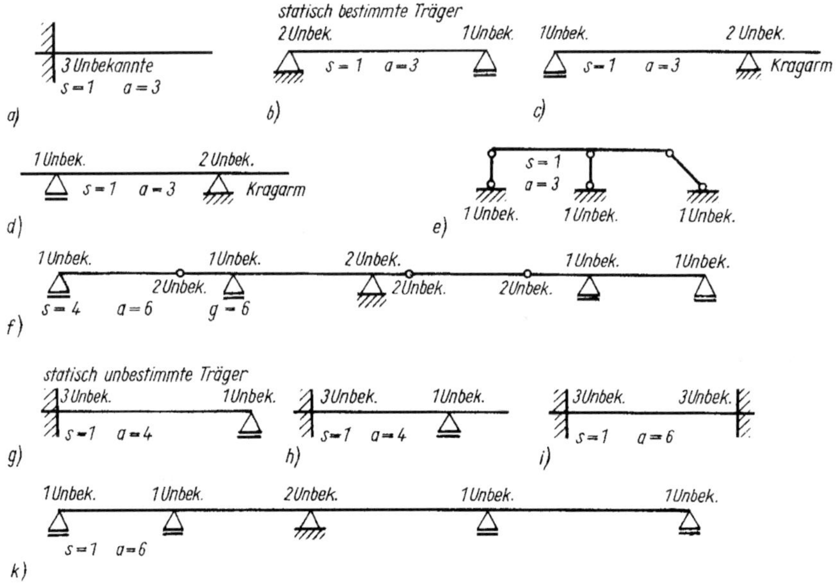

Bild 4.7

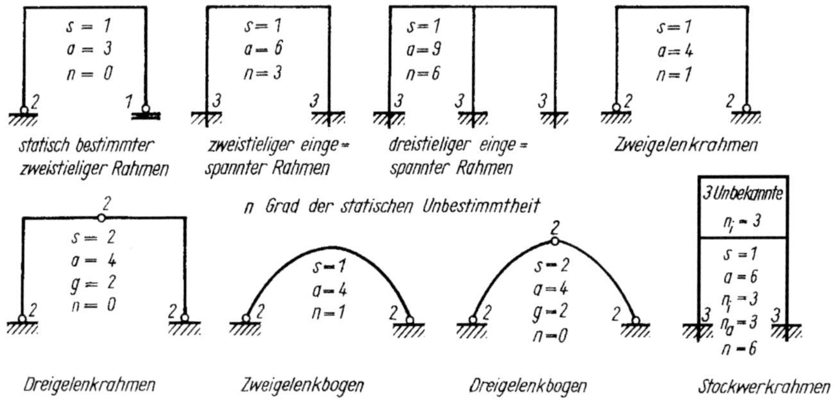

Bild 4.8

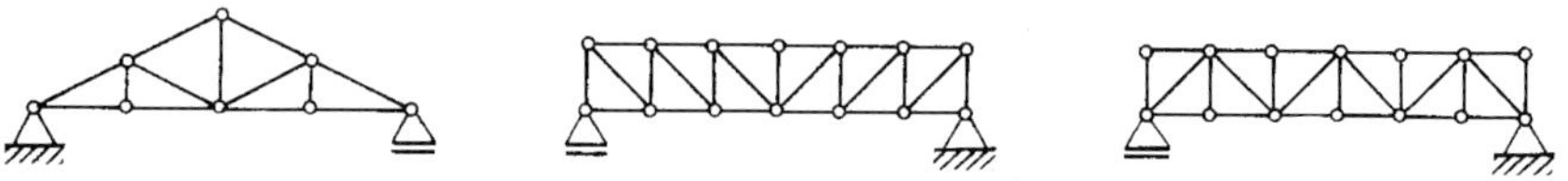

Bild 4.9

Bei zweidimensionalen Tragelementen ist nur noch eine Abmessung klein gegenüber den beiden anderen. Sind die Flächen eben, sprechen wir von Scheiben und Platten. Gekrümmte Flächen heißen Schalen. Ist ein Flächentragwerk aus mehreren ebenen Teilflächen zusammengesetzt, so liegt ein Faltwerk vor.

Der Unterschied zwischen Scheibe und Platte besteht in der Form der Lasteintragung. Eine Scheibe kann nur in ihrer Mittelebene wirkende Kräfte (parallel zur Ebene) aufnehmen, während Platten senkrecht zur Plattenebene beansprucht werden. Körpertragwerke, die im Massivbau vorkommen (Schwergewichtsstaumauern von Talsperren z. B.), haben nach allen drei Richtungen Abmessungen der gleichen Größenordnung. Die Untersuchung der Flächen- und Körpertragwerke ist nur selten mit einfachen Mitteln durchführbar. Im Allgemeinen sind dazu Betrachtungen auf der Grundlage der Elastizitätstheorie erforderlich. Heute steht dafür die Methode der finiten Elemente (kurz FEM) mit ihren vielfältigen Möglichkeiten zur Verfügung. Deren Einsatz ist jedoch unbedingt an die Rechentechnik gebunden. Die Erläuterung dieser Methode geht über den Rahmen dieses Werkes hinaus.

4.3 Die Schnittgrößen

Die Gleichgewichtsbedingungen gestatten, für jeden Querschnitt eines Tragwerkes die dort wirkenden inneren Kräfte zu berechnen, sobald alle äußeren Kräfte (einschließlich der Auflagerkräfte) bekannt sind.

Bild 4.10a zeigt einen Träger, dessen äußere Kräfte im Gleichgewicht stehen. Um zu den im Querschnitt *s – s* wirkenden inneren Kräften zu gelangen, trennt man den Träger durch einen gedachten Schnitt. Betrachtet man den linken Trägerteil von der Länge *x* allein, so werden die an ihm wirkenden Kräfte nicht mehr im Gleichgewicht sein. Trägt man aber im Schnitt die vom rechten Trägerteil auf den linken im ungeschnittenen Zustand ausgeübte Wirkung mit an, so stellt man das ursprüngliche Gleichgewicht wieder her.

Mithilfe dieser Erkenntnis lassen sich die inneren Kräfte berechnen. Man betrachtet einen solchen abgeschnitten gedachten Tragwerksteil und bestimmt für diesen Schnitt diejenigen Kräfte, die mit den übrigen äußeren Kräften des Teiles zusammen ein Gleichgewicht ergeben.

Dabei ist es möglich, sowohl den Trägerteil links oder denjenigen rechts des gedachten Schnittes zu betrachten. Beide Betrachtungen liefern das gleiche Ergebnis.

Im Folgenden sollen zunächst der Berechnungsweg und die Darstellungsform für Schnittgrößen deutlich gemacht werden.

Betrachtet man den Trägerteil links von $s-s$, so wirken auf ihn die beiden äußeren Kräfte A und F_1. An ihre Stelle kann auch zur Vereinfachung ihre Resultierende R_1 treten. Sie ist in Bild 4.10 eingezeichnet.

R_1 wird nun durch ein gleichwertiges Kraftsystem im Punkt S des Schnittes ersetzt. Dazu wird R_1 um die Strecke a parallel verschoben, wodurch ein Moment R_1a entsteht.

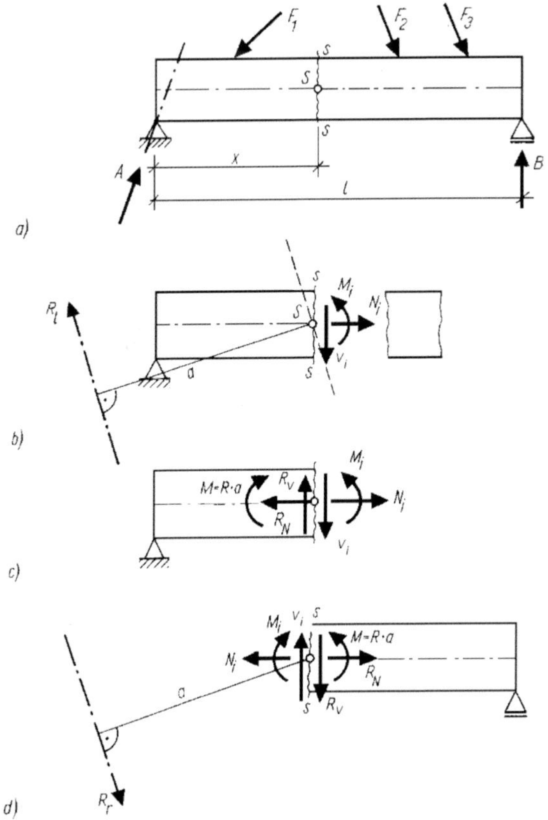

Bild 4.10

R_1 lässt sich nun noch durch die Komponente R_N, die in Richtung der Trägerachse wirkt, und durch die Komponente R_V, die senkrecht, also quer zur Trägerachse wirkt, ersetzen (s. Bild 4.10c). Dem Angriff dieser drei äußeren Kräfte muss durch die ausgelösten inneren Kräfte Gleichgewicht gehalten werden. Diese werden in drei Wirkungen zusammengefasst:

- der Normalkraft oder Längskraft N,
- der Querkraft V (früher Q) und
- dem Biegemoment M.

In Bild 4.10c sind die zunächst unbekannten inneren Kräfte in drei Wirkungen angetragen und mit N_i, V_i und M_i bezeichnet. Diese drei Wirkungen übt der rechte Trägerteil infolge der Festigkeit des Baustoffes auf das linke Schnittufer im Schnitt *s – s* aus. Zur Berechnung dienen die drei Gleichgewichtsbedingungen. Hierbei wird sofort deutlich, dass hinsichtlich der Größen $N_i = R_N$ (folgt aus $\Sigma H = 0$), $V_i = R_V$ ($\Sigma V = 0$) und $M_i = M$ ($\Sigma M = 0$), bezogen auf *S*, sein müssen. In Bild 4.10c sind lediglich wegen der besseren Vorstellung die Wirkungslinien von R_V und V_i neben *S* gesetzt. Sie müssten zusammenfallen. Man ermittelt daher die Schnittbeanspruchung aus den äußeren Kräften in Form der drei Wirkungen *N*, *V* und *M*. Dabei werden die Schnittkräfte *V* und *N* und das Schnittmoment *M* gemeinsam als „Schnittkräfte" verstanden. Jede dieser Wirkungen ist Resultierende eines Teiles der über den Querschnitt verteilten „inneren Kräfte" (Spannungen).

Die drei Schnittgrößen sind

1. eine Normal- oder Längskraft *N* in Richtung der Trägerachse. Ihre Größe kann als Summe aller Kraftkomponenten am betrachteten Trägerteil parallel zur Trägerachse ermittelt werden.
2. eine Querkraft *V* senkrecht, d. h. quer zur Trägerachse. Ihre Größe kann als Summe aller Kraftkomponenten am betrachteten Trägerteil senkrecht zur Trägerachse ermittelt werden.
3. ein Biegemoment *M*. Es kann als Summe aller Momente sämtlicher am betrachteten Trägerteil angreifenden äußeren Kräfte, bezogen auf den Schwerpunkt des Schnittes, ermittelt werden.

Bei der Betrachtung der Wirkungen der Kräfte am Trägerteil rechts vom Schnitt erhält man die gleichen Schnittgrößen. Dieser Zusammenhang ist in Bild 4.10 dargestellt. Die Resultierende R_r aller Kräfte am rechten Trägerteil hat die gleiche Lage wie R_1, ist aber entgegengesetzt gerichtet. Beide zusammen ergeben Gleichgewicht, denn jede von ihnen vertritt einen Teil der äußeren Kräfte, die unbedingt im Gleichgewicht stehen müssen.

Verschiebt man R_r in den Schwerpunkt *S* und zerlegt R_r in R_N und R_V, dann erhält man gleiche Werte mit umgekehrten Richtungen. Die Wirkungen im Schnitt bleiben aber unverändert.

Zur eindeutigen Beschreibung der Wirkungen in den Querschnitten werden Vorzeichen zu Hilfe genommen, ebenso für die Auflagerwiderstände.

1. Stützkräfte (Bild 4.11)

- Positive Stützkräfte wirken als äußere Kräfte von unten nach oben, das Auflager selbst wird gedrückt.
- Negative Stützkräfte wirken als äußere Kräfte von oben nach unten, der Träger wird vom Auflager abgehoben. Es wird deshalb eine Verankerung notwendig.

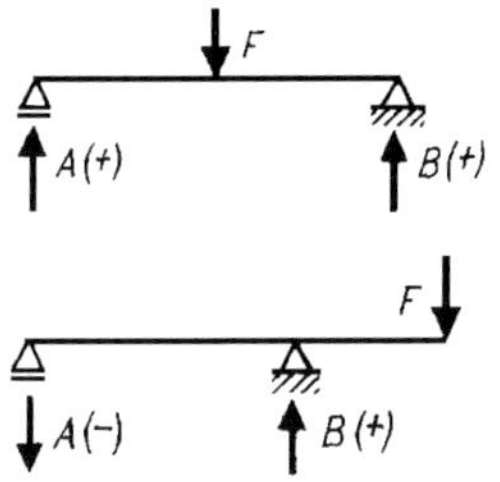

Bild 4.11

2. Normal- oder Längskräfte (Bild 4.12)

- positiv, wenn äußere Kräfte parallel zur Stabachse im Trägerteil links vom Schnitt nach links, im Trägerteil rechts vom Schnitt nach rechts gerichtet sind
- negativ, wenn äußere Kräfte parallel zur Stabachse im Trägerteil links vom Schnitt nach rechts, im Trägerteil rechts vom Schnitt nach links gerichtet sind

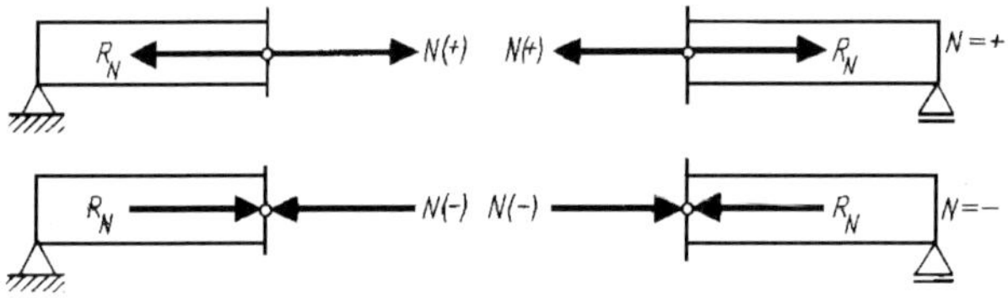

Bild 4.12

3. Querkräfte (Bild 4.13)

- positiv, wenn äußere Kräfte senkrecht zur Stabachse im Trägerteil links vom Schnitt nach oben, im Trägerteil rechts vom Schnitt nach unten gerichtet sind
- negativ, wenn äußere Kräfte senkrecht zur Stabachse im Trägerteil links vom Schnitt nach unten, im Trägerteil rechts vom Schnitt nach oben gerichtet sind

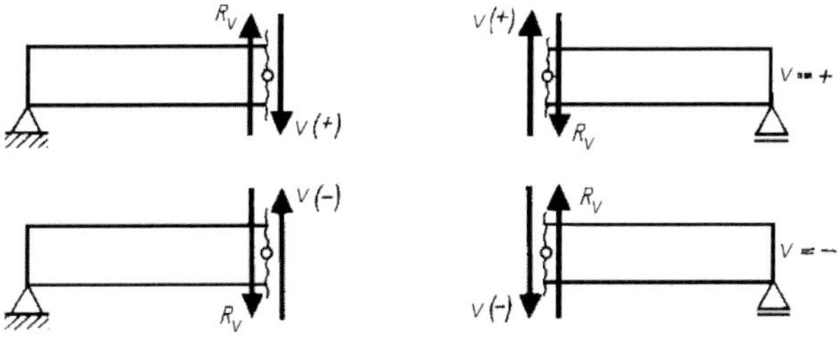

Bild 4.13

4. Biegemomente (Bild 4.14)

- positiv, wenn im Trägerteil links vom Schnitt die Summe der Momente aller äußeren Kräfte dieses Teiles im Uhrzeigersinn dreht, im Trägerteil rechts vom Schnitt die Summe der Momente aller äußeren Kräfte dieses Teiles entgegen dem Uhrzeigersinn dreht

– negativ, wenn im Trägerteil links vom Schnitt die Summe der Momente aller äußeren Kräfte dieses Teiles entgegen dem Uhrzeigersinn dreht, im Trägerteil rechts vom Schnitt die Summe der Momente aller äußeren Kräfte dieses Teiles im Uhrzeigersinn dreht

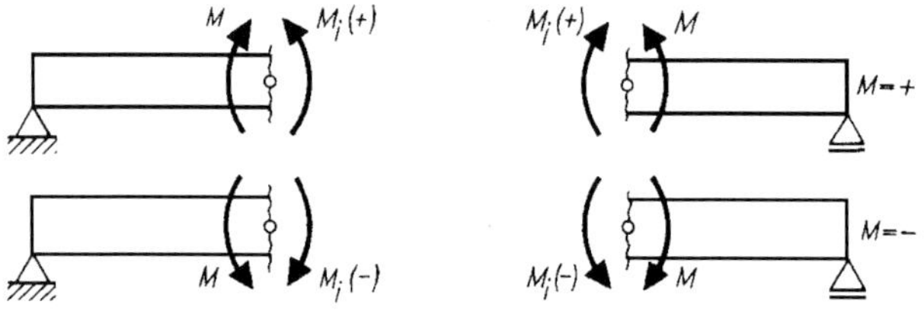

Bild 4.14

Die Vorzeichen der Biegemomente kann man auch aus der Wirkung erklären (Bild 4.15).

Positive Biegemomente rufen eine Krümmung der Trägerachse nach Bild 4.15a (Zugzone unten) hervor. Die Wirkung von negativen Biegemomenten zeigt Bild 4.15b (Zugzone oben).

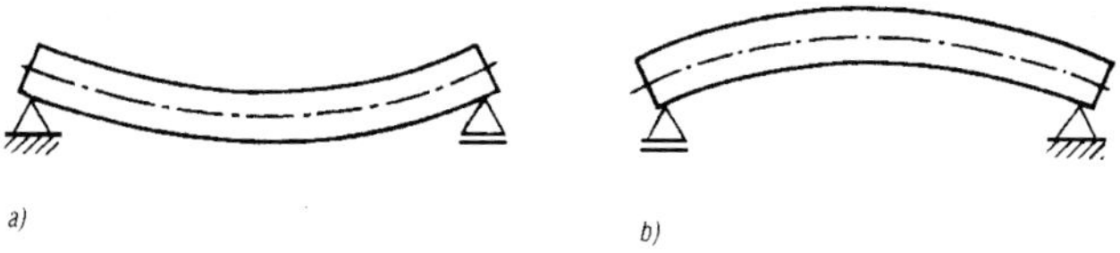

Bild 4.15

Für die Bemessung der Querschnitte der Tragwerkselemente sind die *Schnittgrößen* Ausgangswerte.

Die **Querkraft** zeigt an, in welchem Umfang eine Gefährdung des Trägers durch Schub gegeben ist. Die **Normal-** *oder* **Längskraft** ist ein Maß für die Zug- oder Druckkräfte im Träger. Die **Biegemomente** beschreiben die Biegebeanspruchung und bestimmen bei den üblichen Trägern vorwiegend die Querschnittsabmessungen.

Die Schnittgrößen eines Bauteiles zeigen über die Stablänge veränderliche Werte. Damit ihr Verlauf übersehbar ist, stellt man ihn zeichnerisch dar. Für jede Art wird ein besonderes Diagramm verwendet. Die jeweiligen Linienzüge stellen die Funktionen

$$V = V(x); \qquad N = N(x); \qquad M = M(x) \qquad \text{(Bild 4.16)}$$

dar. Sie werden auch als Zustandslinien bezeichnet.

Die von der Zustandslinie und der Stabachse eingeschlossene Fläche hat für jede Lastart eine charakteristische Form. Aus ihr lassen sich hoch beanspruchte Trägerbereiche („gefährdete Querschnitte") erkennen. Daher liefern „Querkraftfläche", „Momentenfläche" und „Normalkraftfläche" wesentliche Grundlagen für die weitere Bemessung und Nachweisführung.

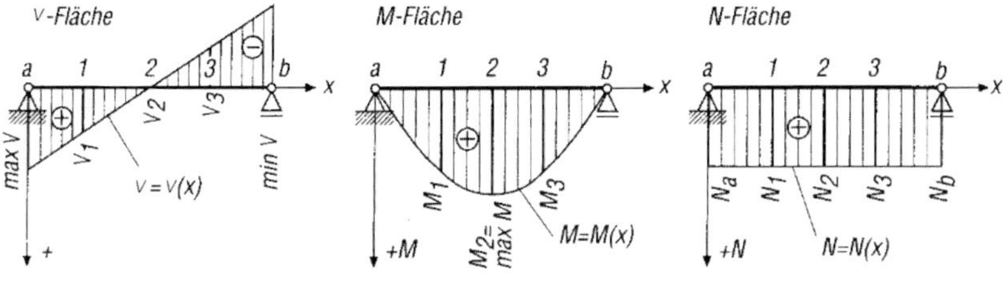

Bild 4.16

4.4 Begriffe und Formelzeichen, Koordinatensysteme, Vorzeichen

In Statik und Festigkeitslehre werden genormte Formelzeichen für die verschiedenen Begriffe verwendet. Diese werden aus Hauptzeichen und wenn notwendig zusätzlich durch Nebenzeichen gebildet. Im Folgenden sind nur die Grundsätze mit einigen ausgewählten Beispielen dargestellt.

Großbuchstaben:	Kräfte (F, G, P, Q, K, R; X, Y, Z; H, V, W; Z, D)
	Schnittgrößen (*N, Q, V, M, T*)
	Flächenkenngrößen (*A, S, W, I*)
	Verformungsmodule (*E, G, T*)
	Koordinaten in globalen Systemen (*X, Y, Z*)
lat. Kleinbuchstaben:	auf Länge oder Fläche bezogene Lasten und Schnittgrößen (*g, p, q; n, m, q*)
	Längen (l, a, b, d, e, r, i, h, c)
	Spannungen-Festigkeiten (*f*)
	Verschiebungen (*u, v, w*)
	Koordinaten in lokalen Systemen (*x, y, z*)
griech. Kleinbuchstaben:	Spannungen (σ, τ, β)
	Verformungen (α, γ, φ, δ, ε)
	Geometrische Größen (λ, α, β, γ)
	Beiwerte (η, κ, μ, γ, ω)

Indizes (Nebenzeichen) werden als Fuß- oder Kopfzeiger angefügt. Sie sollten nur dort verwendet werden, wo sie der eindeutigen Zuordnung dienen.

Begriffe und Formelzeichen unterliegen einer ständigen Entwicklung, die meist erst in längeren Zeiträumen wirksam wird. Man findet daher in der Literatur ältere, aktuelle und zukünftige Formen nebeneinander. Mit der Einführung der europäischen Normen (Euro-Codes, EC) ergaben sich z. B. verschiedene Veränderungen. So werden heutzutage Querkräfte mit *V* anstelle *Q* bezeichnet.

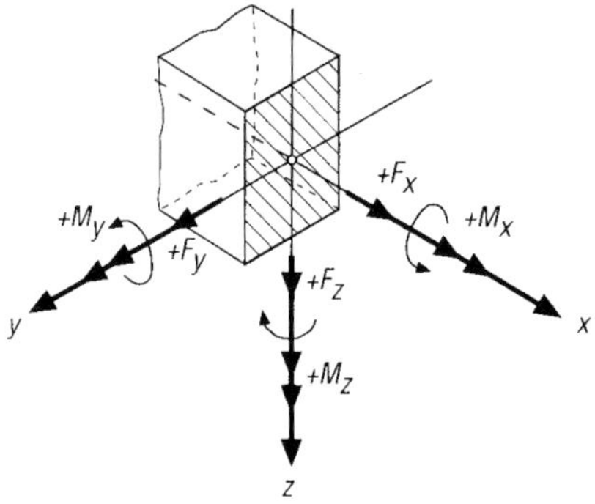

Bild 4.17

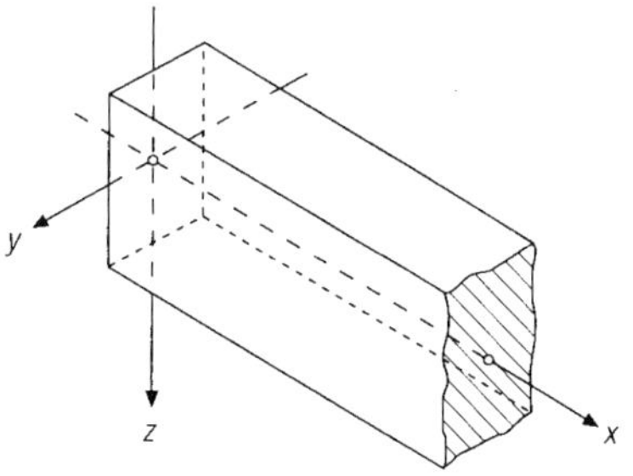

Bild 4.18

Zur Orientierung im Bauwerk oder Bauteil werden diesen räumliche Koordinatensysteme zugeordnet. Dafür wird ein Rechtssystem (rechtshändig, rechtsdrehend) nach Bild 4.17 verwendet. Kraftgrößen (äußere Kräfte, Momente) sind positiv, wenn sie den Richtungssinn der Koordinatenachsen haben bzw. dazu rechtsdrehend wirken. Bauteile werden dem lokalen System so zugeordnet, dass die *x*-Achse mit der Stabachse übereinstimmt und die *y*- und *z*-Achse im Querschnitt liegen (Bild 4.18).

Die beiden Schnittufer eines Schnittes werden als „positive" Schnittfläche bzw. „negative" Schnittfläche definiert (Bild 4.19).

Die Schnittgrößen eines Schnittes stellen die Wirkungen des anderen Stabteiles auf ein Schnittufer dar. Sie sind positiv, wenn sie auf positiven Schnittflächen den Richtungssinn der Koordinatenachsen, auf negativen Schnittflächen den entgegengesetzten Richtungssinn haben. Diese allgemeingültig formulierten Beziehungen stimmen mit den einfacher definierten Beziehungen des Abschnittes 4.3 überein, die für die meisten Fälle ausreichend sind. Bei einem ebenen Kraftsystem in der *x–z*-Ebene mit äußeren Kräften rechtwinklig zur Stabachse treten nur Querkräfte V_z und Biegemomente M_y auf.

Die Zuordnung nach Bild 4.17 und 4.18 findet sich auch bei der Bezeichnung von Querschnittswerten in allen Profiltabellen wieder.

Im allgemeinen Fall von äußeren Kräften sind in einem Schnitt folgende Größen möglich (Bild 4.19):

Normalkraft	$N = N_x$
Querkräfte	V_y und V_z
Biegemomente	M_y und M_z
Torsionsmoment	$T = M_x$

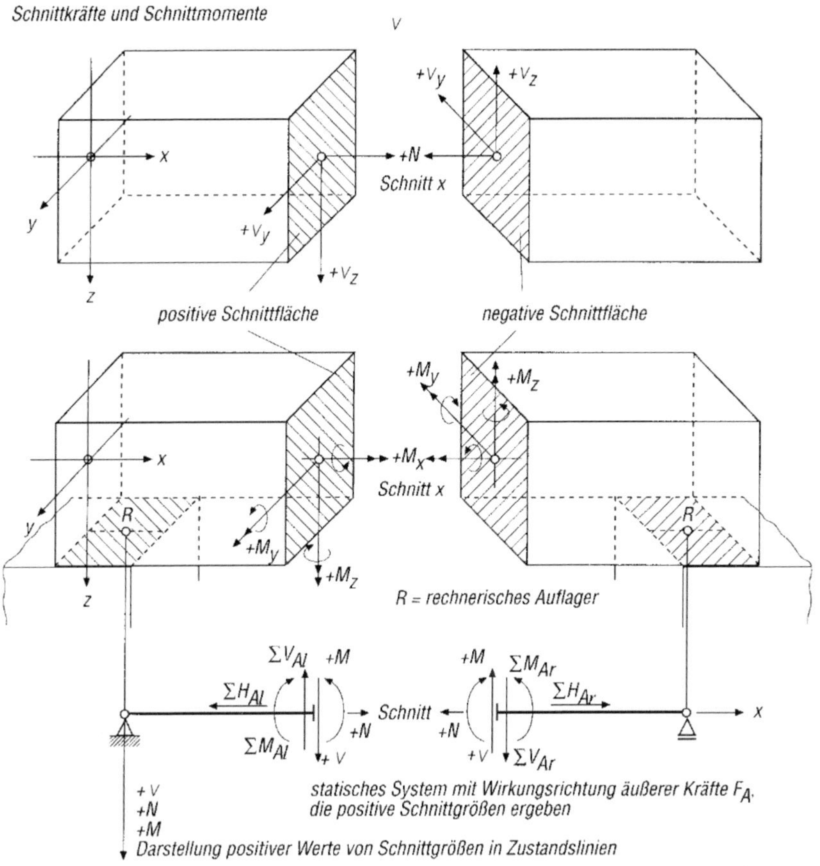

Bild 4.19

Alle Vorzeichenregelungen haben nur begrenzte Anwendungsbereiche, da es in der Statik und Festigkeitslehre nicht sinnvoll und auch nicht möglich ist, Vorzeichen zu definieren und durchgängig für das gesamte Gebiet zu verwenden. Die ohnehin mehrfach verwendeten Symbole + und – (Operationszeichen, Wertzeichen, Wahrheitsaussagen) werden in der Baustatik noch mit weiteren Aussagen verbunden (spezielle Richtungsangaben, Beanspruchungsarten Zug oder Druck usw.). Es sind daher die für den jeweiligen Anwendungsbereich definierten Empfehlungen zu beachten.

5 Träger auf zwei Stützen

5.1 Berechnung der Stütz- und Schnittgrößen bei einfacher lotrechter Belastung

Das in Abschnitt 4.3. abgeleitete Verfahren für die Ermittlung der Schnittgrößen ist allgemein für Stabtragwerke mit verschiedenen Belastungen anwendbar. Bei der praktischen Berechnung von Tragwerken treten lotrechte Lasten sehr häufig auf. Da zu jeder Belastungsform ein charakteristischer Schnittgrößenverlauf gehört, lohnt es sich, diesen Verlauf für einige Grundbelastungen besonders ausführlich zu behandeln.

Bei der Berechnung der Träger benötigt man die Stütz- oder Spannweite, d. h. die Entfernung l der beiden Auflagerpunkte. Bei einfachen Trägern im gewöhnlichen Hochbau wird kein besonders ausgeprägtes festes bzw. bewegliches Lager ausgebildet. Der Träger wird nur auf das Mauerwerk bzw. eine Ausgleichsplatte beiderseits aufgelegt. Solche Lager heißen Flächenlager. Man nimmt hier an, dass sich die Auflagerpressung über die Auflagerlänge a des Flächenlagers gleichmäßig verteilt und der Stützenwiderstand in der Mitte des Flächenlagers angreift. Wenn w die lichte Weite des Trägers ist, hat die Stützweite das Maß (Bild 5.1)

$$l = w + a\,.$$

Häufig (z. B. bei unbekannter Auflagerlänge) hilft auch der Ansatz

$$l = 1{,}05 \cdot w$$

weiter.

Im Folgenden werden einige Grundbelastungen allgemein untersucht, wobei die Lasten als feststehend vorausgesetzt werden.

1. Einzellast an beliebiger Stelle (Bild 5.2)

Auflagerkräfte

$$\sum M_b = 0: \quad A\,l - P\,c' = 0: \quad A = \frac{P\,c'}{l} \tag{5.1a}$$

$$\sum M_a = 0: \quad -B\,l + P\,c = 0: \quad B = \frac{P\,c}{l} \tag{5.1b}$$

Normal- oder Längskraft

Am Träger wirken keine äußeren Kräfte in Richtung der Trägerachse, daher können auch keine Normalkräfte auftreten. Das gilt für alle geraden Träger mit äußeren Kräften senkrecht zur Trägerachse, sofern nur ein Auflager vorhanden ist, das Kräfte in Längsrichtung des Trägers aufnimmt.

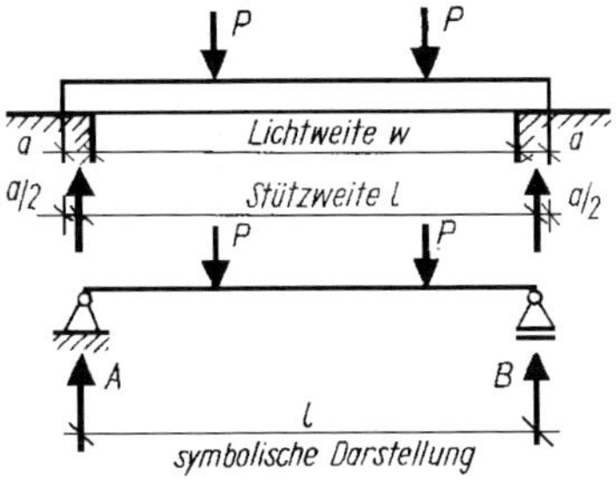

Bild 5.1

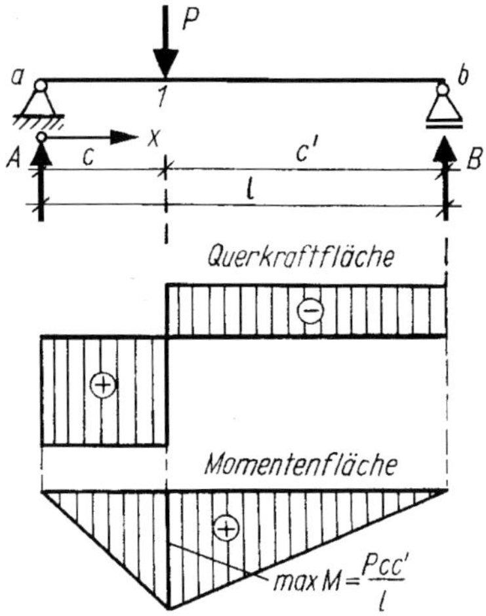

Bild 5.2

Querkraft

In allen Schnitten zwischen dem Auflager *a* und dem Lastangriffspunkt 1 ist die Querkraft gleich groß, denn links von jedem Schnitt wirkt nur *A* senkrecht zur Stabachse.

Erst wenn man einen Schnitt rechts von 1 legt, ändert sich *V* um die Größe der Einzellast. Daher gilt:

$$V = +A\,; \qquad (0 < x < c)$$

$$V = +A - P = -B\,; \qquad (c < x < l)$$

Im Schnitt 1 selbst erfährt die Querkraft eine sprunghafte Änderung um *P*. Infolge der Unstetigkeit im Angriffspunkt einer Einzellast gibt man die Querkraft jeweils für einen Schnitt unendlich nahe links bzw. rechts dieser Stelle an, also

$$V_{1l} = +A\,; \qquad V_{1r} = +A - P = -B$$

Im Schnitt 1 wechselt außerdem die Querkraft ihr Vorzeichen, das Biegemoment erreicht einen Extremwert.

Biegemoment

Die Größe des Biegemomentes ist innerhalb der Stützweite des Trägers verschieden.

Von Bedeutung ist das maximale Biegemoment (max *M*).

Für einen Schnitt in dem jeweiligen Bereich gilt die Momentengleichung

$$M = A\,x\,; \qquad (0 \le x \le c)$$

$$M = A\,x - P\,(x - c) = B\,(l - x)\,; \qquad (c \le x \le l)$$

Das maximale Biegemoment tritt im Angriffspunkt der Einzellast auf:

$$\max M = A\,c\,; \qquad \max M = \frac{P\,c\,c'}{l} \qquad (5.2)$$

2. Einzellast in der Mitte der Stützweite (Bild 5.3)

Für die häufig vorkommende Lastform sollen nur die Gleichungen der Auflager- und Schnittkräfte zusammengestellt werden (aus den Gln. (5.1) und (5.2) mit $c = c' = l\,/\,2$):

$$A = B = \frac{P}{2}; \qquad \max M = \frac{P\,l}{4}; \qquad V_{ar} = V_{ml} = \frac{P}{2};$$
$$V_{mr} = V_{bl} = -\frac{P}{2}.$$

3. Zwei Einzellasten in symmetrischer Anordnung zur Trägermitte (Bild 5.4)

Auch diese Lastform kommt häufig vor und soll mithilfe der Gln. (5.1) und (5.2) noch kurz dargestellt werden.

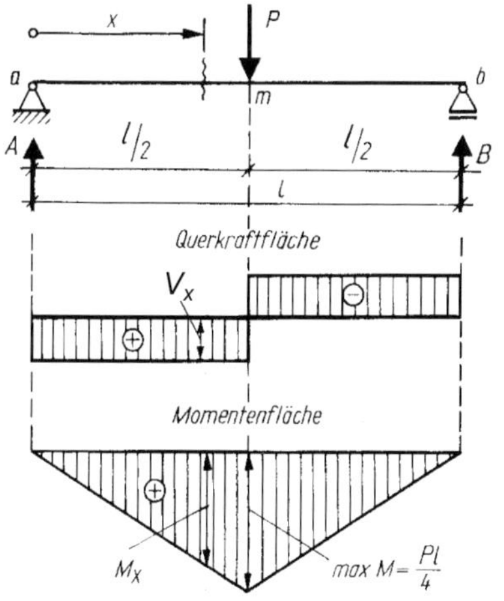

Bild 5.3

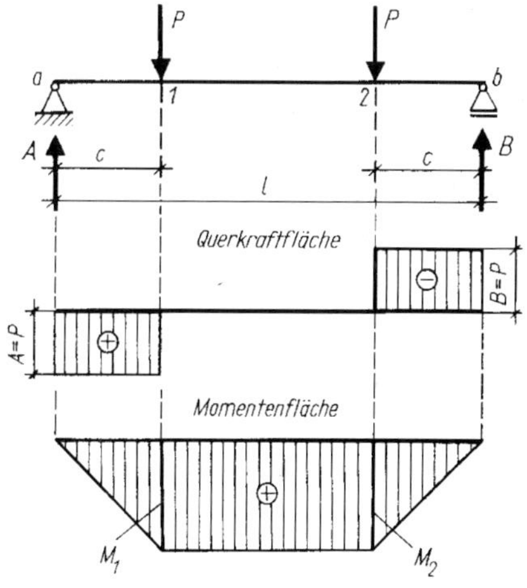

Bild 5.4

Auflagerkräfte:

$$A = \sum \frac{P\,c'}{l}; \qquad A = \frac{P\,(l-c) + P\,c}{l}; \qquad A = P\,;$$
$$B = \sum \frac{P\,c}{l}; \qquad B = \frac{P\,c + P\,(l-c)}{l}; \qquad B = P\,.$$

Querkräfte

$$V_{ar} = V_{1l} = A = P\,;$$

$$V_{1r} = V_{2l} = A - P = 0\,;$$

$$V_{2r} = V_{bl} = 0 - P = -P\,.$$

Biegemomente

$$M_1 = A\,c; \qquad M_2 = A\,(l - c) - P\,(l - 2c) = A\,c$$

Das Biegemoment ist im Bereich 1 ... 2 konstant. Es stellt zugleich das maximale Moment dar.

4. Gleichmäßig verteilte Belastung (Bild 5.5)

Auflagerkräfte

Da es sich hierbei um den Gleichgewichtszustand äußerer Kräfte handelt, kann die Gesamtbelastung durch ihre Resultierende $R = g\,l$ ersetzt werden. Nach Abschnitt 1 bzw. 2 wird

$$A = \frac{g\,l}{2}; \qquad B = \frac{g\,l}{2} \tag{5.3}$$

Querkraftverlauf

Für einen beliebigen Schnitt im Abstand x vom Auflager a gilt

$$V = A - g\,x\,; \qquad V = \frac{g\,l}{2} - g\,x \tag{5.4}$$

Man erhält für V die Gleichung einer Geraden, deren Steigung durch die Größe von g bestimmt wird. Für $x = 0$ und $x = l$ ergeben sich die Extremwerte mit A bzw. $-B$. Bei $x = l/2$ ergibt sich $V = 0$.

Biegemomentenverlauf

$$M = A\,x - g\,x\,\frac{x}{2}; \qquad M = \frac{g\,l}{2}x - \frac{g}{2}x^2 \tag{5.5}$$

In dieser Gleichung ist Ax das Moment der Auflagerkraft, bezogen auf den Schnitt an der Stelle x; $g\,x$ ist die gleichmäßig verteilte Last auf die Länge x, deren Resultierende in $x/2$ zusammengefasst wird. Formt man Gl. (5.5) um und setzt für $(l - x) = x'$, dann wird

$$M = \frac{g}{2}\,x\,(l - x)\,; \qquad M = \frac{g\,x\,x'}{2} \tag{5.6}$$

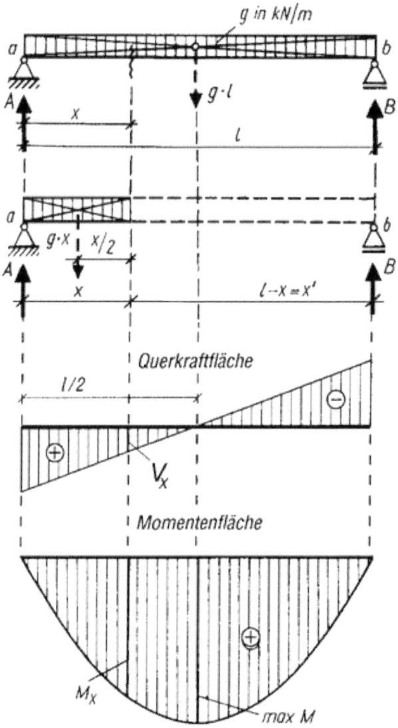

Bild 5.5

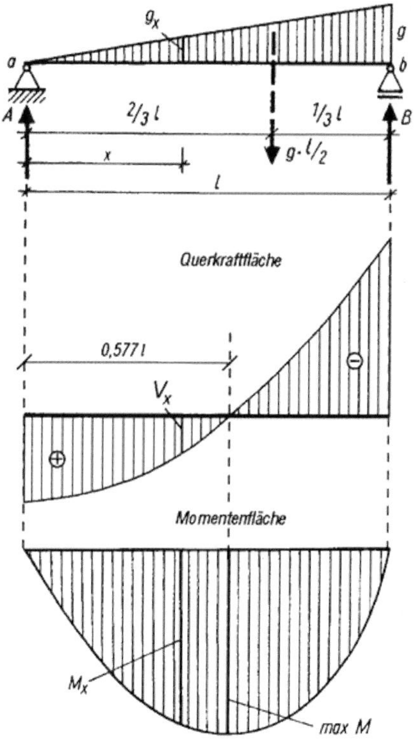

Bild 5.6

Das maximale Biegemoment tritt in Trägermitte auf ($V = 0$):

$$\max M = \frac{g\,l^2}{2 \cdot 2 \cdot 2}; \qquad \max M = \frac{g\,l^2}{8} \tag{5.7}$$

Der Biegemomentenverlauf wird durch eine Gleichung 2. Grades beschrieben. Die Momentenlinie ist eine Parabel mit den Werten $M = 0$ in den Auflagerpunkten und dem Größtwert in Trägermitte.

5. Ungleichmäßig verteilte Belastung (Bild 5.6)

Als letztes Beispiel soll eine einseitige Dreieckslast allgemein untersucht werden.

Auflagerkräfte

Die Gesamtlast $g\,l/2$ wird durch eine Einzellast im Schwerpunkt der Belastungsfigur ersetzt. Nach Gl. (5.1) wird mit $c = 2/3\,l$ und $c' = 1/3\,l$

$$A = \frac{g\,l}{6}; \qquad B = \frac{g\,l}{3} \tag{5.8}$$

Querkraftverlauf

Die allgemeine Gleichung für Q über die ganze Trägerlänge lautet:

$$V = A - g_x \frac{x}{2}$$

Darin ist g_x die Belastung an der Stelle x. Sie folgt aus der Proportion

$$\frac{g}{l} = \frac{g_x}{x}; \qquad g_x = \frac{g}{l} x;$$

$$V = \frac{g\,l}{6} - \frac{g}{l} x \frac{x}{2}; \qquad V = \frac{g\,l}{6} - \frac{g}{2\,l} x^2 \qquad (5.9)$$

Für Q erhält man die Gleichung einer Parabel mit den Werten

$$V_{ar} = \frac{g\,l}{6} \qquad \text{für } x = 0;$$

$$V_{bl} = -\frac{g\,l}{3} \qquad \text{für } x = l$$

Die Querkraftnullstelle findet man bei $x_0 = 0{,}577\,l$ aus Gl. (5.9), indem $V = 0$ gesetzt wird.

Biegemomentenverlauf

Die allgemeine Momentengleichung lautet

$$M = A\,x - g_x \frac{x}{2}\frac{x}{3}; \qquad A = \frac{g\,l}{6}; \qquad g_x = \frac{g}{l} x;$$

$$M = \frac{g\,l}{6} x - \frac{g}{6\,l} x^3 \qquad (5.10)$$

Für $x_0 = 0{,}577\,l$ findet man das maximale Moment mit

$$\max M = 0{,}064\, g\, l^2 \qquad (5.11)$$

Für das Biegemoment erhält man eine Funktion 3. Grades. Die Momentenlinie ist also eine kubische Parabel.

Die Untersuchung der einfachen Lastformen ergab für die Auflager- und Schnittgrößen leicht auswertbare Gleichungen. Für weitere Lastformen sind die Ergebnisse bautechnischen Handbüchern zu entnehmen.

Aus den bisherigen Betrachtungen können bereits einige Erkenntnisse abgeleitet werden, die auch für die weiteren Untersuchungen gültig sind:

1. In lastfreien Bereichen bleibt die Querkraft konstant. Das Biegemoment ist eine Funktion 1. Grades.
2. Im Bereich konstanter Belastung wird der Querkraftverlauf zu einer Funktion 1. Grades. Das Biegemoment wird durch eine Funktion 2. Grades beschrieben.
3. Bei einer Belastung, die durch eine Funktion 1. Grades dargestellt wird, erhält man die Querkraft nach einer Funktion 2. Grades, das Biegemoment nach einer Funktion 3. Grades.

4. Der Extremwert des Biegemomentes max M tritt dort auf, wo die Querkraft das Vorzeichen wechselt, d. h. den Wert Null hat.

Daneben lassen sich aus der Betrachtung der Schnittgrößenflächen noch einige Feststellungen treffen:

1. Die positive Querkraftfläche ist inhaltsgleich mit der negativen.
2. Unter einer Einzellast springt die Querkraftlinie jeweils um den Betrag der Einzellast. Die Momentenlinie weist einen Knick auf.

5.2 Berechnung der Stütz- und Schnittgrößen bei mehrfacher lotrechter Belastung

In vielen Fällen treten mehrere einfache Lastformen gleichzeitig auf. Neben einer gleichmäßig verteilten Belastung wirken noch Einzellasten oder über Trägerbereiche verteilte Streckenlasten. Solche Aufgaben kann man auf verschiedene Weise lösen.

Eine Möglichkeit besteht darin, die Gesamtbelastung als einen Lastfall zu betrachten. Mithilfe der Gleichgewichtsbedingungen bestimmt man die Auflagerkräfte. Die Schnittgrößen ermittelt man für einige ausgewählte Schnitte. Die Schnittgrößenflächen lassen sich dann unter Beachtung der Erkenntnisse nach Abschnitt 5.1 darstellen.

Eine weitere Möglichkeit ergibt sich durch Anwendung des Überlagerungsgesetzes (Superposition). Dieses Gesetz besagt:

> Die Gesamtwirkung aus einer mehrfachen Belastung ist gleich der Summe der Einzelwirkungen der getrennt betrachteten einfachen Belastungen.

Man kann daher die Auflager- und Schnittgrößen für jeden Lastfall einzeln bestimmen und dann addieren.

Vorteilhaft ist häufig eine Kombination der beiden Möglichkeiten. Für die Auflagerkräfte wählt man die Überlagerung aus den Einzelwirkungen. Die Querkräfte bestimmt man am zweckmäßigsten, indem man, beim linken Auflager beginnend, von Schnitt zu Schnitt die äußeren Kräfte unter Beachtung der Vorzeichen addiert.

Für die Ermittlung des Biegemomentes in verschiedenen Schnitten können je nach Aufgabenstellung beide Verfahren zweckmäßig sein.

Bild 5.7 zeigt einen Träger auf zwei Stützen mit mehreren einfachen Lastformen zugleich. Dargestellt sind weiterhin die Querkraft- und Momentenflächen, getrennt für alle einfachen Lastformen und für die Gesamtbelastung.

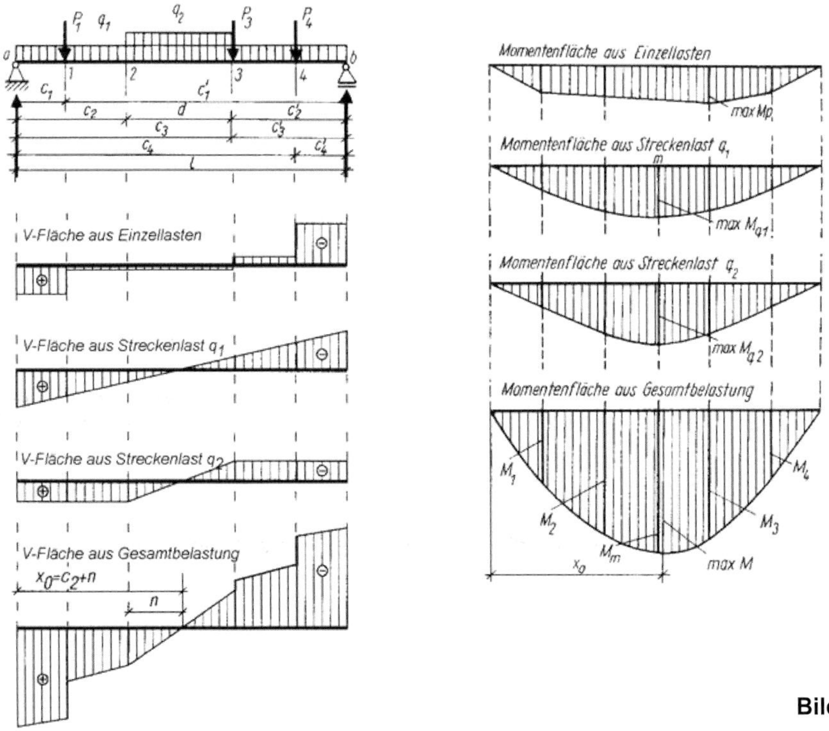

Bild 5.7

Die Auflager- und Schnittgrößen lassen sich auf folgende Art am zweckmäßigsten ermitteln:

Auflagerkräfte

$$A = A_{P1} + A_{P3} + A_{P4} + A_{q1} + A_{q2}\ ;$$

$$A = \frac{P_1\, c'_1}{l} + \frac{P_3\, c'_3}{l} + \frac{P_4\, c'_4}{l} + \frac{q_1\, l}{2} + \frac{q_2\, d\left(c'_2 + \frac{d}{2}\right)}{l}\ ;$$

$$B = B_{P1} + B_{P3} + B_{P4} + B_{q1} + B_{q2}\ ;$$

$$B = \frac{P_1\, c_1}{l} + \frac{P_3\, c_3}{l} + \frac{P_4\, c_4}{l} + \frac{q_1\, l}{2} + \frac{q_2\, d\left(c_2 + \frac{d}{2}\right)}{l}\ .$$

Querkräfte

Zeichnerisch könnte man die Querkraftflächen durch Addition zu einer resultierenden Querkraftfläche zusammenfügen. Es ist aber einfacher, am Auflager *a* zu beginnen und alle Vertikallasten zu addieren, in dem man von Lastpunkt zu Lastpunkt vorwärtsgeht. Dabei gelten als Lastpunkte die Angriffspunkte von Einzellasten; dort springt die

Querkraftlinie. Außerdem sind Begrenzungspunkte der Streckenlasten von Interesse, weil sich dort die Neigung der Querkraftlinie ändert. In Bild 5.7 sind Lastpunkte die Punkte *1* bis *4*. Auf diese Weise erhält man schnell die Querkräfte wie folgt:

$$V_{ar} = A; \qquad V_{3r} = V_{3l} - P_3;$$

$$V_{1l} = A - q_1\, c_1; \qquad V_{4l} = V_{3r} - q_1 (c_4 - c_3);$$

$$V_{1r} = A - q_1\, c_1 - P_1 = V_{1l} - P_1; \qquad V_{4r} = V_{4l} - P_4;$$

$$V_2 = V_{1r} - q_1 (c_2 - c_1); \qquad V_{bl} = V_{4r} - q_1\, c'_4 = -B;$$

$$V_{3l} = V_2 - (q_1 + q_2)\, d$$

Zu beachten ist, dass in den Lastpunkten, in denen Einzellasten angreifen (in Bild 5.7 Lastpunkte 1*,* 3 und 4), jeweils zwei Querkraftordinaten in einer Linie liegen, nämlich die Querkraft im Schnitt links des Lastpunktes und diejenige im rechts von ihm gelegenen Trägerquerschnitt. Im linken Schnitt ist die Einzellast noch nicht vorhanden, im rechten wirkt sie schon mit.

Biegemomente

Zu empfehlen ist, mindestens für die Lastpunkte 1 bis 4 die Biegemomente zu bestimmen:

$$M_1 = A\, c_1 - q_1\, c_1 \frac{c_1}{2};$$

$$M_2 = A\, c_2 - q_1\, c_2 \frac{c_2}{2} - P_1 (c_2 - c_1);$$

$$\left.\begin{aligned} M_3 &= B\, c'_3 - q_1\, c'_3 \frac{c'_3}{2} - P_4 (c'_3 - c'_4); \\ M_4 &= B\, c'_4 - q_1\, c'_4 \frac{c'_4}{2} \end{aligned}\right\} \text{Mit den Kräften rechts vom Schnitt bestimmen.}$$

Desweiteren ist das maximale Biegemoment zu bestimmen. Auf der Strecke von 2 bis 3 gilt die allgemeine Gleichung der Querkraftlinie

$$V = V_{2r} - (q_1 + q_2)(x - c_2)$$

Für $V = 0$ erhält man

$$x_0 = c_2 + \frac{V_{2r}}{q_1 + q_2} = c_2 + n; \qquad n = \frac{V_{2r}}{q_1 + q_2};$$

und damit wird

$$\max M = A\, x_0 - P_1 (x_0 - c_1) - q_1\, x_0 \frac{x_0}{2} - q_2\, n \frac{n}{2}$$

Zu beachten ist, dass für die einzelnen Lastfälle bzw. die Gesamtbelastung der Wert $V = 0$ in verschiedenen Trägerstellen liegt. Es wäre falsch, die zu den einzelnen Lastfällen gehörenden maximalen Biegemomente zu addieren und diesen Wert als max *M* der gesamten Belastung gelten zu lassen. Da die Summe der einzelnen max *M* im Allgemeinen jedoch das max *M* der Gesamtbelastung nicht allzu viel übersteigt, kann eine solche Bestimmung des maximalen Momentes bei überschläglichen Berechnungen eventuell genügen. Es liegt im Ermessensbereich des Ingenieurs, den Fehler abzuschätzen.

5.3 Differenziale Zusammenhänge zwischen Schnittgrößen und Belastung

Aus den bisher untersuchten Lastfällen konnten bereits einige Erkenntnisse über den Zusammenhang zwischen Belastung, Querkraft und Biegemoment gewonnen werden. Die Begründung ist bisher noch offengeblieben. Sie soll jetzt nachgeholt werden. In Bild 5.8 ist ein Träger auf zwei Stützen dargestellt, dessen Streckenlast durch eine Funktion $q = f(x)$ gegeben ist. An der Stelle im Abstand x vom linken Auflager wird ein Schnitt gelegt, ein weiterer im Abstand $x + \mathrm{d}x$. Auf dieses herausgeschnitten gedachte Trägerstück der Länge dx wirkt eine Last von der Größe $q\,\mathrm{d}x$, die durch den schraffierten Bereich der Belastungsfigur dargestellt ist und in dessen Schwerpunkt angreift.

Es wirken außerdem noch Schnittgrößen am Trägerstück dx sowohl im Schnitt x (Q und M) als auch im Schnitt $x + \mathrm{d}x$ ($V + \mathrm{d}V$ und $M + \mathrm{d}M$). Das Trägerstück der Länge dx mit sämtlichen Kräften zeigt ebenfalls Bild 5.8. Die Gleichgewichtsbedingungen müssen nicht nur für den ganzen Träger erfüllt sein, sondern auch für das herausgeschnitten gedachte Trägerstück. Die Bedingung $\Sigma R_V = 0$ lautet dafür:

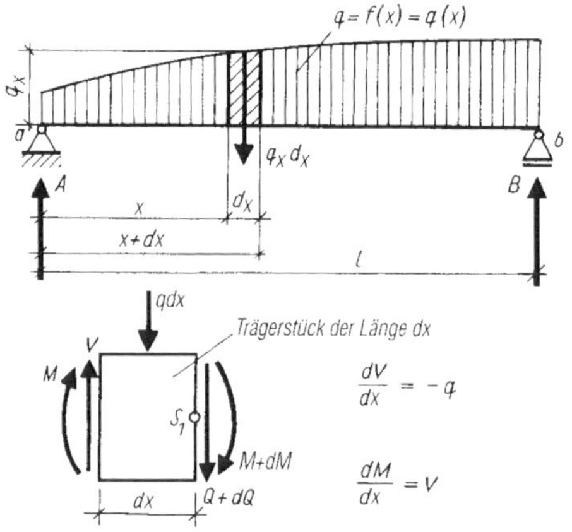

Bild 5.8

$$V - q\mathrm{d}x - (V - \mathrm{d}V) = 0 \;; \qquad -q\mathrm{d}x = \mathrm{d}V$$

$$\frac{\mathrm{d}V}{\mathrm{d}x} = -q \tag{5.12}$$

Die negative Belastungsfunktion ist danach gleich der 1. Ableitung der Funktion der Querkraftlinie. Daraus folgt, dass die Neigung der Querkraftlinie an jeder Stelle des Trägers von der Belastungshöhe abhängt. Je größer q ist, umso steiler verläuft die Querkraftlinie.

Weiterhin muss noch die Bedingung $\sum M = 0$ für jeden beliebigen Bezugspunkt erfüllt sein. Legt man ihn in den Schwerpunkt S_1 der rechten Schnittfläche, erhält man mit $\sum M = 0$:

$$+M + V\mathrm{d}x - q\mathrm{d}x\frac{\mathrm{d}x}{2} - (M + \mathrm{d}M) = 0 \;;$$

$$+M + V\mathrm{d}x - q\frac{(\mathrm{d}x)^2}{2} - M - \mathrm{d}M = 0$$

Darin kann $q\frac{(\mathrm{d}x)^2}{2}$ als unendlich kleine Größe höherer Ordnung vernachlässigt werden, so dass übrig bleibt

$$V\mathrm{d}x = \mathrm{d}M \;; \qquad \frac{\mathrm{d}M}{\mathrm{d}x} = V \tag{5.13}$$

Das Ergebnis besagt, dass die 1. Ableitung der Funktion der Momentenlinie die Querkraft für jede Trägerstelle liefert. Die Extremwerte einer Funktion liegen bekanntlich dort, wo die erste Ableitung der Funktion Nullstellen hat. Damit ist nachgewiesen, dass die Grenzwerte des Biegemomentes an Trägerstellen auftreten, wo die Querkraft Null ist.

Fasst man die Gln. (5.12) und (5.13) zusammen, ergeben sich zwischen Belastung, Querkraft und Biegemoment folgende differenziale Zusammenhänge:

$$M(x)' = V(x) \;; \qquad V(x)' = -q(x) \;; \qquad M(x)'' = -q(x)$$

Umgedreht ergibt die Integration der Belastung die Querkraftfläche und die der Querkraftfläche die Momentenfläche. Bezieht man in die Überlegungen Festigkeitsparameter des Trägers mit ein, erhält man durch weitere Integration die Krümmung und durch nochmalige Integration die Durchbiegung der Stabachse. Dies wird in Band 2 weiter erläutert.

5.4 Berechnung der Auflager- und Schnittgrößen bei lotrechten Einzellasten

Diese Lastform kann grundsätzlich nach den in Abschnitt 5.2 dargelegten Verfahren untersucht werden. Mithilfe der Gl. (5.13) kann man jedoch den Biegemomentenverlauf bei Auftreten von vielen Einzellasten vorteilhafter ermitteln, wobei die Rechnung in Tabellenform möglich wird.

Zunächst wird die Ermittlung der Auflager- und Schnittgrößen nach der bisher angewendeten Methode gezeigt (Bild 5.9).

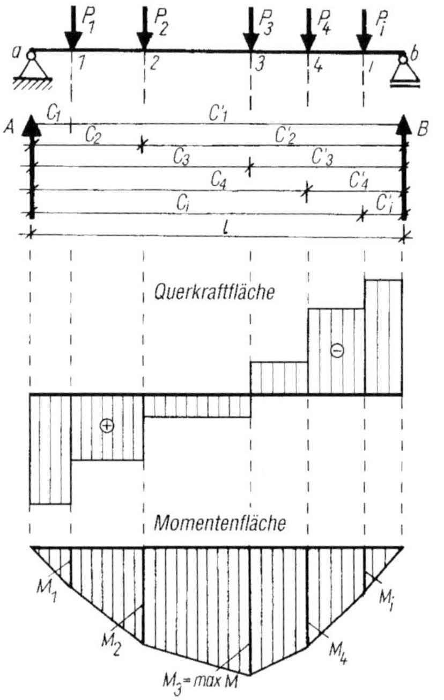

Bild 5.9

Auflagerkräfte

$\sum M_b = 0$: $\quad A\,l - P_1\,c'_1 - P_2\,c'_2 - \ldots - P_i\,c'_i = 0$

$$A = \frac{1}{l}(P_1\,c'_1 + P_2\,c'_2 + \ldots + P_i\,c'_i)$$

$\sum M_a = 0$: $\quad -B\,l + P_1\,c_1 + P_2\,c_2 + \ldots + P_i\,c_i = 0$

$$B = \frac{1}{l}(P_1\,c_1 + P_2\,c_2 + \ldots + P_i\,c_i)$$

Zum gleichen Ergebnis gelangt man auch, wenn man jede der vielen Lasten als Einzellast nach Abschnitt 5.1 betrachtet und deren Einzelwirkungen zur Gesamtwirkung addiert:

$$A_i = \frac{P_i\, c_i}{l}; \qquad (i = 1,\ldots, n)$$

$$A = \sum_{i=1}^{n} A_i; \qquad A = \frac{1}{l}\sum_{i=1}^{n} P_i\, c_i \tag{5.14a}$$

$$B = \frac{1}{l}\sum_{i=1}^{n} P_i\, c'_i \tag{5.14b}$$

Querkräfte

Jeweils im Angriffspunkt einer Einzellast vermindert sich die Querkraft um den Betrag dieser Last. In den Schnitten zwischen zwei Einzellasten ändert sich die Größe der Querkraft nicht; daher:

$$V_{ar} = V_{1l} = A; \qquad V_{1r} = V_{2l} = A - P_1;$$

$$V_{2r} = V_{3l} = A - P_1 - P_2 \quad \text{usw.}$$

Biegemomente

Es ist hier zweckmäßig, die Biegemomente für die einzelnen Lastangriffspunkte auszurechnen. Damit lässt sich die Momentenfläche zeichnen, denn zwischen diesen Punkten wird der Momentenverlauf durch eine Gerade dargestellt. Die Momentenlinie ist also ein Polygon.

$$M_1 = A\, c_1; \qquad M_2 = A\, c_2 - P_1\,(c_2 - c_1);$$

$$M_3 = A\, c_3 - P_1\,(c_3 - c_1) - P_2\,(c_3 - c_2);$$

$$M_4 = A\, c_4 - P_1\,(c_4 - c_1) - P_2\,(c_4 - c_2) - P_3\,(c_4 - c_3)$$

Das maximale Biegemoment tritt in dem Schnitt auf, in dem die Querkraft ihr Vorzeichen wechselt. In Bild 5.9 ist das in Punkt *3* der Fall. Daher wird max $M = M_3$.

Für die eingangs erwähnte Biegemomentenermittlung mit Gl. (5.13) sind noch einige Umformungen notwendig.

In Abschnitt 5.3. wurde die folgende Beziehung zwischen Querkraft und Biegemoment nach Gl. (5.13) abgeleitet:

$$\frac{dM}{dx} = V; \qquad dM = V dx$$

Setzt man anstelle des Differenzials dx die Differenz Δx, so wird

$$\Delta M = V\,\Delta x; \qquad \Delta M = M_i - M_{i-1};$$

$$M_i - M_{i-1} = V_i\,\Delta x_i;$$

$$M_i = M_{i-1} + V\,\Delta x_i; \quad \text{z. B.} \quad M_2 = M_1 + V_{2li}\,(c_2 - c_1) \tag{5.15}$$

Darin bedeuten M_i und M_{i-1} die Biegemomente in den Lastangriffspunkten i bzw. $i - 1$, Q_i die Querkraft im Bereich zwischen $i - 1$ und i, Δx_i die Strecke von $i - 1$ bis zum Punkt i. Gl. (5.15) wird als Rekursionsformel bezeichnet. In jedem Bereich Δx muss die Querkraft konstant sein.

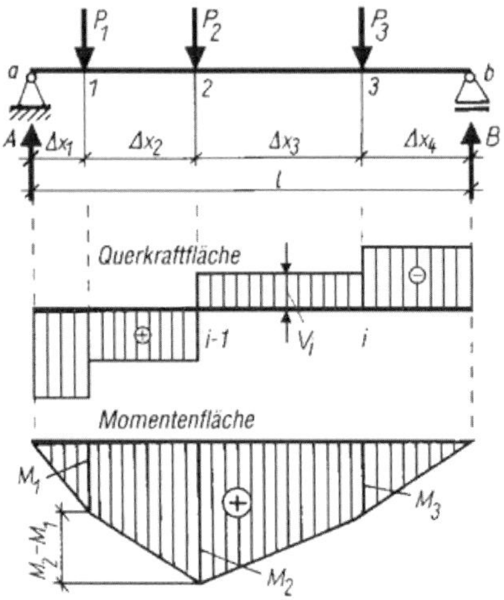

Bild 5.10

Die Anwendung des Verfahrens soll in Verbindung mit Bild 5.10 erläutert werden. Für den Träger auf zwei Stützen mit drei Einzellasten sind die Biegemomente in den Lastpunkten mithilfe der Rekursionsformel (5.15) zu bestimmen. Abstände und Lastgrößen können der Tabelle 5.1 entnommen werden.

Die Auflagerkräfte werden:

$$A = \frac{1}{8{,}0}(2{,}0 \cdot 7{,}0 + 4{,}0 \cdot 5{,}0 + 1{,}0 \cdot 2{,}0) = 4{,}5 \text{ kN}$$

$$B = \frac{1}{8{,}0}(2{,}0 \cdot 1{,}0 + 4{,}0 \cdot 3{,}0 + 1{,}0 \cdot 6{,}0) = 2{,}5 \text{ kN}$$

Die weitere Rechnung erfolgt in Tabellenform, wobei auch der Querkraftverlauf einbezogen wird.

Tabelle 5.1

i	x_i m	Δx_i m	P_i kN	V_i kN	$V_i\,\Delta x_i$ kNm	M_i kNm
a	0,0		4,50			0,00
1	1,0	1,0	2,00	4,50	4,50	4,50
2	3,0	2,0	4,00	2,50	5,00	9,50
3	6,0	3,0	1,00	–1,50	–4,50	5,00
b	8,0	2,0	2,50	–2,50	–5,00	0,00

Tabelle 5.1 enthält beispielhaft eine Berechnung für den Träger nach Bild 5.10. Die Querkraft- und Momentenfläche enthält ebenfalls Bild 5.10. In dieser Tabelle ist die unterschiedliche Definition der Vorzeichen von einwirkenden Kräften und Auflagerkräften zu beachten.

Diese Vorgehensweise lässt sich auch auf andere Belastungsformen übertragen. Wichtig ist, dass die Belastungsform abschnittsweise konstant ist und Unstetigkeiten somit nur an den Abschnittsgrenzen auftreten. In entsprechend viele Abschnitte ist der Träger zu unterteilen bzw. die Belastung dahingehend zu vereinfachen.

Im Folgenden soll eine Tabelle aufgebaut werden, die die Belastungsformen

> Einzellast anstelle i und
> Streckenlast mit q von $i - 1$ bis i

enthält.

Nachfolgend wird für eine aufzubauende Tabelle der Formelsatz nach dem Rekorsionsansatz erstellt:

Spalte	**Formel bzw. Bedeutung**
i	Abschnitt
x_i	Ort auf dem Träger
P_i	Einzellast bei x_i
q	Ordinate der Streckenlast
Δx_i	$= x_i - x_{i-1}$
Q_{il}	$= V_{i\text{-}1,r} + q\,\Delta x_i$
Q_{ir}	$= V_{i,l} + P_i$
M_i	$= M_{i\text{-}1} + \dfrac{V_{i\text{-}1,r} + V_{i,l}}{2}\,\Delta x_i$

Bei der tabellarischen Umsetzung empfiehlt es sich, folgende Voraussetzungen (Vorzeichenregel teilweise abweichend von Tabelle 5.1) einzuführen:

1. Die Auflagerlasten sind vorab zu bestimmen und als äußere Lasten einzuführen.
2. Die äußeren Lasten sind vorzeichenbehaftet (↓ mit –, ↑ mit +) einzuführen.
3. Abschnitt 0 hat keinen Vorgänger. Hier sind die Formeln anzupassen.

In Tabelle 5.2 wird für den Träger nach Bild 5.11 das Vorgehen aufgezeigt.

Die Auflagerkräfte werden:

$$A=\frac{1}{8{,}0}(5{,}0\cdot 7{,}0+2{,}0\cdot 3{,}0\cdot 6{,}5+3{,}0\cdot 2{,}0+4{,}0\cdot 2{,}0\cdot 1{,}0)$$

$$A=\frac{1}{8{,}0}(35{,}0+39{,}0+6{,}0+8{,}0)=11\text{ kN}$$

$$B=5{,}0+2{,}0\cdot 3{,}0+3{,}0+4{,}0\cdot 2{,}0-11=11\text{ kN}$$

Tabelle 5.2

i	x_i m	P_i kN	q kN/m	Δx_i m	$V_{i,l}$ kN	$V_{i,r}$ kN	M_i kNm
a	0,0	11,0	0,0		0,00	11,00	0,00
1	1,0	–5,0	–2,0	1,00	9,00	4,00	10,00
2	3,0	0,0	–2,0	2,00	0,00	0,00	14,00
3	6,0	–3,0	0,0	3,00	0,00	–3,00	14,00
b	8,0	11,0	–4,0	2,00	–11,00	0,00	0,00

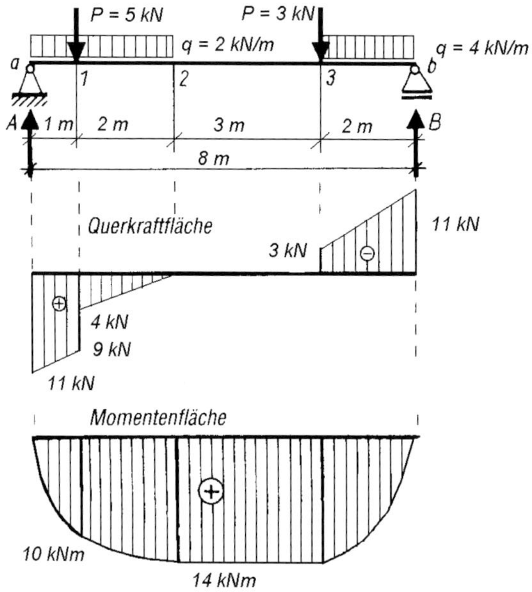

Bild 5.11

5.5 Beliebig gerichtete Belastung

Außer lotrechten Lasten, die beim Träger auf zwei Stützen die häufigsten Lastformen darstellen, können noch folgende Belastungen auftreten:

1. schräge Lasten
2. horizontale Lasten
3. Angriff von Drehmomenten (Kräftepaaren)

Die Untersuchung dieser Lastfälle wird in Verbindung mit Zahlenbeispielen vorgenommen.

1. Schräge Lasten (Bild 5.12a)

Auflagerkräfte

Man ersetzt jede schräg wirkende Belastung durch ihre Komponenten (Bild 5.12b). Die Komponenten der Einzellasten haben folgende Werte:

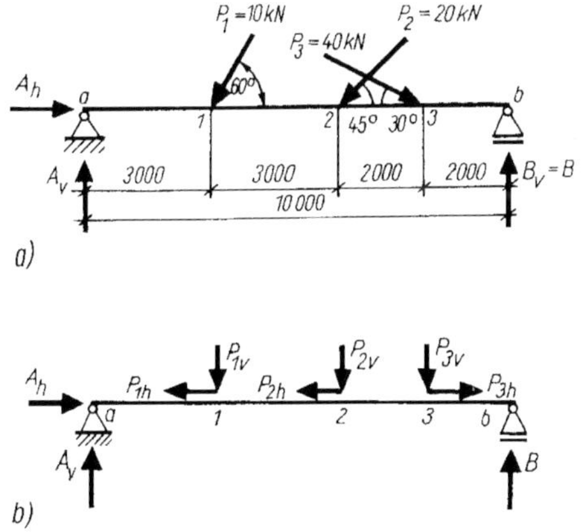

Bild 5.12

$P_1 = 10{,}0$ kN: $\quad P_{1h} = 10{,}0 \cdot \cos 60° = 5{,}0$ kN

$\quad P_{1v} = 10{,}0 \cdot \sin 60° = 8{,}7$ kN

$P_2 = 20{,}0$ kN: $\quad P_{2h} = 20{,}0 \cdot \cos 45° = 14{,}1$ kN

$\quad P_{2v} = 20{,}0 \cdot \sin 45° = 14{,}1$ kN

$P_3 = 40{,}0$ kN: $\quad P_{3h} = 40{,}0 \cdot \cos 30° = 34{,}6$ kN

$\quad P_{3v} = 40{,}0 \cdot \sin 30° = 20{,}0$ kN

Es ist zweckmäßig, von den Komponenten nur den absoluten Betrag anzugeben und ihre Richtung durch einen Pfeil im Lageplan festzulegen.

Mithilfe der drei Gleichgewichtsbedingungen bestimmt man die Auflagerkräfte.

$\sum M_b = 0:$ $A_v \cdot 10{,}0 - P_{1v} \cdot 7{,}0 - P_{2v} \cdot 4{,}0 - P_{3v} \cdot 2{,}0 = 0$

$A_v \cdot 10{,}0 - 8{,}7 \cdot 7{,}0 - 14{,}1 \cdot 4{,}0 - 20{,}0 \cdot 2{,}0 = 0$

$A_v = 15{,}7$ kN

$\sum M_a = 0:$ $-B_v \cdot 10{,}0 + P_{1v} \cdot 3{,}0 + P_{2v} \cdot 6{,}0 + P_{3v} \cdot 8{,}0 = 0$

$-B_v \cdot 10{,}0 + 8{,}7 \cdot 3{,}0 + 14{,}1 \cdot 6{,}0 + 20{,}0 \cdot 8{,}0 = 0$

$B_v = 27{,}1$ kN

Zur Kontrolle wird die Gleichgewichtsbedingung $\sum V = 0$ verwendet.

$\sum V = 0:$ $A_v + B_v - P_{1v} - P_{2v} - P_{3v} = 0$

$15{,}7 + 27{,}1 - 8{,}7 - 14{,}1 - 20{,}0 = 0$

Die Auflagerkraft A_h wird aus der Gleichgewichtsbedingung $\sum H = 0$ errechnet.

$\sum H = 0:$ $A_h - P_{1h} - P_{2h} + P_{3h} = 0$

$A_h = -P_{3h} + P_{1h} + P_{2h} = -34{,}6 + 5{,}0 + 14{,}1$

$A_h = -15{,}5$ kN

Das Ergebnis sagt aus, dass die Auflagerkraft A_h nach links gerichtet ist.

Die zeichnerische Ermittlung der Auflagerkräfte kann mithilfe der Resultierenden aller eingetragenen äußeren Lasten erfolgen (Bild 5.13).

Die Resultierende R muss im Gleichgewicht mit den Auflagerkräften A und B stehen. Es liegt ein Gleichgewichtsfall unter drei Kräften vor. In Abschnitt 3.5 sahen wir, dass dies nur möglich ist, wenn sich die Wirkungslinien dieser drei Kräfte in einem Punkt schneiden. Die Wirkungslinie der Auflagerkraft am beweglichen Lager ist bekannt, nämlich senkrecht zur Gleitbahn des Lagers. Sie wird mit der bekannten Wirkungslinie von R zum Schnitt in S gebracht. Durch diesen Schnittpunkt und durch den Auflagerpunkt a muss die Wirkungslinie der Auflagerkraft A gehen.

Die beiden Auflagerkräfte A und B ergeben sich der Größe nach aus dem Krafteck. Die Auflagerkraft A kann nun noch in ihre Komponenten A_h und A_v zerlegt werden.

Normalkräfte

Bei nur lotrechter Belastung treten Querkräfte und Biegemomente auf. Bei beliebig gerichteter Belastung kommt zu V und M eine Längskraft (Normalkraft) N hinzu. Nach Abschnitt 4.3 berechnet man die Normalkräfte aus den Kräften parallel zur Stabachse am Trägerteil links oder rechts vom Schnitt. Daraus folgt:

$N_{ar} = N_{1l} = +15{,}5$ kN

$N_{1r} = N_{2l} = +15{,}5 + 5{,}0 = 20{,}5$ kN

$N_{2r} = N_{3l} = 20{,}5 + 14{,}1 = 34{,}6$ kN

$N_{3r} = N_{bl} = 34{,}6 - 34{,}6 = 0{,}00$ kN

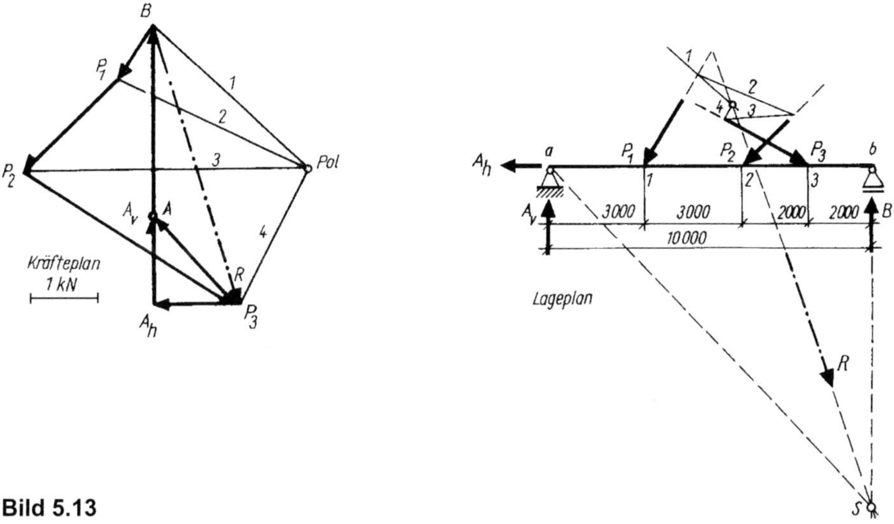

Bild 5.13

In den Bereichen zwischen den einzelnen Lastpunkten ist die Normalkraft jeweils konstant. Sie ändert sich sprunghaft in den Punkten, in denen Kräfte parallel zur Stabachse eingeleitet werden.

Querkräfte

Diese werden nur von den vertikalen Kräften beeinflusst. Die Berechnung erfolgt wie bei lotrechten Kräften.

$V_{ar} = V_{1l} = +15{,}7$ kN

$V_{1r} = V_{2l} = +15{,}7 - 8{,}7 = 7{,}0$ kN

$V_{2r} = V_{3l} = 7{,}0 - 14{,}1 = -7{,}1$ kN

$V_{3r} = V_{bl} = -7{,}1 - 20{,}0 = -27{,}1$ kN

Biegemomente

Hier wirken ebenfalls nur die vertikalen Kräfte.

$M_1 = 15{,}7 \cdot 3{,}0 = 47{,}1$ kNm

$M_2 = 15{,}7 \cdot 6{,}0 - 8{,}7 \cdot 3{,}0 = 68{,}1$ kNm

$M_3 = 27{,}1 \cdot 2{,}00 = 54{,}2$ kNm

(aus den Kräften rechts vom Schnitt bestimmt)

Das maximale Moment tritt an der Stelle *2* auf.

Die äußeren Kräfte sowie die Schnittgrößenflächen zeigt Bild 5.14.

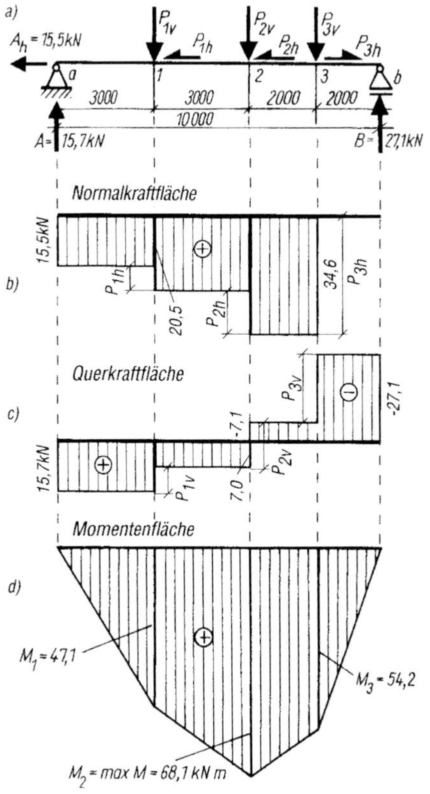

Bild 5.14

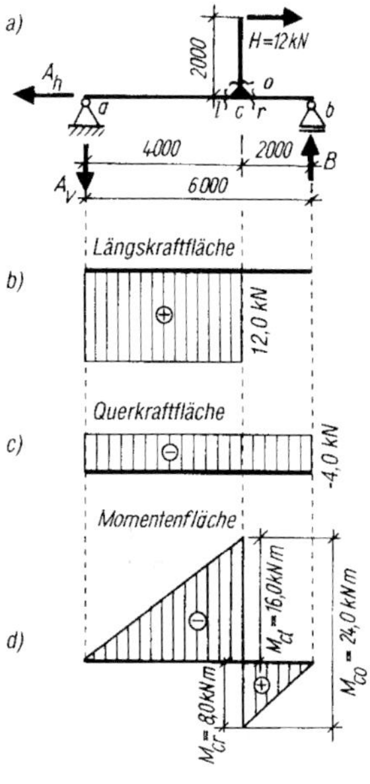

Bild 5.15

2. Belastung durch horizontale Kräfte

Horizontale Kräfte können am Träger sowohl in der Stabachse (mittig) als auch außermittig an starr mit dem Träger verbundenen Brüstungen oder Geländern angreifen. Eine mittig angreifende Horizontalkraft ruft die gleiche Wirkung hervor wie die Horizontalkomponente einer schrägen Last. Daher tritt in diesem Fall nur eine horizontale Stützkraft im festen Lager auf. Im Träger entstehen nur Längskräfte, keine Querkräfte und Biegemomente.

Wirkt dagegen die Horizontalkraft außermittig (Bild 5.15), so ergeben sich wesentlich andere Bedingungen. Die Berechnung der Auflager- und Schnittgrößen wird anhand des Beispiels gezeigt.

Auflagerkräfte (Bild 5.15a)

$\sum M_b = 0$: $\quad -A_v \cdot 6{,}0 + 12{,}0 \cdot 2{,}0 = 0$; $\quad A_v = 4{,}0$ kN

$\sum M_a = 0$: $\quad 12{,}0 \cdot 2{,}0 - B \cdot 6{,}0 = 0$; $\quad B = 4{,}0$ kN

$\sum H = 0$: $\quad 12{,}0 - A_h = 0$; $\quad A_h = 12{,}0$ kN

Betrachtet man die Kräfte A_v und B auf der einen Seite und A_h und H auf der anderen Seite, so erkennt man zwei Kräftepaare, die sich beide in ihrer Drehwirkung aufheben.

Längskräfte (Bild 5.15b)

Nur im Bereich *ac* ist eine Längskraft vorhanden. Im Bereich *cb* ist die Längskraft 0, da rechts von *c* keine horizontalen Kräfte wirken. Daher wird:

$N_{ar} = N_{cl} = 12{,}0$ kN;

$N_{cr} = N_{bl} = 0$

Querkräfte (Bild 5.15c)

Die Querkraft wird für die gesamte Trägerlänge konstant, da außer den lotrechten Auflagerkräften keine Lasten senkrecht zur Trägerachse wirken.

$V_{ar} = V_{bl} = -4{,}0$ kN

Betrachtet man nur den Träger ohne den starr angeschlossenen Teil, so lässt sich aus dem Querkraftverlauf die Lage der Extremwerte der Biegemomente nicht erkennen.

Biegemomente (Bild 5.15d)

$M_a = 0$

$M_{cl} = -4{,}0 \cdot 4{,}0 = -16{,}0$ kNm

$M_{cr} = -4{,}0 \cdot 4{,}0 + 12{,}0 \cdot 2{,}0 = 8{,}0$ kNm

$M_b = 0$

Für Punkt *c* müssen zwei Biegemomente errechnet werden. Links von *c* ruft nur A_v ein Biegemoment hervor. Im Schnitt unmittelbar rechts von *c* wirkt neben A_v auch noch die Horizontalkraft H über den abstehenden Trägerteil. Der Momentenverlauf ändert sich daher in *c* sprunghaft. Die Momentendifferenz an dieser Stelle entspricht dabei dem Moment aus der Horizontalkraft H bezogen auf Punkt *c*.

Schnittgrößen im abstehenden Trägerteil (Bild 5.16)

Bisher wurde lediglich die Wirkung der Horizontalkraft auf den Träger untersucht. Im starr angeschlossenen Trägerteil entstehen jedoch auch Schnittgrößen.

Man erkennt, dass in jedem Schnitt eine Querkraft von $V = 12{,}0$ kN zu übertragen ist (Bild 5.16).

Das Biegemoment hat im Angriffspunkt von H die Größe $M = 0$. Für die Anschlussstelle erhält man (Bild 5.16b)

$M_{c0} = 12{,}0 \cdot 2{,}0 = 24{,}0$ kNm

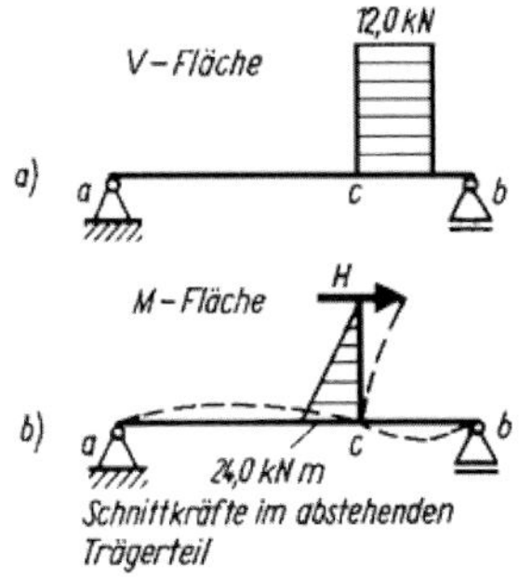

Bild 5.16

Die gestrichelte Linie in Bild 5.16b zeigt die Verformung des Trägers unter der Wirkung der Biegemomente. Man erkennt in Verbindung mit Bild 5.15d, dass die Momentenfläche stets auf der erhabenen Seite der Biegelinie angetragen wird und die Biegelinie des Trägers in *c* einen Wendepunkt hat.

3. Belastung durch Drehmomente

Drehmomente werden oft anstelle der Wirkung biegesteif angeschlossener Trägerteile eingeführt. Mit dieser Ersatzbelastung lässt sich die Berechnung häufig vereinfachen (besonders später bei Durchlaufträgern), sodass die Ermittlung der Stütz- und Schnittgrößen für diese Lastform zweckmäßig ist.

Vernachlässigt man z. B. in Bild 5.15 die Horizontalkraft im Träger und betrachtet nur diesen, so bleibt als Wirkung im Punkt *c* ein Moment übrig. Man hat jetzt eine äußere Belastung des Trägers nach Bild 5.17a zu untersuchen, die drehend, aber nicht verschiebend wirkt.

Die Ermittlung der Auflager- und Schnittgrößen unterscheidet sich nur durch das Fehlen der Horizontal- und Längskräfte vom eben untersuchten Belastungsfall (Bilder 5.17a, b, c). Man erkennt, dass das Moment mit einem Kräftepaar aus den lotrechten Stützenreaktionen im Gleichgewicht steht.

Für den Träger nach Bild 5.17 erhält man z. B. die Auflager- und Schnittgrößen wie folgt:

$$\sum M_a = 0: \qquad +M - B\,l = 0\,; \qquad B = \frac{M}{l} = \frac{300}{6{,}0} = 5{,}0\,\text{kN}$$

$$\sum M_b = 0: \qquad +M + A\,l = 0\,; \qquad A = -\frac{M}{l} = -\frac{300}{6{,}0} = -5{,}0\,\text{kN}$$

$$V_{ar} = V_{bl} = -5{,}0\ \text{kN}$$

$$M_a = M_b = 0: \qquad M_{cl} = -5{,}0 \cdot 4{,}0 = -20{,}0\ \text{kNm}$$

$$M_{cr} = -5{,}0 \cdot 4{,}0 + 30{,}0 = 10{,}0\ \text{kNm}$$

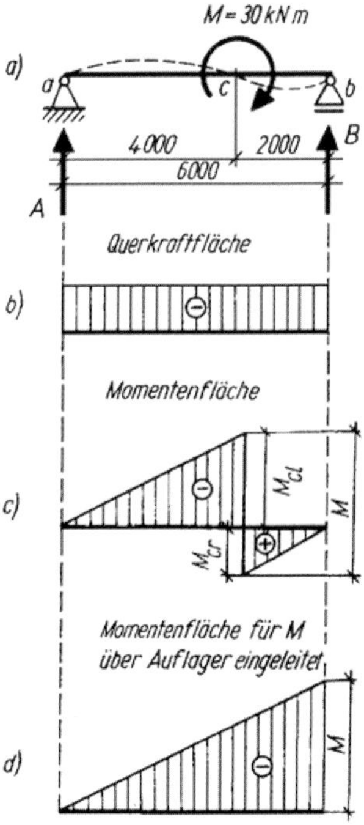

Bild 5.17

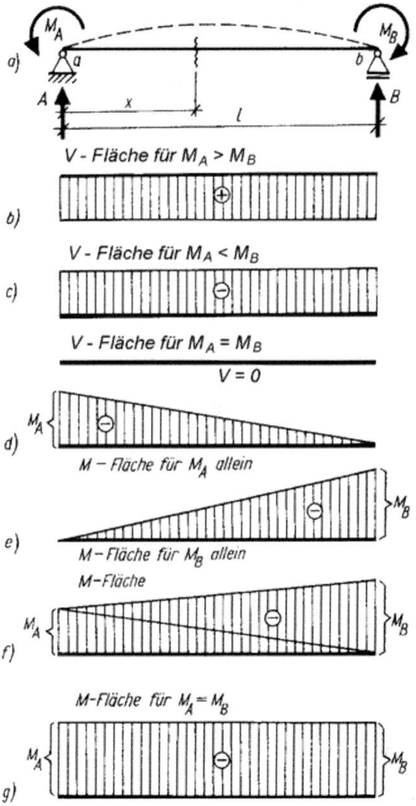

Bild 5.18

Auch bei einer Belastung nur durch ein Drehmoment tritt im Querschnitt *c*, d. h. der Angriffsstelle des Momentes, ein Sprung in der Momentenfläche auf. Je nachdem, wo die Angriffsstelle *c* liegt, wird sich auch die Sprungstelle innerhalb der Momentenfläche verschieben. Die Momentenfläche zeigt dann jeweils ein anderes Bild, die Auflagerkräfte bleiben aber unverändert, solange die Größe des Momentes sich nicht ändert.

Man denke sich z. B. den Angriffspunkt des Momentes nach *b* verschoben. *A* und *B* bleiben in ihrer bisherigen Größe und Richtung erhalten, die Momentenfläche hingegen wird ein Dreieck (Bild 5.17d). Die Größe des Momentes M_b, das im Träger am Auflager *b* auftritt, wird

$$M_b = -A\,l = -5{,}0 \cdot 6 = -30{,}0 \text{ kNm}\,.$$

M_b ist also genauso groß wie das eingeleitete Moment *M*!

Die Verschiebung des Momentes nach *b* bleibt ohne Einfluss auf die Querkraft.

Ein Drehmoment, das unmittelbar am Auflager wirkt, bezeichnet man als Stützenmoment. Mit solchen Stützenmomenten, die an beiden Auflagern wirken, hat man vorwiegend bei der Untersuchung von Durchlaufträgern zu rechnen.

Den Fall einer Belastung mit zwei Stützmomenten zeigt Bild 5.18a. Die Berechnung der Auflager- und Schnittgrößen für die beiden Stützenmomente mit den eingezeichneten Drehrichtungen ergibt folgende Werte:

$$\sum M_b = 0: \qquad A\,l - M_A + M_B = 0\,; \qquad A = \frac{+M_A - M_B}{l} \tag{5.16a}$$

$$\sum M_a = 0: \qquad -B\,l - M_A + M_B = 0\,; \qquad B = \frac{-M_A + M_B}{l} \tag{5.16b}$$

Für $M_A > M_B$ wird A positiv, B negativ. Für $M_B > M_A$ erhält man umgekehrte Vorzeichen. Für $M_B = M_A$ wird $A = B = 0$.

Die Querkraft ist für jeden Schnitt gleich, das Diagramm ist ein Rechteck. Man erhält

$$V = A\,.$$

Für das Biegemoment eines Schnittes im Abstand x vom linken Auflager findet man

$$M = A\,x - M_A\,.$$

Die Momentenfläche ist ein Trapez oder Rechteck. Für ein Stützenmoment allein ergibt sich als Momentenfläche ein Dreieck (vgl. Bilder 5.18d und e). Addiert man die Ordinaten von zwei solchen Momentenflächen (Bilder 5.18d bis g), dann erhält man die genannte Figur. Die Stabachse wird nach oben gebogen, wie in Bild 5.18a angedeutet.

Die in Abschnitt 5.5 erstellte Tabelle lässt sich problemlos auf die Eintragung eines Biegemomentes erweitern. Einzige Bedingung ist wieder, es tritt nur an einer Abschnittgrenze auf. Hinzuzufügen ist eine Spalte für ein äußeres Moment und die Erweiterung der Formeln für die Momentenfläche, jetzt mit rechts und links, da ein Sprung auftreten kann. Die Querkraftfläche bleibt entsprechend den gerade gewonnenen Erkenntnissen ohne Einfluss.

M_i Einzelmoment

$$M_{i,l} = M_{i\text{-}1,r} + \frac{Q_{i\text{-}1,r} + Q_{i,l}}{2}\,\Delta x_i$$

$$M_{i,r} = M_{i,l} + M_i$$

In Tabelle 5.3 wird dies am Beispiel des Trägers aus Bild 5.17 aufgezeigt. Die Auflagerkräfte, welche wieder im Vorfeld zu bestimmen sind, können der bereits durchgeführten Berechnung entnommen werden.

Tabelle 5.3

i	x_i m	P_i kN	q kN/m	M_i kNm	Δx_i m	$V_{i,l}$ kN	$V_{i,r}$ kN	$M_{i,l}$ kNm	$M_{i,r}$ kNm
a	0,0	–5,0	0,0	0,0		0,00	–5,00		0,00
c	4,0	0,0	0,0	30,0	4,00	–5,00	–5,00	–20,00	10,00
b	6,0	5,0	0,0	0,0	2,00	–5,00	0,00	0,00	0,00

5.6 Einfluss der Laststellung auf die Größe der Stütz- und Schnittgrößen. Die Einflusslinie

Die verschiedenen Belastungen wurden bisher unter der Voraussetzung untersucht, dass die Lasten ortsgebunden waren. Ihnen war eine feste Stellung innerhalb der Stützweite zugeordnet. Zu diesen Belastungen gehören die Eigenlasten der Bauwerke und ruhende Verkehrslasten. Daneben treten aber bei Bauwerken noch Verkehrslasten auf, deren Angriffspunkte zeitlich veränderlich sind. Vorwiegend handelt es sich um die Lasten aus Fahrzeugen, Eisenbahnen und Kränen bei Brücken und Kranbahnen.

Bei ortsgebundenen Lasten erhält man für jede statische Größe (Auflager- oder Schnittgröße jedes Schnittes) einen festen Wert. Bei Wanderlasten werden diese statischen Größen von der Laststellung abhängen. Man muss sich daher mit dem Einfluss der Laststellung auf die Stütz- und Schnittgrößen vertraut machen, um die Laststellungen zu erkennen, die zu Grenzwerten der statischen Größen führen.

Im Folgenden sollen die Einflüsse einer lotrechten Wanderlast auf die Auflager-, Querkräfte und Biegemomente eines Trägers auf zwei Stützen untersucht werden. Man lässt zu diesem Zweck eine Einzellast der Größe $P = 1{,}0$ kN über den Träger rollen und ermittelt für verschiedene Stellungen die entstehenden statischen Größen. Ihren Wert trägt man als Ordinate senkrecht zur Trägerachse in der jeweiligen Stellung der Einzellast an und verbindet die Endpunkte zu einem Linienzug.

Zuerst soll der Einfluss der Laststellung auf die Auflagerkraft *A* untersucht werden (Bild 5.19).

Wird die Einzellast über das Auflager *a* gestellt, so ruft sie die Stützkraft $A = 1{,}0$ hervor. Man trägt daher bei *a* die Ordinate $\eta_a = 1{,}0$ an. Steht die Last über dem Auflager *b*, so geht die gesamte Last in dieses Auflager, und man erhält $A = 0$. Unter *b* wird daher eine Ordinate $\eta_b = 0$ angetragen. Für Stellungen zwischen *a* und *b* erhält man $A = 1{,}0\ c' / l$. Somit werden auch die Ordinaten in beliebigen Stellungen innerhalb der Stützweite den Wert $\eta = 1{,}0\ c' / l$ haben. Das ist die Gleichung einer Geraden, die mit $c' = 1$ und $c' = 0$ auch die Ordinaten $\eta_a = 1{,}0$ und $\eta_b = 0$ liefert. Alle übrigen Ordinaten ergeben sich, indem der Endpunkt der Ordinate unter *a* geradlinig mit dem Auflager *b* verbunden wird. Da mit dieser Linie der Einfluss einer Einzellast in jeder Stellung auf die Stützkraft *A* charakterisiert wird, nennt man sie Einflusslinie der Auflagerkraft *A*.

Die Einflusslinie der Auflagerkraft *B* kann auf die gleiche Weise gefunden werden (Bild 5.19).

Die nächste Untersuchung soll dem Einfluss der Wanderlast auf die Querkraft eines beliebigen Schnittes *d* gelten (Bild 5.20). Die Querkraft wurde als Summe aller äußeren Kräfte rechtwinklig zur Trägerachse links bzw. rechts vom Schnitt definiert. Stellt man die Last $P = 1{,}0$ rechts von *d* auf, dann wirkt links vom Schnitt nur *A* rechtwinklig zur Trägerachse, also wird $V_d = A$. Demnach wären für Laststellungen rechts von *d* die Ordinaten der Einflusslinie der Querkraft identisch mit denen der Einflusslinie der Auflagerkraft *A*.

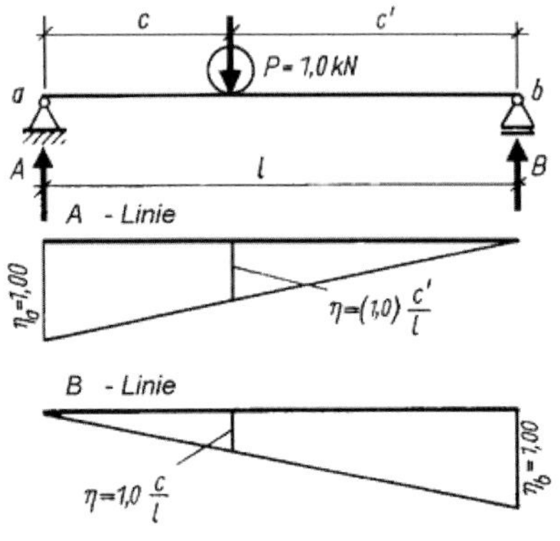

Bild 5.19

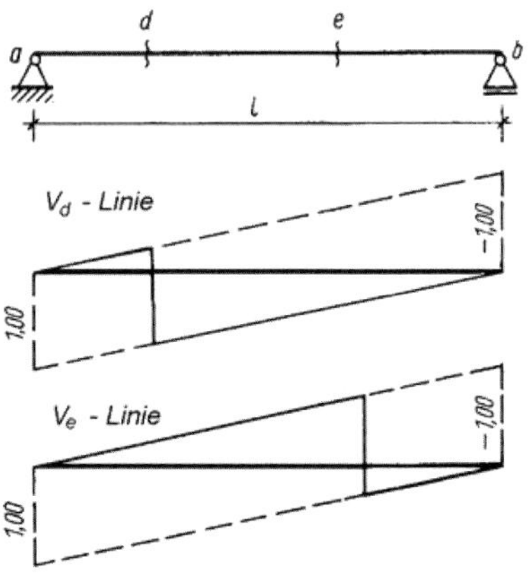

Bild 5.20

Steht die Last im Bereich links von d, so wird $V_d = A - 1{,}0 = -B$. Die Ordinaten in diesem Bereich sind identisch mit den negativen Werten der Einflusslinie der Auflagerkraft *B*.

Man findet demnach die Einflusslinie der Querkraft eines Schnittes, indem links vom Schnitt die negativ aufgetragene *B*-Linie und rechts vom Schnitt die *A*-Linie verwendet wird. Im Schnitt selbst werden die beiden Teillinien rechtwinklig zur Trägerachse verbunden. Bild 5.20 enthält noch die Einflusslinie der Querkraft eines weiteren Schnittes *e*.

Aus den Vorzeichen ist zu erkennen, dass je nach der Laststellung in einem Schnitt die Querkraft negativ oder positiv sein kann.

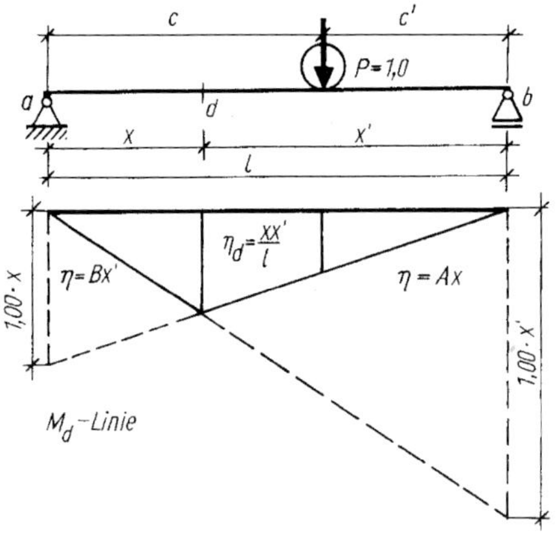

Bild 5.21

Die Ermittlung der Einflusslinie des Biegemomentes des Schnittes *d* zeigt Bild 5.21. Steht die Last P = 1,0 über den Auflagern *a* bzw. *b*, so entsteht im Schnitt *d* keine Biegebeanspruchung, daher werden $\eta_a = 0$ und $\eta_b = 0$. Stellt man die Last in den Schnitt *d* selbst, dann wird

$$M_d = \frac{1{,}0\, x\, x'}{l}$$

(siehe Gl. (5.2)), also

$$\eta_d = \frac{x\, x'}{l}$$

Für Stellungen der Last rechts von *d* wird $M_d = Ax$. Demnach gelten für diesen Bereich die mit x multiplizierten Ordinaten der *A*-Linie. Bei Laststellungen links von *d* wird $M_d = Bx'$, sodass für diesen Bereich die mit x' multiplizierten Ordinaten der *B*-Linie übernommen werden können. Man erhält den in Bild 5.21 hervorgehobenen Linienzug als Einflusslinie des Biegemomentes im Schnitt *d*. Zum Zeichnen genügen daher die drei Ordinaten

$$\eta_a = 0, \qquad \eta_d = \frac{x\, x'}{l} \quad \text{und} \quad \eta_b = 0$$

Die Einflusslinien lassen nicht nur aus ihrer Form die Wirkung einer über den Träger rollenden Last auf die gesuchte statische Größe erkennen, sondern man kann mit ihrer Hilfe auch die Auflager- und Schnittgrößen berechnen (Bild 5.22).

Eine Last P = 1,0 ruft im Auflager *a* die Kraft (1,0) η hervor. Eine Last der Größe P in der gleichen Stellung erzeugt die Kraft $P\eta$. Stehen n Lasten auf dem Träger, so ruft jede einzelne die Wirkung $P_i\eta_i$ hervor, die zusammen folgenden Wert ergeben:

$$A = \sum_{i=1}^{i=n} P_i\, \eta_i \qquad (5.17)$$

Die für eine Auflagerkraft abgeleitete Auswertung gilt sinngemäß für alle anderen Einflusslinien.

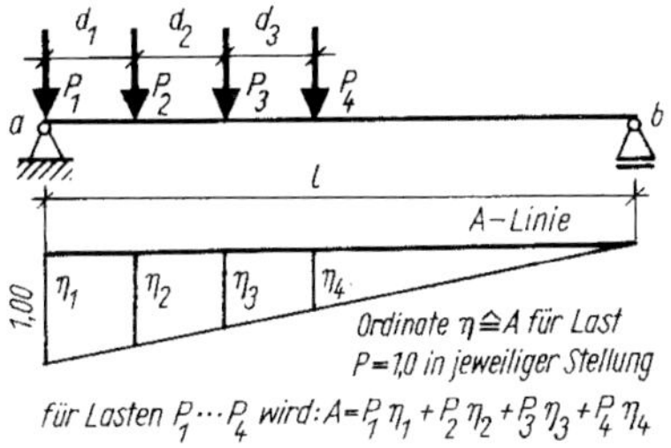

Bild 5.22

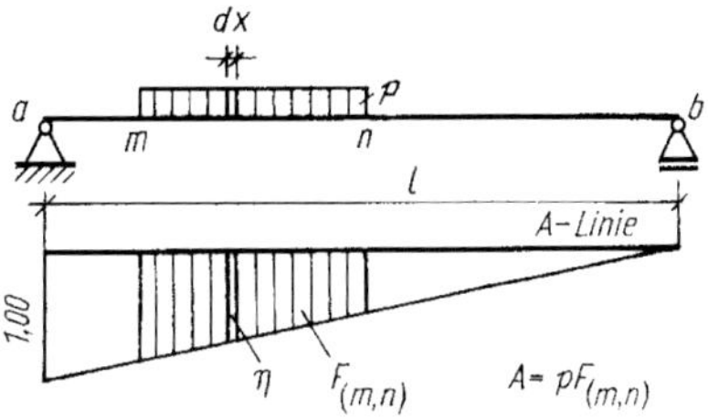

Bild 5.23

Besteht die Wanderlast aus einer Streckenlast p (Bild 5.23), so kann man diese auf die Länge dx durch eine Einzellast ersetzt denken, sodass gilt

$$A = \int_m^n \mathrm{p}dx\,\eta = \mathrm{p}\int_m^n \eta dx = p\,F_{(m,n)}\,;$$

$$A = p\,F_{(m,n)} \qquad (5.18)$$

$F_{(m,n)}$ stellt die Fläche zwischen Einfluss- und Systemlinie im Bereich mn dar. Bei Streckenlasten ergibt sich die gesuchte Auflager- oder Schnittgröße für eine bestimmte Lastanordnung, indem die Belastung p mit der Fläche $F_{(m,n)}$ multipliziert wird. Die Auswertung einiger Einflusslinien wird unter den Übungen gezeigt.

5.7 Beispiele

Beispiel 1

Für den Träger nach Bild 5.24 sind die Stütz- und Schnittgrößen rechnerisch zu bestimmen.

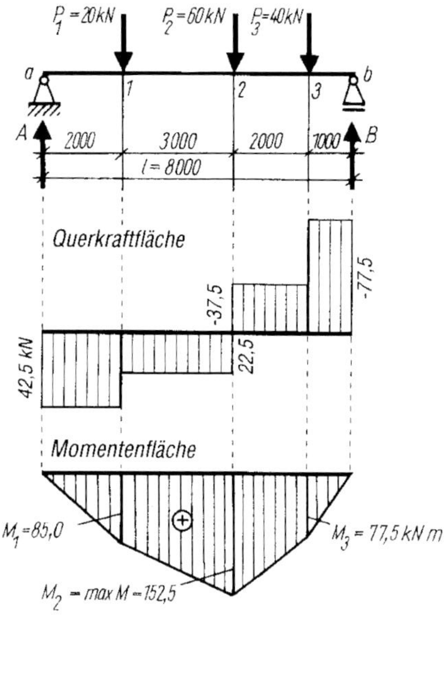

Bild 5.24

a) Auflagerkräfte

$$A=\frac{1}{8{,}0}(20\cdot 6{,}0+60\cdot 3{,}0+40\cdot 1{,}0)=42{,}5\text{ kN}$$

$$B=\frac{1}{8{,}0}(20\cdot 2{,}0+60\cdot 5{,}0+40\cdot 7{,}0)=77{,}5\text{ kN}$$

b) Querkräfte

$V_{ar} = V_{1l} = 42{,}5$ kN

$V_{1r} = V_{2l} = 42{,}5 - 20 = 22{,}5$ kN

$V_{2r} = V_{3l} = 22{,}5 - 60 = -37{,}5$ kN

$V_{3r} = V_{bl} = 37{,}5 - 40 = -77{,}5$ kN

c) Biegemomente

$M_1 = 42{,}5 \cdot 2{,}0 = 85{,}0$ kNm

$M_2 = \max M = 42{,}5 \cdot 5{,}0 - 20 \cdot 3{,}0 = 152{,}5$ kNm

$M_3 = 77{,}5 \cdot 1{,}0 = 77{,}5$ kNm

Nachfolgend soll die Lösung mit der entwickelten Tabelle aufgezeigt werden.

Tabelle 5.4

i	x_i m	P_i kN	q kN/m	M_i kNm	Δx_i m	$V_{i,l}$ kN	$V_{i,r}$ kN	$M_{i,l}$ kNm	$M_{i,r}$ kNm
a	0,0	42,5	0,0	0,0		0,00	42,50		0,00
1	2,0	–20,0	0,0	0,0	2,00	42,50	22,50	85,00	85,00
2	5,0	–60,0	0,0	0,0	3,00	22,50	–37,50	152,50	152,50
3	7,0	–40,0	0,0	0,0	2,00	–37,50	–77,50	77,50	77,50
b	8,0	77,5	0,0	0,0	1,00	–77,50	0,00	0,00	0,00

Beispiel 2

Ein Träger mit $l = 10{,}0$ m Stützweite ist, wie in Bild 5.25 dargestellt, belastet. Gesucht werden die Stütz- und Schnittgrößen.

a) Auflagerkräfte

$$A=\frac{7\cdot 10{,}0}{2}+\frac{1}{10{,}0}(10\cdot 9{,}0+40\cdot 2{,}0+30\cdot 6{,}0\cdot 5{,}0)=142\text{ kN}$$

$$B=\frac{7\cdot 10{,}0}{2}+\frac{1}{10{,}0}(10\cdot 1{,}0+40\cdot 8{,}0+30\cdot 6{,}0\cdot 5{,}0)=158\text{ kN}$$

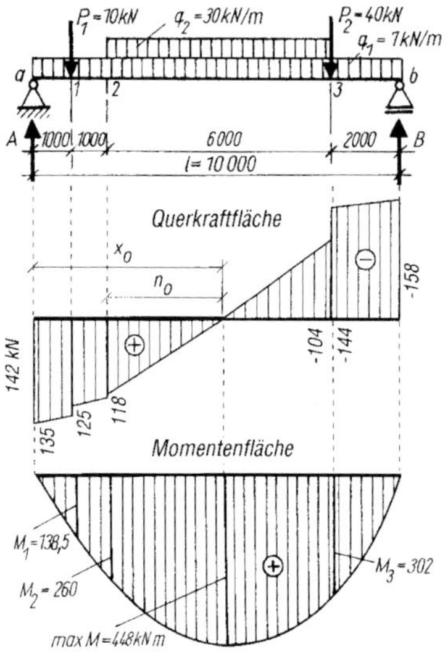

Bild 5.25

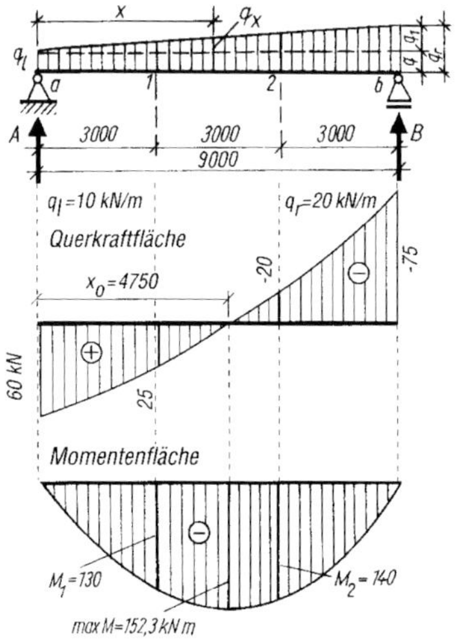

Bild 5.26

b) Querkräfte

$V_{ar} = 142$ kN

$V_{1l} = 142 - 7 \cdot 1{,}0 = 135$ kN

$V_{1r} = 135 - 10 = 125$ kN

$V_2 = 125 - 7 \cdot 1{,}0 = 118$ kN

$V_{3l} = 118 - (7 + 30)\,6{,}0 = -104$ kN

$V_{3r} = -104 - 40 = -144$ kN

$V_{bl} = -144 - 7 \cdot 2{,}0 = -158$ kN

Der Vorzeichenwechsel erfolgt zwischen Punkt 2 und 3. Dort gilt die Funktion

$V = V_2 - (q_1 + q_2)\,n$

Gesucht wird die Nullstelle.

$n_0 = \frac{V_2}{q_1 + q_2} = \frac{118}{37} = 3{,}19$ m (rechts von Punkt 2)

$x_0 = 2{,}00 + 3{,}19 = 5{,}19$ m (rechts von *a*)

c) Biegemomente

$M_1 = 142 \cdot 1{,}0 - 7 \cdot 1{,}0 \cdot 0{,}5 = 138{,}5$ kNm

$M_2 = 142 \cdot 2{,}0 - 7 \cdot 2{,}0 \cdot 1{,}0 - 10 \cdot 1{,}0 = 260$ kNm

$M_3 = 158 \cdot 2{,}0 - 7 \cdot 2{,}0 \cdot 1{,}0 = 302$ kNm

$\max M = 142 \cdot 5{,}19 - 7 \cdot 5{,}19 \cdot 2{,}60 - 10 \cdot 4{,}19 - 30 \cdot 3{,}19 \cdot 1{,}60$
$= 448$ kNm

Auch hier soll die Anwendung der erarbeiteten Tabelle gezeigt werden. Bei der Eingabe der 4 Abschnitte (Tabelle 5.5 mit den Punkte *a*, 1, 2, 3, *b*) nach Bild 5.25 wird das Momentenmaximum nicht gefunden. Man erkennt jedoch den Vorzeichenwechsel im Querkraftverlauf und kann wieder die Nullstelle berechnen. Danach fügt man einen weiteren Schnitt *m* ein (Tabelle 5.6), was mit den Mitteln der gängigen Tabellenkalkulationsprogramme leicht möglich ist, und erhält somit auch das Momentenmaximum.

Tabelle 5.5

i	x_i m	P_i kN	q kN/m	M_i kNm	Δx_i m	$V_{i,l}$ kN	$V_{i,r}$ kN	$M_{i,l}$ kNm	$M_{i,r}$ kNm
a	0,0	142,0	0,0	0,0		0,00	142,00		0,00
1	1,0	–10,0	–7,0	0,0	1,00	135,00	125,00	138,50	138,50
2	2,0	0,0	–7,0	0,0	1,00	118,00	118,00	260,00	260,00
3	8,0	–40,0	–37,0	0,0	6,00	–104,00	–144,00	302,00	302,00
b	10,0	158,0	–7,0	0,0	2,00	–158,00	0,00	0,00	0,00

Tabelle 5.6

i	x_i m	P_i kN	q kN/m	M_i kNm	Δx_i m	$V_{i,l}$ kN	$V_{i,r}$ kN	$M_{i,l}$ kNm	$M_{i,r}$ kNm
a	0,0	142,0	0,0	0,0		0,00	142,00		0,00
1	1,0	–10,0	–7,0	0,0	1,00	135,00	125,00	138,50	138,50
2	2,0	0,0	–7,0	0,0	1,00	118,00	118,00	260,00	260,00
m	5,2	0,0	–37,0	0,0	3,19	–0,03	–0,03	448,16	448,16
3	8,0	–40,0	–37,0	0,0	2,81	–104,00	–144,00	302,00	302,00
b	10,0	158,0	–7,0	0,0	2,00	–158,00	0,00	0,00	0,00

Beispiel 3

Der Träger in Bild 5.26 erhält eine trapezförmige Belastung. Die Lastordinaten betragen links q_1 = 10 kN/m und rechts q_2 = 20 kN/m. Wir gliedern diese Belastung auf in eine gleichmäßig verteilte Last mit der Ordinate $q = q_1$ = 10 kN/m und eine Dreieckslast mit der größten Ordinate rechts $q_1 = q_r - q = 20 - 10 = 10$ kN/m. Gesucht sind die Auflagerkräfte sowie die Funktionen für die Schnittgrößen. Für die Drittelpunkte des Trägers sind die Schnittgrößen zu ermitteln.

a) Auflagerkräfte

$$A = \frac{10 \cdot 9{,}0}{2} + \frac{10 \cdot 9{,}0}{6} = 60 \text{ kN}$$

$$B = \frac{10 \cdot 9{,}0}{2} + \frac{10 \cdot 9{,}0}{3} = 75 \text{ kN}$$

b) Querkräfte

Die Querkraft für einen Punkt im Abstand x vom linken Auflager hat die Größe:

$$V = A - q\,x - \frac{q_x\,x}{2}; \qquad \frac{q_x}{x} = \frac{q_1}{l}; \qquad q_x = \frac{q_1\,x}{l}$$

$$V = A - q\,x - \frac{q_1}{2\,l}\,x^2$$

$$V_1 = 60 - 10 \cdot 3{,}0 - \frac{10}{2 \cdot 9{,}0}\,3{,}0^2 = 25\ \text{kN}$$

$$V_2 = 60 - 10 \cdot 6{,}0 - \frac{10}{2 \cdot 9{,}0}\,6{,}0^2 = -20\ \text{kN}$$

Die Nullstelle liegt bei:

$$0 = 60 - 10\,x_0 - \frac{10}{2 \cdot 9{,}0}\,x_0^2$$

$$x_0^2 + 18{,}0\,x_0 - 108 = 0$$

$$x_{1,2} = -9{,}0 \pm \sqrt{9{,}0^2 + 108}$$

$$x_1 = 4{,}75\ \text{m} = x_0$$

$x_2 = -22{,}75$ m (Lösung nicht brauchbar)

c) Biegemomente

Das Biegemoment für einen Punkt im Abstand x vom linken Rand ergibt sich aus:

$$M = A\,x - q\,x\frac{x}{2} - \frac{q_x\,x}{2}\,\frac{x}{3}; \qquad q_x = \frac{q_1}{l}\,x$$

$$M = A\,x - \frac{q}{2}x^2 - \frac{q_1}{6\,l}\,x^3$$

$$M_1 = 60 \cdot 3{,}0 - \frac{10}{2}\,3{,}0^2 - \frac{10}{6 \cdot 9{,}0}\,3{,}0^3 = 130\ \text{kNm}$$

$$M_2 = 60 \cdot 6{,}0 - \frac{10}{2}\,6{,}0^2 - \frac{10}{6 \cdot 9{,}0}\,6{,}0^3 = 140\ \text{kNm}$$

$$\max M = 60 \cdot 4{,}75 - \frac{10}{2}\,4{,}75^2 - \frac{10}{6 \cdot 9{,}0}\,4{,}75^3 = 152{,}3\ \text{kNm}$$

Beispiel 4

Der Träger erhält eine Belastung nach Bild 5.27. Gesucht sind die Auflager und Schnittgrößen.

a) Auflagerkräfte

$$A = \frac{q\,l}{2} + \frac{M_A}{l} - \frac{M_B}{l} + P$$

$$A = \frac{12 \cdot 9{,}0}{2} + \frac{40}{9{,}0} - \frac{62}{9{,}0} + 40 = 91{,}6 \text{ kN}$$

$$B = \frac{12 \cdot 9{,}0}{2} - \frac{40}{9{,}0} + \frac{62}{9{,}0} + 40 = 96{,}4 \text{ kN}$$

b) Querkräfte

V_{ar} = 91,6 kN

V_{1l} = 91,6 – 12 · 3,0 = 55,6kN

V_{1r} = 55,6 – 40 = 15,6 kN

V_{2l} = 15,6 – 12 · 3,0 = –20,4 kN

V_{2r} = –20,4 – 40 = –60,4 kN

V_{bl} = –60,4 – 12 · 3,0 = –96,4 kN

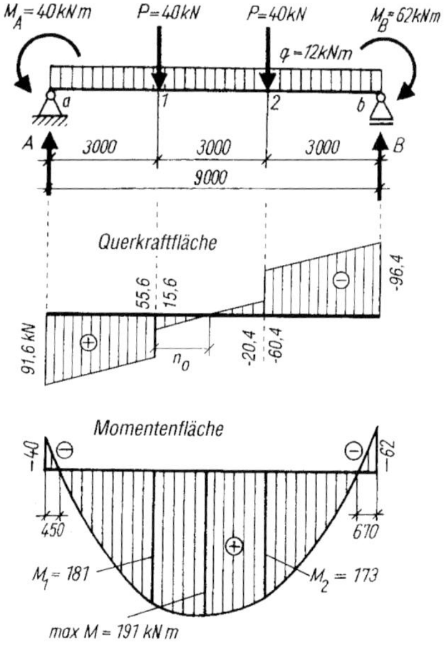

Bild 5.27

Der Vorzeichenwechsel erfolgt zwischen Punkt *1* und *2*. Für diesen Bereich gilt für die Querkraft die Funktion

$$V = V_{1r} - q\,n\,.$$

Man sucht den Abstand n_0, für den $V = 0$ wird. Die Auflösung ergibt

$$n_0 = \frac{V_{1r}}{q} = \frac{15{,}6}{12} = 1{,}30 \text{ m} \quad \text{(rechts von Punkt } 1\text{)}.$$

c) Biegemomente

$M_1 = 91{,}6 \cdot 3{,}0 - 12 \cdot 3{,}0 \cdot 1{,}5 - 40 = 181$ kNm

$M_2 = 96{,}4 \cdot 3{,}0 - 12 \cdot 3{,}0 \cdot 1{,}5 - 62 = 173$ kNm

max $M = 91{,}6 \cdot 4{,}30 - 12 \cdot 4{,}30 \cdot 2{,}15 - 40 - 40 \cdot 1{,}30 = 191$ kNm

$M_a = -40$ kNm ; $M_b = -62$ kNm

Die Momentenfläche ist in Bild 5.27 dargestellt. An zwei Stellen des Trägers hat das Biegemoment den Wert 0. Die Lage der Momentennullpunkte soll bestimmt werden.

Der linke liegt zwischen dem Auflager *a* und dem Punkt *1.* Für diesen Bereich gilt die Momentengleichung:

$$M = A\,x - q\,x\frac{x}{2} - M_A \qquad (0 \le x \le 3{,}0)$$

$$M = 91{,}6\,x - 0{,}5 \cdot 12 \cdot x^2 - 40$$

Im Momentennullpunkt ist

$$M = 6x^2 - 91{,}6x + 40 = 0\;;$$

$$x^2 - 15{,}3x + 6{,}67 = 0\;; \qquad x_{1,2} = 7{,}65 \pm \sqrt{7{,}65^2 - 6{,}67}\;;$$

$$x_1 = 14{,}85 \quad \text{(nicht brauchbar);} \qquad x_2 = 0{,}45 \text{ m}$$

Der rechte Momentennullpunkt liegt zwischen Punkt *2* und Auflager *b.* Die Funktion für das Biegemoment in diesem Bereich lautet, gemessen von b:

$$M = B\,x - q\,x'\frac{x'}{2} - M_B \quad (0 \le x' \le 3{,}0)$$

$$M = 96{,}4\,x' - 6x'^2 - 62 = 0$$

$$x'^2 - 16{,}1x' + 10{,}33 = 0 \qquad x_{1,2} = 8{,}05 \pm \sqrt{8{,}05^2 - 10{,}33}$$

$$x'_1 = 15{,}35 \text{ (nicht brauchbar)} \qquad x'_2 = 0{,}67 \text{ m}$$

Für dieses Beispiel soll noch einmal die Anwendung der Tabellenkalkulation gezeigt werden. Entsprechend den Hinweisen zu Beispiel 2 wird der Querkraftnullpunkt als bekannt vorausgesetzt und damit als Abschnittsgrenze mit eingefügt.

Tabelle 5.7

i	x_i **m**	P_i **kN**	q **kN/m**	M_i **kNm**	Δx_i **m**	$V_{i,l}$ **kN**	$V_{i,r}$ **kN**	$M_{i,l}$ **kNm**	$M_{i,r}$ **kNm**
a	0,0	91,6	0,0	–40,0		0,00	91,56		–40,00
1	3,0	–40,0	–12,0	0,0	3,00	55,56	15,56	180,67	180,67
m	4,3	0,0	–12,0	0,0	1,30	–0,04	–0,04	190,75	190,75
2	6,0	–40,0	–12,0	0,0	1,70	–20,44	–60,44	173,33	173,33
b	9,0	96,4	–12,0	62,0	3,00	–96,44	0,00	–62,00	0,00

Beispiel 5

Für den Träger nach Bild 5.28 sind die Einflusslinien für die Auflagerkraft A und die Schnittgrößen V und M der Schnitte d und e aufzustellen und für die angegebene Lastgruppe auszuwerten!

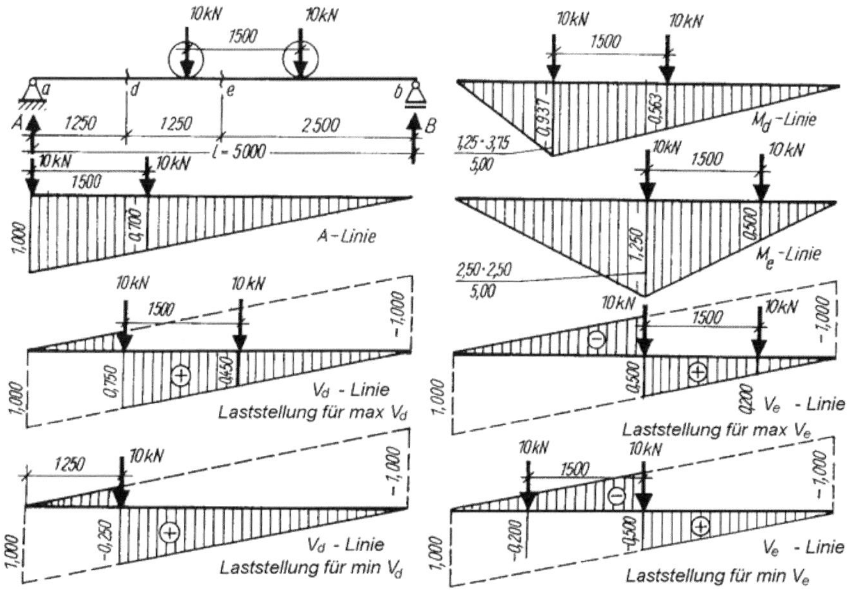

Bild 5.28

a) Auflagerkraft A

Die Einflusslinie zeigt Bild 5.28. Man erhält max A, wenn die Lastgruppe mit der linken Last bis ans Auflager gerollt ist.

$$\max A = 10{,}0 \cdot 1{,}00 + 10{,}0 \cdot 0{,}700 = 17{,}00 \text{ kN}$$

b) Biegemomente

$$\max M_d = 10{,}0\,(0{,}937 + 0{,}563) = 15{,}00 \text{ kNm}$$

$$\max M_e = 10{,}0\,(1{,}250 + 0{,}500) = 17{,}50 \text{ kNm}$$

c) Querkräfte

Da diese Einflusslinien positive und negative Bereiche aufweisen, müssen jeweils zwei Werte V ermittelt werden. Man lässt dazu die Lastgruppe von links an die Schnittstelle heranrollen, wobei nicht in jedem Fall alle Lasten auf dem Träger stehen müssen.

$$\max V_d = 10{,}0\,(0{,}750 + 0{,}450) = 12{,}00 \text{ kN}$$

$$\min V_d = 10{,}0\,(-0{,}250) = -2{,}50 \text{ kN}$$

$$\max V_e = 10{,}0\,(0{,}500 + 0{,}200) = 7{,}00 \text{ kN}$$

$$\min V_e = 10{,}0\,(-5{,}00 - 0{,}200) = -7{,}00 \text{ kN}$$

6 Träger auf zwei Stützen mit Kragarmen

6.1 Stütz- und Schnittgrößen bei Feld- und Kragarmbelastung

Träger auf zwei Stützen mit Kragarmen gehören ebenfalls zu den statisch bestimmten Tragwerken. Die Berechnung der Stütz und Schnittgrößen unterscheidet sich nicht wesentlich von der des einfachen Trägers.

Die Besonderheiten dieser Tragwerksart erkennt man, indem man zunächst den Bereich innerhalb der Stützweite (Feldbelastung) oder nur einen Kragarm belastet.

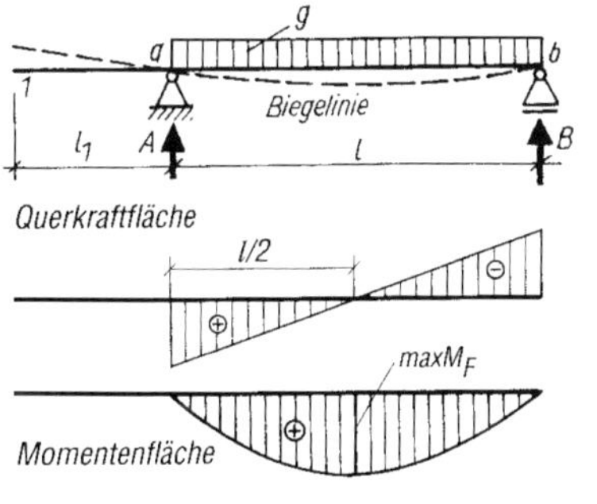

Bild 6.1

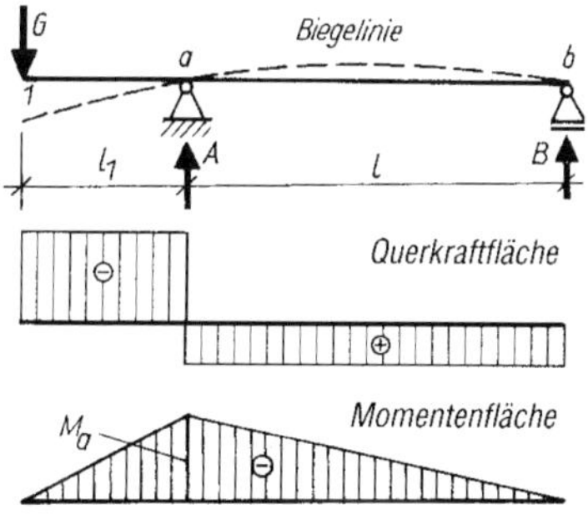

Bild 6.2

Für die Feldbelastung ergeben sich die gleichen Stütz- und Schnittgrößen wie beim einfachen Träger (Bild 6.1):

$$A = B = \frac{g\,l}{2}; \qquad \max M_F = \frac{g\,l^2}{8}.$$

Für die Belastung nach Bild 6.2 ergeben sich folgende Auflager- und Schnittgrößen:

$$\sum M_b = 0: \qquad A\,l - G\,(l_1 + l) = 0 \;; \qquad A = \frac{G\,(l_1 + l)}{l}$$

$$\sum M_a = 0: \qquad -B\,l - G\,l_1 = 0 \;; \qquad B = -\frac{G\,l_1}{l}$$

$$V_{1r} = V_{al} = -G \;; \qquad V_{ar} = V_{bl} = -G + A = -B$$

$$M_a = -G l_1$$

Durch die Kragarmbelastung wird das gegenüberliegende Auflager entlastet (*B* wird negativ).

Der Biegemomentenverlauf weist über die gesamte Trägerlänge negative Werte auf. Den Grenzwert des Biegemomentes erhält man für den Schnitt über der anliegenden Stütze. Er nimmt linear bis zur gegenüberliegenden Stütze ab.

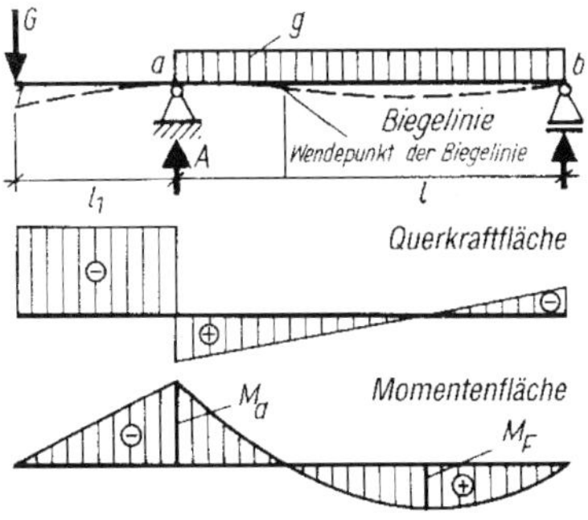

Bild 6.3

Die Überlagerung der beiden Belastungen zeigt Bild 6.3. Man erkennt zunächst, dass die Belastung des Feldes und die der Kragarme den Träger unterschiedlich beeinflussen. Das ist aus der Form der Biegelinie sehr anschaulich zu erkennen. Mit dieser Erkenntnis können bereits alle Besonderheiten des Trägers auf zwei Stützen mit Kragarmen erfasst werden.

1. Bei der Berechnung der Auflagerkräfte mit Hilfe der Gleichgewichtsbedingung $\sum M = 0$ ist besonders auf die Vorzeichen zu achten, da sich auch negative Auflagerkräfte ergeben können.
2. Vorzeichenwechsel der Querkraft können über den Auflagern und auch im Feld auftreten.
3. Bei normaler lotrechter Belastung treten daher negative Grenzwerte der Biegemomente über den Stützen auf, während sich ein weiterer Grenzwert im Feld ergeben kann.
4. Für den Verlauf der Zustandslinien gelten die gleichen Grundsätze wie beim Träger auf zwei Stützen.
5. Infolge der unterschiedlichen Beeinflussung des Trägers durch die Feld- und Kragarmbelastung erhält man die Größtwerte der Stütz- und Schnittgrößen nicht mehr bei Vollbelastung (ständige Last und Verkehrslasten über die ganze Trägerlänge), sondern bei bestimmter Anordnung der Verkehrslasten.

Sind die Stützkräfte bekannt, kann zur Ermittlung der Schnittgrößen, insbesondere bei aufwendiger Belastung, wieder der **Rekursionsansatz** aus Kapitel 5 mit der zugehörigen Tabelle verwendet werden.

Die Berechnung der Stütz- und Schnittgrößen für ein Zahlenbeispiel zeigt Abschnitt 6.3. Die Anordnung der Verkehrslasten zur Ermittlung der Grenzwerte der Stütz- und Schnittgrößen wird im folgenden Abschnitt ausführlich behandelt.

6.2 Ungünstige Laststellungen

Infolge der unterschiedlichen Beeinflussung wird eine mehrmalige Berechnung des Trägers notwendig.

- Lastfall *I* (min M_b, min M_a, min M_F), ständige Last *g* und Verkehrslast *p* auf beiden Kragarmen
- Lastfall *II* (max *A*, min M_a), ständige Last *g* und Verkehrslast *p* im Feld und auf dem linken Kragarm
- Lastfall *III* (max *B*, min M_b), ständige Last *g* und Verkehrslast *p* im Feld und über dem rechten Kragarm
- Lastfall *IV* (max M_F), ständige Last *g* und Verkehrslast *p* nur im Feld
- Lastfall *V* (min *B*, min M_a), ständige Last *g* und Verkehrslast *p* nur auf dem linken Kragarm
- Lastfall *VI* (min *A*, min M_b), ständige Last *g* und Verkehrslast *p* nur auf dem rechten Kragarm

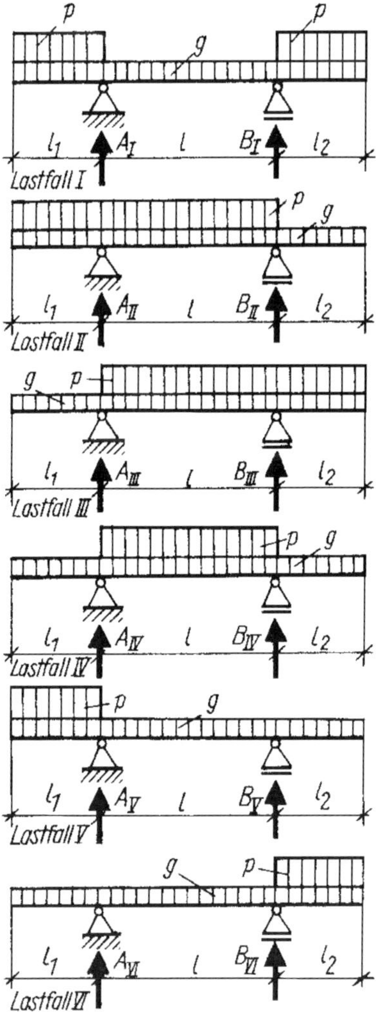

Bild 6.4

Für einen Träger auf zwei Stützen mit Kragarmen sind die Lastanordnungen nach Bild 6.4 erforderlich. Diese gelten in dieser Form nur für lotrecht nach unten wirkende Lasten. Ist z. B. der Kragarm ein leichtes Vordach, kann es durch Windsog auch zu lotrecht nach oben wirkenden Lasten kommen. Dann gelten andere Anordnungen.

Zweckmäßigerweise wird der Lastfall ständige Last gesondert berechnet, und die ermittelten Werte werden mit den Größen von den anderen Lastfällen – nur Verkehrslast – addiert. Bei der Aufstellung der Lastfälle ist stets darauf zu achten, dass sämtliche Lasten, die nicht ständig wirken, jeweils so anzusetzen sind, dass die ungünstigste Wirkung erzielt wird. Günstig wirkende Verkehrslasten sind nicht anzusetzen. Diese Forderung führt z. B. im Brückenbau dazu, dass bei einem Fahrzeug nur ein Teil der Radlasten in Ansatz zu bringen ist.

Im Falle der beiderseitigen Kragarme kann die Querkraftlinie bis zu dreimal das Vorzeichen wechseln. Dementsprechend können in der Momentenlinie drei Extremwerte auftreten, kann die Momentenlinie selbst also zweimal das Vorzeichen wechseln. Diese Stelle (der Momentennullpunkt) erscheint in der Biegelinie als Wendepunkt.

Die in Bild 6.4 dargestellten Anordnungen der Verkehrslasten können auch mithilfe der Einflusslinien abgeleitet werden.

Bild 6.5 zeigt die Einflusslinien des Trägers auf zwei Stützen mit Kragarmen. Im linken Teil findet man die Einflusslinien der Auflagerkräfte sowie der Schnittgrößen für Schnitte innerhalb der Stützweite. Man gewinnt sie, indem die entsprechenden Einflusslinien des Trägers auf zwei Stützen über die Auflagerpunkte hinaus bis zu den Enden der Kragarme verlängert werden.

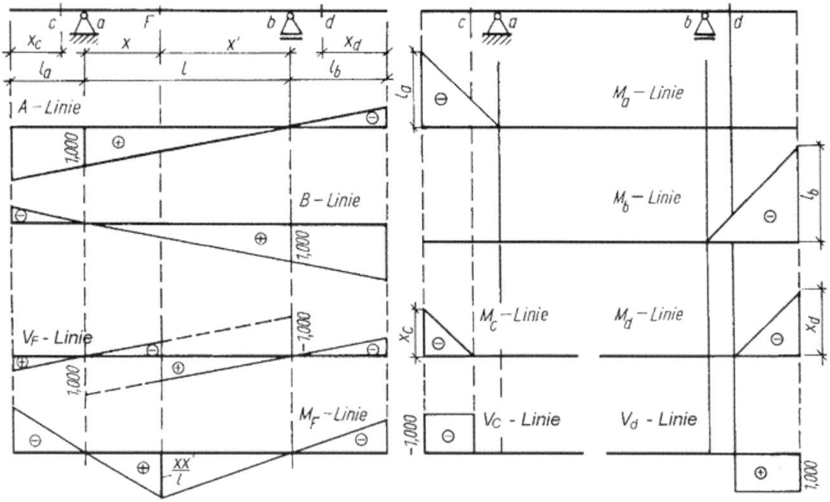

Bild 6.5

Die rechte Hälfte von Bild 6.5 enthält die Einflusslinien von Schnittgrößen für Schnitte im Bereich der Kragarme. Diese Einflusslinien haben nur von Null verschiedene Ordinaten vom Schnitt bis zum Ende des Kragarmes. Nur Lasten in diesen Bereichen rufen Wirkungen im Schnitt hervor, während Lasten im übrigen Trägerbereich ohne Einfluss auf diese Schnitte bleiben.

Für die Grenzwerte der statischen Größen werden die Verkehrslasten entweder nur in den positiven oder in den negativen Bereichen angeordnet. Man erkennt, dass daraus die abgeleiteten Lastfälle entstehen, wenn man von den Grenzwerten der Querkräfte zunächst absieht.

6.3 Beispiele

Beispiel 1

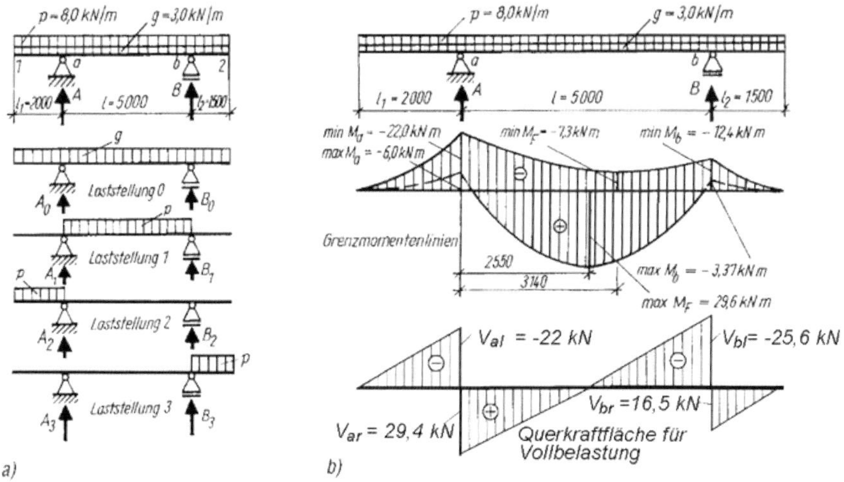

Bild 6.6

Für den in Bild 6.6a dargestellten Träger mit zwei Kragarmen sind zu ermitteln:

1. die Extremwerte der Auflagerkräfte (max A, min A, max B, min B),
2. die maximale und minimale Momentenlinie (max M_F, min M_F, max M_{St}, min M_{St}),
3. die Querkraftlinie für Vollbelastung

Gegeben: $l_1 = 2{,}00$ m $l = 5{,}00$ m $l_2 = 1{,}50$ m

$g = 3{,}0$ kN/m $p = 8{,}0$ kN/m $\rightarrow$ $q = 11{,}0$ kN/m

1. Ermittlung der Auflagerkräfte

a) Nur ständige Lasten

$$\sum M_a = 0 : \qquad -B_0\, l - g \cdot l_1 \frac{l_1}{2} + g\,(l + l_2)\, \frac{l + l_2}{2} = 0$$

$$B_0 = \frac{1}{5{,}00}\,(-3{,}0 \cdot 2{,}0 \cdot 1{,}0 + 3{,}0 \cdot 6{,}5 \cdot 3{,}25) = 11{,}5 \text{ kN}$$

$$\sum M_b = 0 : \qquad A_0\, l - g_1\,(l_1 + l)\, \frac{l_1 + l}{2} + g\, l_2 \frac{l_2}{2} = 0$$

$$A_0 = \frac{1}{5{,}00}\,(3{,}0 \cdot 7{,}0 \cdot 3{,}5 + 3{,}0 \cdot 1{,}5 \cdot 0{,}75) = 14{,}0 \text{ kN}$$

b) Verkehrslast im Feld

$$A_1 = B_1 = \frac{p\, l}{2} = \frac{8{,}0 \cdot 5{,}0}{2} = 20{,}0 \text{ kN}$$

c) Verkehrslast nur auf dem linken Kragarm

$$\sum M_a = 0 : \qquad -B_2\, l - \frac{p \cdot l_1^2}{2} = 0 \qquad\qquad B_2 = -\frac{8{,}0 \cdot 2{,}0^2}{2 \cdot 5{,}00} = -3{,}2 \text{ kN}$$

$$\sum M_b = 0 : \qquad A_2\, l - p \cdot l_1\,(l + \frac{l_1}{2}) = 0 \qquad\qquad A_2 = \frac{8{,}0 \cdot 2{,}0 \cdot 6{,}0}{5{,}00} = 19{,}2 \text{ kN}$$

d) Verkehrslast nur auf dem rechten Kragarm

$$\sum M_a = 0 : \qquad -B_3\, l + p \cdot l_2 (l + \frac{l_2}{2}) = 0 \qquad\qquad B_3 = \frac{8{,}0 \cdot 1{,}5 \cdot 5{,}75}{5{,}00} = 13{,}8 \text{ kN}$$

$$\sum M_b = 0 : \qquad A_3\, l + p \cdot l_2\, \frac{l_2}{2} = 0 \qquad\qquad A_3 = -\frac{8{,}0 \cdot 1{,}50 \cdot 0{,}75}{5{,}00} = -1{,}8 \text{ kN}$$

e) Extremwerte der Auflagerkräfte

$\max A = A_0 + A_1 + A_2 = 14{,}0 + 20{,}0 + 19{,}2 = 53{,}2 \text{ kN}$

$\min A = A_0 + A_3 = 14{,}0 - 1{,}8 = 12{,}2 \text{ kN}$

$\max B = B_0 + B_1 + B_3 = 11{,}5 + 20{,}0 + 13{,}8 = 45{,}3 \text{ kN}$

$\min B = B_0 + B_2 = 11{,}5 - 3{,}2 = 8{,}3 \text{ kN}$

2. Maximale und minimale Momentenlinie

a) Laststellungen 0 + 2 + 3 (min M_a, min M_b, min M_F)

$A = A_0 + A_2 + A_3 = 14{,}0 + 19{,}2 - 1{,}8 = 31{,}4$ kN

$B = B_0 + B_2 + B_3 = 11{,}5 - 3{,}2 + 13{,}8 = 22{,}1$ kN

$V_{al} = -(g + p)\, l_1 = -(3{,}0 + 8{,}0)\, 2{,}0 = -22{,}0$ kN

$V_{ar} = V_{al} + A = -22{,}0 + 31{,}4 = 9{,}4$ kN

$V_{bl} = V_{ar} - g\, l = 9{,}4 - 3{,}0 \cdot 5{,}00 = -5{,}6$ kN

$V_{br} = V_{bl} + B = -5{,}6 + 22{,}1 = 16{,}5$ kN

Querkraftnullstelle im Feld:

$$x_0 = \frac{V_{ar}}{g} = \frac{9{,}4}{3{,}0} = 3{,}14 \text{ m (rechts von } a)$$

$$\min\ M_a = -(g+p)\,\frac{l_1^2}{2} = -(3{,}0+8{,}0)\,\frac{2{,}00^2}{2} = -22{,}0 \text{ kNm}$$

$$\min\ M_b = -(g+p)\,\frac{l_2^2}{2} = -(3{,}0+8{,}0)\,\frac{1{,}50^2}{2} = -12{,}4 \text{ kNm}$$

$$\min\ M_F = +A\,x_0 - g\,\frac{(l_1 + x_0)^2}{2} - p\,l_1\left(x_0 + \frac{l_1}{2}\right)$$

$$\min\ M_F = +31{,}4 \cdot 3{,}14 - 3{,}0\,\frac{(2{,}00 + 3{,}14)^2}{2} - 8{,}0 \cdot 2{,}00\left(3{,}14 + \frac{2{,}00}{2}\right)$$

$\min\ M_F = -7{,}3$ kNm

b) Laststellungen 0 + 1 (max M_a, max M_b, max M_F)

$A = A_0 + A_1 = 14{,}0 + 20{,}0 = 34{,}0$ kN

$B = B_0 + B_1 = 11{,}5 + 20{,}0 = 31{,}5$ kN

$V_{al} = -g\, l_1 = -3{,}0 \cdot 2{,}0 = -6{,}0$ kN

$V_{ar} = V_{al} + A = -6{,}0 + 34{,}0 = 28{,}0$ kN

$V_{bl} = V_{ar} - (g + p)\, l = 28{,}0 - (3{,}0 + 8{,}0)\, 5{,}0 = -27{,}0$ kN

$V_{br} = V_{bl} + B = -27{,}0 + 31{,}5 = 4{,}5$ kN

Querkraftnullstelle im Feld:

$$x_0 = \frac{V_{ar}}{g+p} = \frac{9{,}4}{3{,}0+8{,}0} = 2{,}55 \text{ m (rechts von } a)$$

$$\max\ M_a = -g\,\frac{l_1^2}{2} = -3{,}0\,\frac{2{,}00^2}{2} = -6{,}0\text{ kNm}$$

$$\max\ M_b = -g\,\frac{l_2^2}{2} = -3{,}0\,\frac{1{,}50^2}{2} = -3{,}37\text{ kNm}$$

$$\max\ M_F = +A\,x_0 - g\,\frac{(l_1 + x_0)^2}{2} - p\,\frac{x_0^2}{2}$$

$$\max\ M_F = +34{,}0 \cdot 2{,}55 - 3{,}0\,\frac{(2{,}00 + 2{,}55)^2}{2} - 8{,}0\,\frac{2{,}55^2}{2}$$

$$\max\ M_F = 29{,}6\text{ kNm}$$

In diesen Lastfällen sind alle Grenzwerte der Biegemomente enthalten, sodass damit die maximale und minimale Momentenlinie (Grenzmomentenlinien) gezeichnet werden können (Bild 6.6b). Die Momentenlinien aller übrigen Lastkombinationen liegen im Feldbereich innerhalb der Grenzmomentenlinien und fallen im Bereich der Kragarme mit ihnen zusammen.

3. Querkraftlinie für Vollbelastung (Bild 6.6b)

$$A = A_0 + A_1 + A_2 + A_3 = 14{,}0 + 20{,}0 + 19{,}2 - 1{,}8 = 51{,}4\text{ kN}$$

$$B = B_0 + B_1 + B_2 + B_3 = 11{,}5 + 20{,}0 - 3{,}2 + 13{,}8 = 42{,}1\text{ kN}$$

$$V_{al} = -(g + p)\,l_1 = -(3{,}0 + 8{,}0)\,2{,}0 = -22{,}0\text{ kN}$$

$$V_{ar} = V_{al} + A = 22{,}0 + 51{,}4 = 29{,}4\text{ kN}$$

$$V_{bl} = V_{ar} - (g + p)\,l = 29{,}4 - (3{,}0 + 8{,}0)\,5{,}00 = -25{,}6\text{ kN}$$

$$V_{br} = V_{bl} + B = -25{,}6 + 42{,}1 = 16{,}5\text{ kN}$$

Die Querkraftlinie für Vollbelastung liefert noch nicht die Grenzwerte für alle Schnitte. Dazu wäre die Auswertung von Einflusslinien erforderlich. Die absolut größten Querkräfte im Feld und auf den Kragarmen treten jeweils links und rechts der Stützen bei den Laststellungen mit den maximalen Stützkräften auf.

7 Kragträger

Der Kragträger hat nur ein Auflager, das als Einspannstelle ausgebildet sein muss (Bild 7.1).

Eine Einspannstelle weist drei Fesselungen auf. Damit werden die drei Freiheitsgrade eines Trägers in der Ebene aufgehoben, sodass die kinematisch starre Lagerung gewährleistet ist.

In Bauwerken befinden sich solche Kragträger z. B. als Balkonträger, Vordachträger, Konsolträger usw.

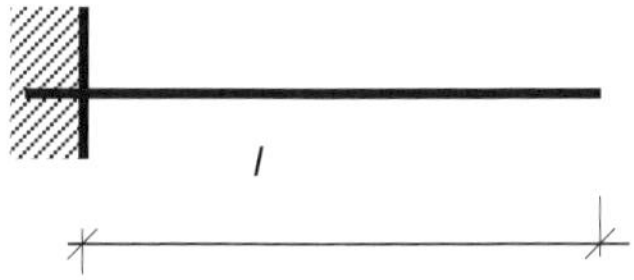

Bild 7.1

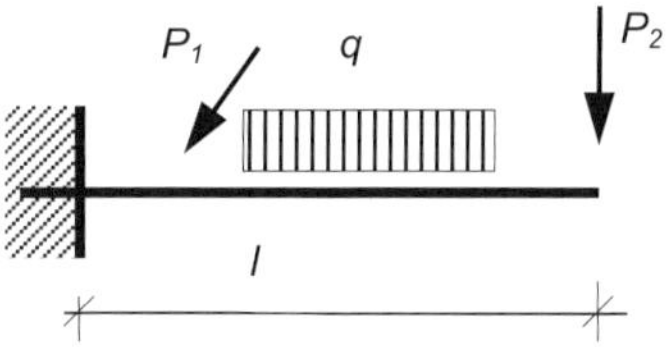

Bild 7.2

Man betrachte nun einen derartig eingespannten Kragträger, der durch verschiedene Kräfte mit beliebiger Wirkungslinie belastet wird (Bild 7.2). Infolge der Belastung muss an der Einspannstelle eine Reaktionskraft auftreten, die den äußeren Kräften das Gleichgewicht hält. Von dieser Auflagerkraft sind die Größe, die Richtung und die Lage unbekannt. Damit Gleichgewicht herrscht, muss die Auflagereaktion A gleich groß und entgegengesetzt gerichtet sein wie die Resultierende aus der äußeren Belastung sowie in derselben Wirkungslinie wie R (Bild 7.3) liegen.

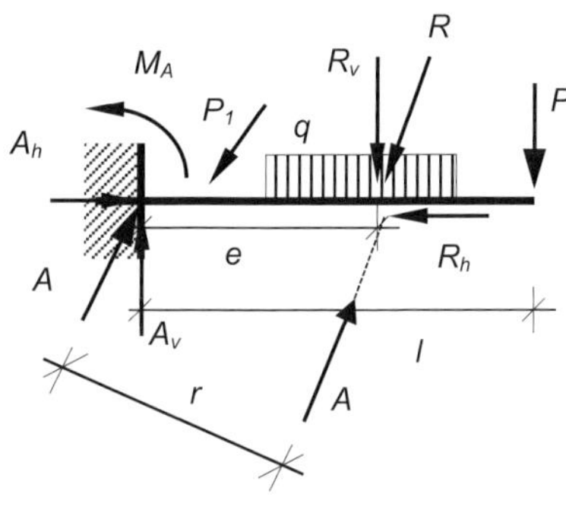

Bild 7.3

Verschiebt man nun die Auflagerkraft A parallel in den Systempunkt der Einspannstelle, so muss ein Moment (linksdrehend) der Größe $M_A = Ar$ hinzugefügt werden.

Mit

$$A = -R$$

folgt

$$M_A = -R\,r$$

oder

$$-M_A = R\,r$$

Durch Zerlegung der Auflagerkraft A in die horizontale Komponente A_h und in die vertikale Komponente A_v erhält man an der Einspannstelle die drei unbekannten Größen:

M_A	Einspannmoment
A_h	Horizontalkomponente der Auflagerkraft
A_v	Vertikalkomponente der Auflagerkraft

Zur Berechnung der Auflagerkräfte stehen drei Gleichgewichtskomponenten zur Verfügung ($\sum H = 0$, $\sum V = 0$, $\sum M = 0$). Das System ist daher statisch bestimmt.

Gegenüber den bisher behandelten Trägerarten ist das Einspannmoment als Auflagerkraft neu. Es verhindert ein Drehen des Trägers um die Einspannstelle. Das Vorzeichen des Einspannmomentes wird negativ festgelegt, wenn das Trägerende aufwärts drehen will (Bild 7.3). Dies entspricht z. B. einem Kragträger mit Eigengewichtsbelastung (Bild 7.4).

Bei Zerlegung der resultierenden R in R_h und R_v kann die Größe des Einspannmomentes auch bestimmt werden aus

$$M_A = -R_v\,e.$$

Mit $R_v\,e = \sum P_v\,c$ wird

$$M_A = -\sum P_v\,c \qquad (7.1)$$

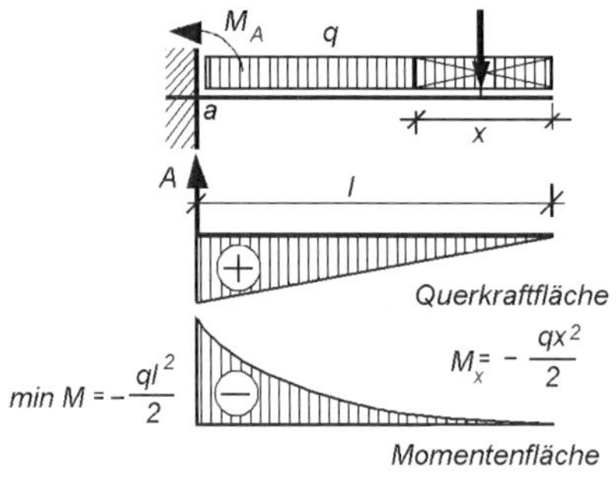

Bild 7.4

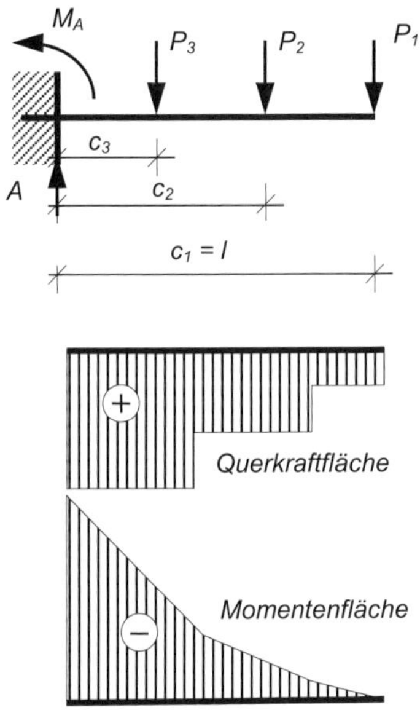

Bild 7.5

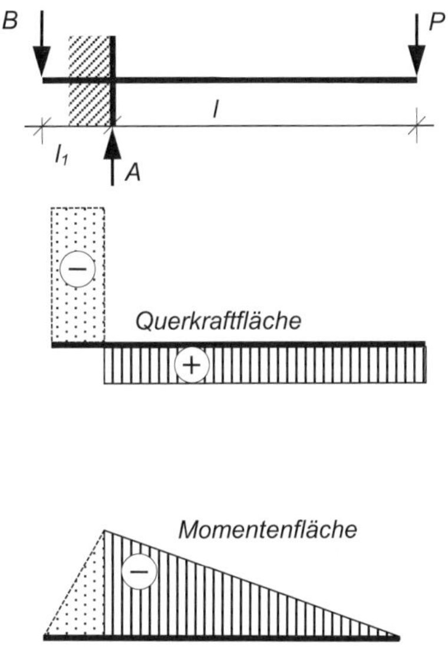

Bild 7.6

Die Größe des Einspannmomentes wird somit aus der Summe der Momente aller am Träger angreifenden Kräfte, bezogen auf die Einspannstelle *a*, berechnet. Es liefern also alle Komponenten mit einem senkrechten Abstand zu *a* einen Momentenanteil. Das Einspannmoment ist in der Wirkung den angreifenden Momenten entgegengesetzt.

Die Bilder 7.4 und 7.5 zeigen die Schnittkraftflächen für einige lotrechte Belastungen. Zusammengefasst kann festgestellt werden:

1. Die Auflagerkraft *A* wird gleich der Summe der lotrechten Lasten.
2. Infolge der Lasten treten im Träger negative Biegemomente auf. Den Größtwert des Biegemomentes erhält man für die Einspannstelle. Diese Werte lassen sich in einschlägigen Tabellenwerken nachlesen. Für die beiden dargestellten Fälle wird:

$$\text{nach Bild 7.4:} \quad \min\ M = -q\,\frac{l^2}{2}$$

$$\text{nach Bild 7.5:} \quad \min\ M = -P_1\,l - P_2\,c_2 - P_3\,c_3 = -\sum_{i=1}^{3} P_i\,c_i \qquad (7.2)$$

3. Das Biegemoment an der Einspannstelle entspricht der Größe nach dem Einspannmoment M_A. Es ist jedoch stets zu beachten, dass das Biegemoment eine Schnittgröße darstellt, während das Einspannmoment eine äußere Reaktion (Stützreaktion) ist.

4. Die Schnittgrößen eines Kragträgers stimmen bei gleicher Länge und Belastung mit denen eines Kragarmes des Trägers auf zwei Stützen überein. Dies trifft allerdings nicht auf die hier noch nicht behandelte Verdrehung und Verformung zu.
5. Die Bestimmung der Schnittgrößen ist beim Kragträger besonders einfach, da für jede Schnittgröße genau eine Gleichgewichtsbedingung zur Verfügung steht. Die Ermittlung der Schnittkräfte für einzelne Punkte des Tragwerks ist somit auch ohne Bestimmung der Auflagerkräfte möglich. Dies ist erst bei der Untersuchung der Einspannstelle notwendig.
6. Bekanntlich tritt aufgrund der Zusammenhänge zwischen Querkraft und Biegemoment das extreme Biegemoment immer dort auf, wo die Querkraft das Vorzeichen wechselt. Da hier vorerst eine vereinfachende Annahme für die Berechnung das Kragträgers gemacht wurde, ist diese Tatsache nicht zu erkennen. Wird jedoch das Einspannmoment M_A durch ein entgegengesetzt gerichtetes Kräftepaar *A* und *B* ersetzt, was ein Drehen des Trägers um die Einspannstelle *a* genauso wirkungsvoll verhindert, so ergeben sich die Querkraft- und Momentenlinie nach Bild 7.6. Hier ist der bekannte Sachverhalt wieder zu erkennen. Die Querkraft wechselt am Angriffspunkt der Auflagerkraft *A* das Vorzeichen. Somit muss an dieser Stelle der Größtwert des Biegemomentes auftreten.
7. Aus der Querkraftlinie im Bild 7.6 ist ersichtlich, dass der Größtwert der Querkraft zwischen den beiden Auflagerkräften zu finden ist. Dies ist besonders dann wichtig, wenn die Einspannstelle nur als Idealisierung für ein solches Kräftepaar angesetzt wird und die Querkraft bemessungswirksam wird.
8. Ist die Kragarmlänge *l* gegenüber der Trägerhöhe *h* sehr kurz ($l/h < 1$), so handelt es sich um ein Konsol. Hier kann das Einspannmoment im Regelfall vernachlässigt werden, bzw. es gelten besondere Bemessungsrichtlinien (z. B. im Stahlbetonbau).

In den vorangegangenen Betrachtungen zum Kragträger wurde von der Annahme ausgegangen, dass die Einspannung an der vorderen Kante des Auflagers voll wirksam ist. Dies ist jedoch im Bauwesen nicht immer der Fall und tritt auch nur bei Stahlbeton- und Stahlkonstruktionen auf. In den anderen Fällen bzw. bei anderen Baustoffen ist eine volle Einspannung nicht gegeben bzw. ist die Vorderkante der sichtbaren Einspannstelle keinesfalls der berechnungswirksame Einspannpunkt.

Infolge der Momente der äußeren Lasten entstehen an der Einspannstelle Kräfte, die sowohl auf das Auflager nach unten als auch infolge der Hebelwirkung nach oben gerichtet sind. Es entsteht also das in Bild 7.6 dargestellte, entgegengesetzt gerichtete Kräftepaar. In Bild 7.7 sind eine mögliche Lage dieses Kräftepaares und die daraus resultierenden Flächenlasten (diese Reaktionskräfte) angegeben.

Bezeichnet man die Einspannlänge mit l_E, so können die Angriffspunkte von *A* und *B* nach Bild 7.7 bei $l_E/6$ angenommen werden. Die genaue Lage lässt sich nicht angeben, da die Verteilung der Reaktionskräfte von vielen Faktoren abhängt (Baustoff, Ausbildung der Einspannung usw.). In den meisten Fällen wird ein Wert zwischen $l_E/6$ und $l_E/3$ zutreffen.

Wird dagegen die Einspannung nach der im Bild 7.8 gezeigten Form ausgebildet, so greifen hier die Auflagerreaktionen in der Mitte der Auflager an. Es resultieren folgende Tatsachen:

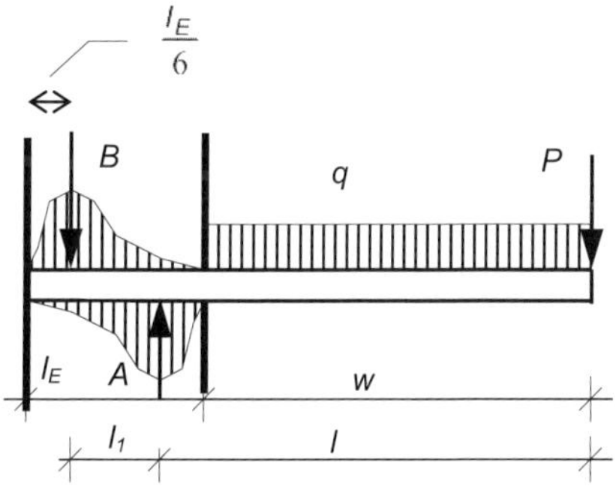

Bild 7.7

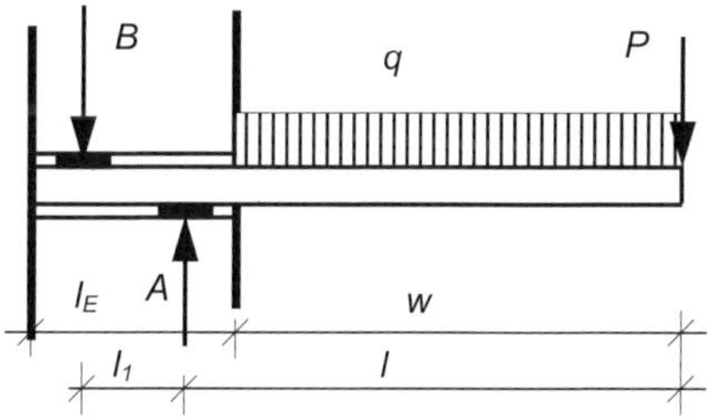

Bild 7.8

1. Das Modell eines Kragträgers gibt den tatsächlichen Sachverhalt nur angenähert wieder.
2. Der Größtwert des Biegemomentes tritt nicht an der Vorderkante der sichtbaren Einspannstelle auf, sondern erst am Angriffspunkt der Auflagerkraft A. Die freie Kragarmlänge ist entsprechend größer. Die Schnittkräfte sind mit dieser größeren Länge zu bestimmen.
3. Bei der Untersuchung der Auflagerkräfte A und B wird deutlich, dass das nunmehr entstandene statische System bereits einen Träger auf zwei Stützen mit Kragarm, jedoch mit sehr kleiner Feldlänge darstellt.
4. Um die Drehbestrebungen des Trägers mit Sicherheit zu verhindern, muss am Ende der Einspannlänge (Auflager bei B) eine Auflast von mindestens der 1,5-fachen Größe der errechneten Auflagerkraft B vorhanden sein. Dabei sind jedoch die einschlägigen Vorschriften und Sicherheitskonzepte zu beachten.
5. Es ist auf die bereits erwähnte hohe Querkraft zwischen den beiden Auflagerreaktionen A und B zu achten.

Bei der Berechnung von reinen Kragträgern mit Rechenprogrammen für Biegeträger steht häufig das Problem, dass ein Kragträger ohne ein Feld auf zwei Stützen nicht generiert werden kann. Hier kann man sich durch einen Träger mit Kragarm und kurzer Feldlänge behelfen. Zu beachten ist jedoch, dass die Querkraft im Feld und eine fehlerhafte (zu hohe) Durchbiegung des Kragarmes die Bemessung verfälschen können. Auf die Schnittkräfte hat dies, wie bereits erwähnt, jedoch keinen Einfluss.

Ein Kragarm mit vielen einzelnen Lasten kann aufgrund der einfachen Ermittlung der Schnittkräfte analog Gleichung (7.2) auch vorteilhaft mithilfe einer Tabellenkalkulation berechnet werden.

Vergleicht man die gewonnenen Gleichungen für die Größe des minimalen Biegemomentes mit den Ergebnissen bei entsprechender Belastung eines Trägers auf zwei Stützen, so ergibt sich, dass der Grenzwert des Biegemomentes beim Kragträger viermal größer ist als bei dem einfachen Träger auf zwei Stützen. Hieraus folgt, dass für Kragträger erheblich mehr Material notwendig ist.

Die Anwendung reiner Kragträger sollte man möglichst beschränken und die Kraglänge kurzhalten. Man wird stets untersuchen, ob die Konstruktion sich nicht so ausbilden lässt, dass der Träger gleichzeitig über das anschließende Feld bis zur nächsten Mittelwand durchläuft. Man erhält somit einen Träger auf zwei Stützen mit Kragarm. Hierdurch werden die ungünstigen Kraftwirkungen an der Einspannstelle sowie die oft schwierige Ausbildung der Einspannung vermieden.

Zu beachten ist ferner, dass Kragträger als statisches System oft in Konstruktionssteilen auftreten, wo sie nicht ohne Weiteres erkennbar sind. Manchmal findet man auch zweiseitige Kragträger, wie z. B. bei Bahnsteigüberdachungen.

Die Ermittlung der Stütz- und Schnittkräfte wird noch an zwei Beispielen gezeigt.

Beispiel 1

Für den Kragträger in Bild 7.9 sind die Auflager- und Schnittgrößen zu ermitteln.

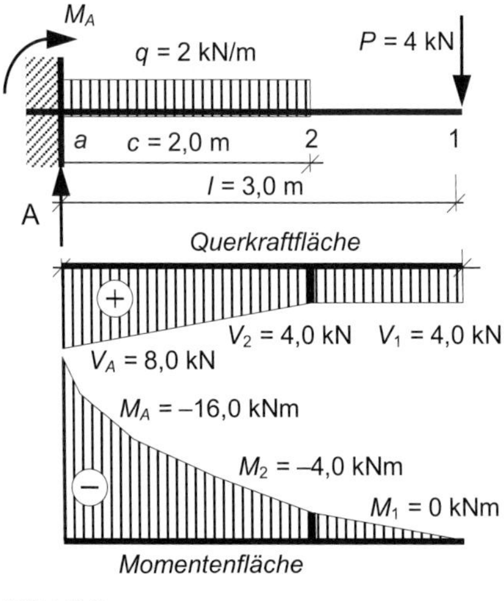

Bild 7.9

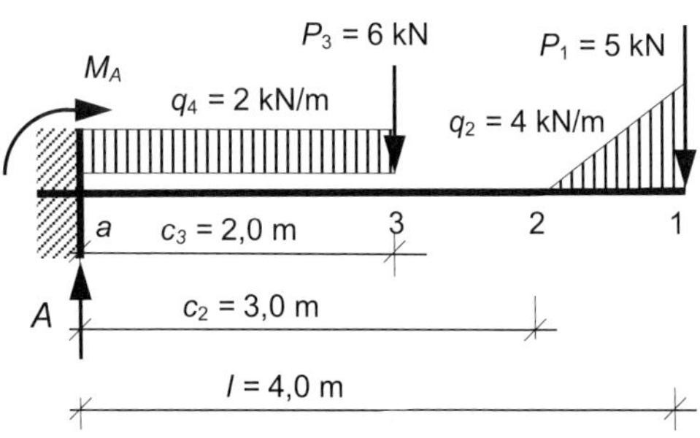

Bild 7.10

a) Auflagerkräfte

$\sum V = 0$: $\quad A = P + q\,c = 8{,}0$ kN

$\sum M_A = 0$: $\quad M_A + 2{,}0 \cdot 2{,}0 \cdot 2{,}0 / 2 + 4{,}0 \cdot 3{,}0 = 0$

$\quad M_A = -4{,}0 - 12{,}0 = -16$ kNm

b) Querkräfte

$V_1 = P = 4{,}0$ kN

$V_2 = V_1 = 4{,}0$ kN

$V_A = V_2 + q\,c = 4{,}0 + 2{,}0 \cdot 2{,}02 = 8{,}0$ kN

c) Biegemomente

$M_1 = 0$

$M_2 = M_1 - P(l - c) = 0 - 4{,}0 \cdot 1{,}0 = -4{,}0$ kNm

$\min M = M_A = -16$ kNm

Oder durch Integration der Querkraftfläche ermittelt:

$M_A = M_2 - (V_2 + V_A) \cdot c/2 = -\,4{,}0 - (4{,}0 + 8{,}0) \cdot 2{,}0/2 = -16$ kNm

Mit den ermittelten Schnittgrößen können nun die Querkraft- und Momentenfläche gezeichnet werden (Bild 7.9).

Beispiel 2

Für den Kragträger in Bild 7.10 sind die Auflagergrößen zu ermitteln.

Die Ermittlung erfolgt tabellarisch. Flächenlasten werden durch Einzellasten im Schwerpunkt ersetzt. Man erhält:

$P_2 = 4{,}0 \cdot 1{,}0/2{,}0 = 2{,}0$ kN mit $a_2 = 3{,}0 + 1{,}0 \cdot 2/3 = 3{,}67$ m

$P_4 = 2{,}0 \cdot 2{,}0 = 4{,}0$ kN mit $a_4 = 2{,}0/2 = 1{,}0$ m

Last Nr. *i*	**Lastwert** ***P*[*i*]** **[kN]**	**Abstand** ***a*[*i*]** **[m]**	**Moment** **= –*P*[*i*]****a*[*i*]** **[kNm]**
1	5	4	–20
2	2	3,67	–7,34
3	6	2	–12
4	4	1	–4

Es können folgende Auflagerkräfte abgelesen werden:

$A = 17$ kN

$M_A = -43{,}34$ kNm

8 Gelenkträger

8.1 Grundlagen

Erstreckt sich ein Träger über drei oder mehr Stützen, so kann man ihn als *Gelenkträger* oder Durchlaufträger ausbilden. Durchlaufträger sind statisch unbestimmt und weisen die Vor- und Nachteile der statisch unbestimmten Systeme auf (Vorteile: geringere Abmessungen, günstige Herstellungsbedingungen bei Ausführung in Stahlbeton; Nachteile: Empfindlichkeit gegen Stützensenkungen und einige andere Einflüsse).

Mit Gelenkträgern lassen sich Nachteile der Durchlaufträger vermeiden, ohne dass man auf die Vorteile verzichten muss.

Gelenkträger werden im Stahlbau und auch im Holzbau (z. B. Gelenkpfetten), seltener im Stahlbetonbau verwendet. Je nach den baulichen Notwendigkeiten, dem Baumaterial und den zu übertragenden Kräften ist die Ausbildung der Gelenke verschieden. Man kennt Blatt-, Bolzen- und Federgelenke. Günstig lassen sich Gelenke in Stahl ausführen, während im Stahlbetonbau jedes Gelenk eine Unterbrechung der monolithischen Bauweise darstellt und daher konstruktiv und technologisch komplizierter werden kann.

Die Lage sowie die Anzahl der Gelenke müssen der Bedingung genügen, dass der Träger kinematisch starr gelagert ist. Man geht bei dieser Überlegung vom statisch unbestimmten Durchlaufträger aus. Hat ein solcher Träger bei n Stützen ein festes Auflager und $(n - 1)$ bewegliche Auflager, dann ist er $(n - 2)$-fach statisch unbestimmt. Der Wert $(n - 2)$ entspricht auch der Anzahl der Innenstützen.

Ein Durchlaufträger kann jedoch in einen statisch bestimmten Träger verwandelt werden, wenn für jede statisch unbestimmte Größe ein Gelenk angeordnet wird. Bei n Stützen müssen demnach $(n - 2)$ Gelenke eingeschaltet werden.

Ein Gelenk gestattet bei Vernachlässigung der Reibung eine ungehinderte Drehung der gekoppelten Träger gegeneinander, sodass es zwar Normal- und Querkräfte, aber kein Biegemoment übertragen kann. Daher steht für jedes Gelenk eine zusätzliche Bedingungsgleichung der Form $M_G = 0$ zur Verfügung.

Für die Lage der Gelenke gilt, dass ein Innenfeld höchstens zwei Gelenke erhalten darf, wobei die Nachbarfelder dann frei von Gelenken bleiben müssen, während in den Endfeldern nur ein Gelenk zulässig ist. Die Bilder 8.1a, b, c zeigen die drei möglichen Fälle der Gelenkanordnung bei einem Gelenkträger über vier Stützen. Fall d) scheidet dagegen aus, denn bei dieser Gelenkanordnung wäre der Träger im 1. Feld beweglich und über den beiden übrigen Feldern statisch unbestimmt.

Betrachtet man außer der statischen auch die konstruktive Seite, so ist für die Anwendung des Gelenkträgers als Pfette im Stahl- oder Holzbau die Montage sehr wichtig. Koppelträger nach Bild 8.2c lassen sich zwar leicht montieren, weil nach dem Aufstellen einer weiteren Stütze (Binder) der nächste Koppelträger sofort verlegt werden kann. Bei Ausfall eines Koppelträgers versagen jedoch alle weiteren Koppelträger.

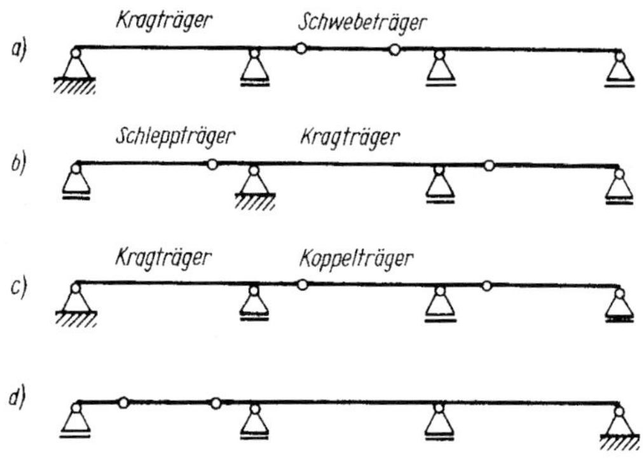

Bild 8.1

Die Gelenkanordnung nach Bild 8.2d verlangt, dass immer zwei Stützen (Binder) aufgestellt sind, ehe der Kragträger verlegt werden kann. Der Ausfall eines Schwebeträgers hat nicht den Zusammenfall des Trägerzuges zur Folge. Vorstehende Anordnung verdient daher den Vorzug, zumal dann, wenn nach Bild 8.2d in den Endfeldern der Pfetten der Windverband angebracht wird. Der nächste Windverband lässt sich im 3. oder 5. Binderfeld ohne Schwierigkeiten unterbringen. (Windverbände dürfen in den Gelenkfeldern nicht angebracht werden!) Gelenkpfetten nach Bild 8.2a, die als Koppelträger ausgebildet sind, erhalten in jedem Feld nur ein Gelenk, das aber im

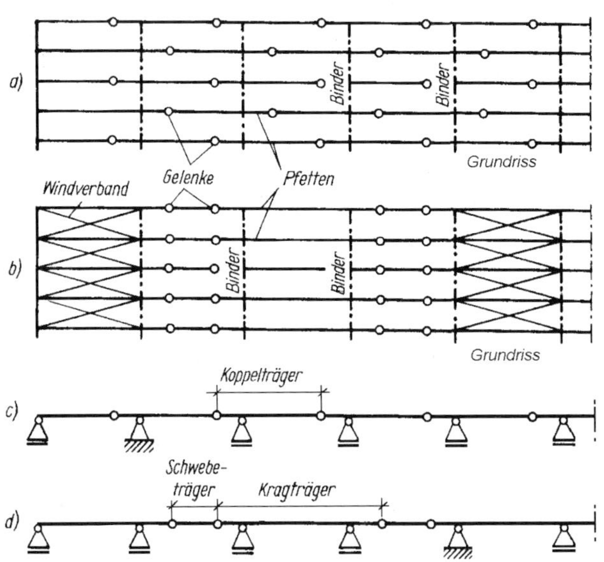

Bild 8.2

Grundriss bei jedem 2. Pfettenstrang versetzt anzuordnen ist, damit bei Ausfall eines Koppelträgers ein Herunterklappen aller Koppelträger vermieden wird. Bei dieser Lösung (Bild 8.2a) erhält man gegenüber der Gelenkanordnung in jedem 2. Feld (Bild 8.2b) außer im Endfeld gleiche und nicht zu große Pfettenlängen. Im Holzbau wird von dieser Lösung im Interesse gleicher und nicht zu großer Holzlängen hin und wieder Gebrauch gemacht. Gelenkträger finden hauptsächlich als Pfetten im Dachbau Verwendung, vielfach auch im Brückenbau. Im Deckenbau dürfen Träger, die zugleich zur Aussteifung des Gebäudes dienen, nicht als Gelenkträger ausgeführt werden.

8.2 Analytische Behandlung

Für die statische Untersuchung eines Gelenkträgers werden in diesem Abschnitt zu folgenden Aufgaben Hinweise gegeben:

1. Ermittlung der Auflager- und Schnittgrößen
2. Ermittlung der Lage der Gelenkpunkte
3. Ermittlung der Einflusslinien

Zur Ermittlung der lotrechten Auflagerkräfte zerlegt man den Gelenkträger in einfache Träger und Träger mit Kragarmen (Bild 8.3). Man beginnt bei der Untersuchung der einfachen Träger, deren Reaktionskräfte mithilfe der Gleichgewichtsbedingungen wie üblich bestimmt werden. Es handelt sich dabei um Gelenk- oder Stützkräfte. Im Gelenk kann eine beliebig gerichtete Kraft übertragen werden, von der man am zweckmäßigsten die Vertikal- und Horizontalkomponente bestimmt. Bei lotrechten Lasten treten nur lotrechte Gelenkkräfte auf. Nachdem die lotrechten Reaktionskräfte der einfachen Träger bekannt sind, setzt man die Gelenkkräfte als Belastung für die Träger mit Kragarmen mit an, deren lotrechte Auflagerkräfte sich nun bestimmen lassen.

Bei schrägen oder horizontalen Belastungen muss die Anordnung des festen Auflagers beachtet werden, da nur dort eine horizontale Stützkraft auftreten kann. Man bestimmt diese mit der Gleichgewichtsbedingung $\sum H = 0$, die für den gesamten Trägerzug angesetzt wird.

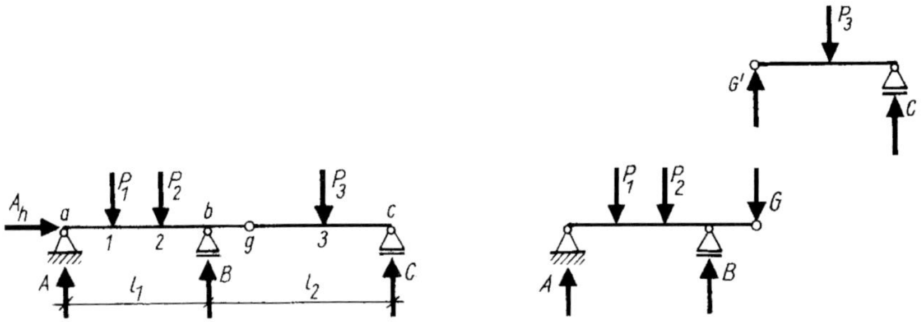

Bild 8.3

Zur Bestimmung der Normal- und Querkräfte addiert man, links beginnend, für den gesamten Trägerzug die horizontalen bzw. vertikalen Kräfte unter Beachtung der Vorzeichen. Für die Gelenkpunkte erhält man hierbei die jeweiligen Komponenten der Gelenkkräfte. Sie gehören zu den inneren Kräften des Tragwerkes.

Bei der Ermittlung der Biegemomente kommt man am schnellsten zum Ziel, indem wiederum einfache Träger und Träger mit Kragarmen betrachtet werden. Da man hierbei das Tragwerk in den Gelenkpunkten durchschneidet, sind die Gelenkkräfte als äußere Kräfte mit anzusetzen. Grenzwerte der Biegemomente erhält man für Trägerstellen, in denen die Querkraft V das Vorzeichen wechselt. Für die Gelenkpunkte besteht die Bedingung $M_G = 0$. Die Momentenlinie hat daher an diesen Stellen Nullpunkte.

Ebenfalls möglich ist die **Verwendung des Reduktionsansatzes** aus Kapitel 5 bei abschnittsweise konstanter Belastung und bekannten Stützkräften.

Die Ermittlung der Auflager- und Schnittgrößen sowie die Darstellung der Schnittgrößenflächen können anhand der Übungsbeispiele verfolgt werden.

Bisher wurde lediglich die Anzahl der erforderlichen Gelenke und die Verteilung auf die Felder erwähnt, aber nichts über ihre zweckmäßige Lage angegeben. Für die Anordnung der Gelenkpunkte können verschiedene Bedingungen berücksichtigt werden:

a) Die Extremwerte der Biegemomente über den Stützen und in den Feldern sollen den gleichen Betrag annehmen.

b) Ungünstige Laststellungen sollen keine negativen Auflagerkräfte entstehen lassen.

c) keine Bedingungen aus statischen Gründen

Zu a): Im Hochbau wird man die Gelenke zumeist so anordnen, dass die Stützen- und Feldmomente annähernd gleich werden; damit wird eine gute Ausnutzung der Baustoffe ermöglicht. Zum anderen bewirkt diese Maßnahme, dass Bauglieder gleicher Abmessungen erforderlich sind.

Zu b): Im Brückenbau spielt der Gelenkträger bei großen Spannweiten eine Rolle. Während negative Auflagerkräfte im Hochbau konstruktiv gut aufgenommen werden können, bringen sie im Brückenbau Nachteile.

Zu c): Hier sind alle Fälle denkbar, bei denen Momentenausgleich keine Rolle spielt oder die Gelenkpunkte aus technologischen Gründen festliegen und vom Statiker übernommen werden müssen oder es sich um untergeordnete Bauteile handelt.

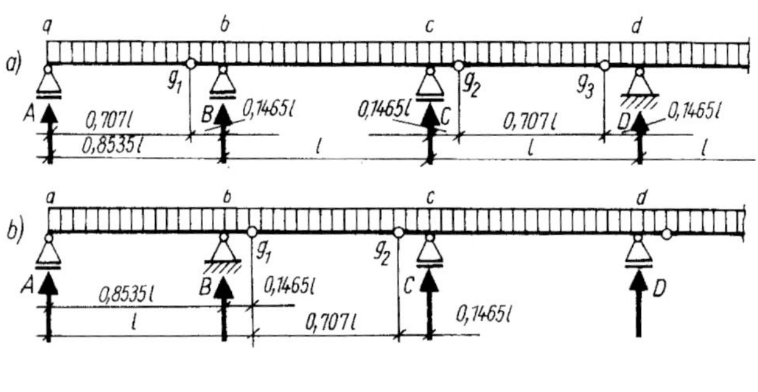

Bild 8.4

Gelenkträger mit Momentenausgleich kommen vor allem als Pfetten im Hochbau in Frage. Für diesen Fall sind außerdem gleiche Feldweiten (Binderabstände) und gleichmäßig verteilte Belastung gegeben. In bautechnischen Handbüchern findet man für die Lage der Gelenkpunkte und die Stütz- und Schnittkräfte leicht auswertbare Gleichungen. Als Beispiel dafür soll Bild 8.4 dienen. Bei dieser Anordnung der Gelenke und einem verkürzten Endfeld erhält man alle Stützen- und Feldmomente in der Größe

$$M_F = \frac{q\,l^2}{16}; \qquad M_S = -\frac{q\,l^2}{16}.$$

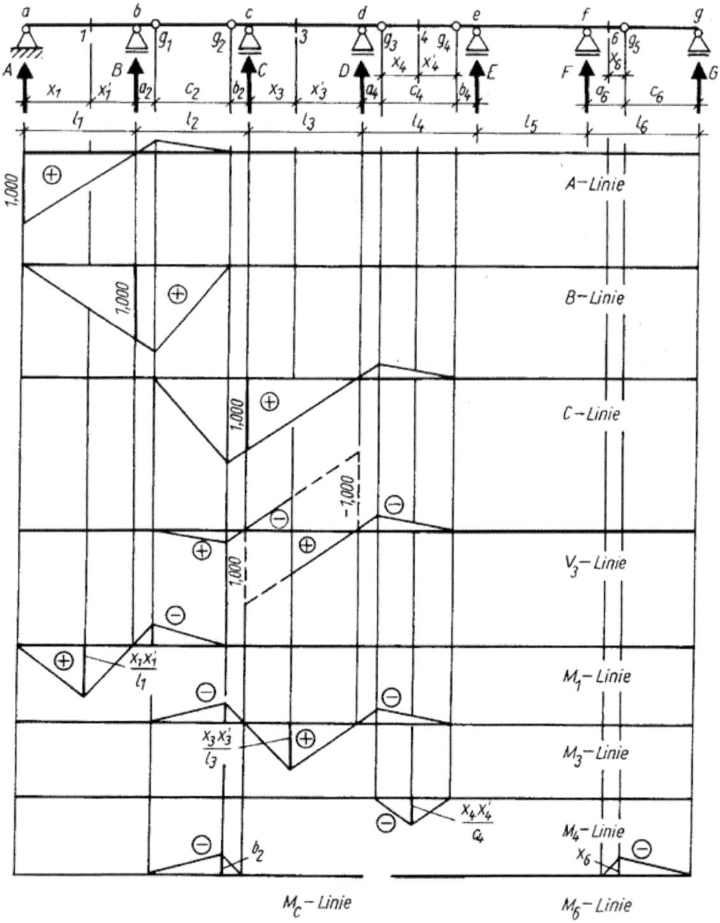

Bild 8.5

Auch bei Gelenkträgern können infolge von nicht ständigen Lasten ungünstigste Laststellungen auftreten. Den schnellsten und besten Überblick für die Anordnung der Verkehrslasten erhält man mithilfe der Einflusslinien. Sie lassen sich leicht aus den bisher bekannten Einflusslinien entwickeln. Bild 8.5 zeigt für einen Gelenkträger auf sieben Stützen die wesentlichsten Einflusslinien. Aus ihrem Verlauf sind ohne Weiteres die Prinzipien der Ermittlung erkennbar.

8.3 Beispiele

Beispiel 1

Für den Gelenkträger nach Bild 8.6 sind die Auflager- und Schnittgrößen zu ermitteln.

a) Auflager- und Gelenkkräfte (Bild 8.6b)

Die schrägen Kräfte werden durch ihre Vertikal- und Horizontalkomponenten ersetzt, wobei die Richtungen durch Pfeile im Lageplan gekennzeichnet werden.

$$P_{1v} = P_1 \sin \alpha_1 = 20 \cdot 0{,}7071 = 14{,}1 \text{ kN}$$

$$P_{1h} = P_1 \cos \alpha_1 = 20 \cdot 0{,}7071 = 14{,}1 \text{ kN}$$

$$P_{3v} = P_3 \sin \alpha_3 = 30 \cdot 0{,}8660 = 26{,}0 \text{ kN}$$

$$P_{3h} = P_3 \cos \alpha_3 = 30 \cdot 0{,}5000 = 15{,}0 \text{ kN}$$

$$\sum H = 0:$$

$$C_h + P_{1h} - P_{3h} - H = 0$$

$$C_h = 10{,}0 + 15{,}0 - 14{,}1 = 10{,}9 \text{ kN}$$

Träger *I*:

$$G_{1v} = G_{2v} = 0{,}5 P_{3v} = 13{,}0 \text{ kN}$$

$$G_{2h} = -H + C_h = -10{,}0 + 10{,}9 = 0{,}9 \text{ kN (folgt aus Träger III)}$$

$$G_{1h} = -H + C_h - P_{3h} = 0{,}9 - 15{,}0 = -14{,}1 \text{ kN}$$

Träger *II*:

$$\sum M_b = 0:$$

$$A \cdot 5{,}00 - P_{1v} \cdot 5{,}00 - P_2 \cdot 2{,}00 + G_{1v} \cdot 1{,}0 = 0$$

$$A = \frac{1}{5{,}00}\,(14{,}1 \cdot 5{,}00 + 20{,}0 \cdot 2{,}00 - 13{,}0 \cdot 1{,}00) = 19{,}5 \text{ kN}$$

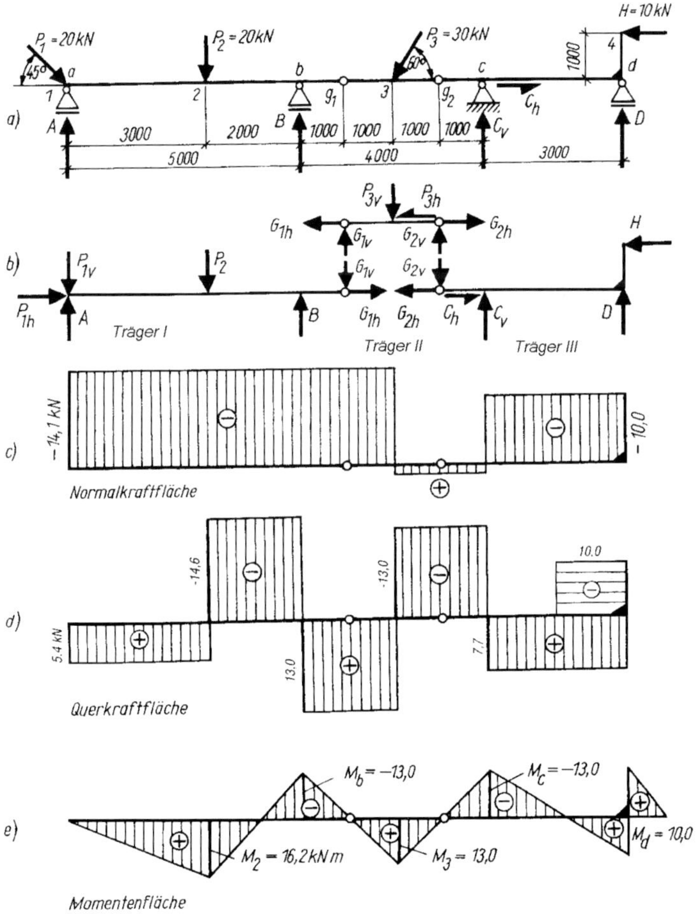

Bild 8.6

$$\sum M_a = 0 :$$

$$-B \cdot 5{,}00 + P_2 \cdot 3{,}00 + G_{1v} \cdot 6{,}00 = 0$$

$$B = \frac{1}{5{,}00}\,(20{,}0 \cdot 3{,}00 + 13{,}00 \cdot 6{,}00) = 27{,}6 \text{ kN}$$

Träger *III*:

$$\sum M_d = 0:$$

$$C_v \cdot 3{,}00 - G_{2v} \cdot 4{,}00 - H \cdot 1{,}00 = 0$$

$$C_v = \frac{1}{3{,}00}\,(13{,}00 \cdot 4{,}00 + 10{,}00 \cdot 1{,}00) = 20{,}7 \text{ kN}$$

$$\sum M_c = 0:$$

$$-D \cdot 3{,}00 - G_{2v} \cdot 1{,}00 - H \cdot 1{,}00 = 0$$

$$D = \frac{1}{3{,}00}\,(-13{,}00 \cdot 1{,}00 - 10{,}00 \cdot 1{,}00) = -7{,}7 \text{ kN}$$

Die Kontrolle erfolgt über den gesamten Trägerzug hinweg.

$$\sum V = 0:$$

$$A + B + C_v + D - (P_{1v} + P_{2v} + P_{3v}) = 0$$

$$19{,}5 + 27{,}6 + 20{,}7 - 7{,}7 - (14{,}1 + 20{,}0 + 26{,}0) = 0$$

b) Normalkräfte (Bild 8.6c)

$$N_{ar} = N_{3l} = -P_{1h} = -14{,}1 \text{ kN}$$

$$N_{3r} = N_{cl} = -14{,}1 + 15{,}0 = 0{,}9 \text{ kN}$$

$$N_{cr} = N_{dl} = 0{,}9 - 10{,}9 = -10{,}0 \text{ kN}$$

$$N_{d0} = N_{4u} = 0$$

Mit $N_{g1} = -14{,}1$ kN und $N_{g2} = 0{,}9$ kN erhält man die bereits unter *a)* bestimmten Horizontalkomponenten der Gelenkkräfte.

c) Querkräfte (Bild 8.6d)

$$V_{ar} = V_{2l} = A - P_{1v} = 19{,}5 - 14{,}1 = 5{,}4 \text{ kN}$$

$$V_{2r} = V_{bl} = 5{,}4 - 20{,}0 = -14{,}6 \text{ kN}$$

$$V_{br} = V_{3l} = -14{,}6 + 27{,}6 = 13{,}0 \text{ kN}$$

$$V_{3r} = V_{cl} = 13{,}0 - 26{,}0 = -13{,}0 \text{ kN}$$

$$V_{cr} = V_{dl} = -13{,}0 + 20{,}7 = 7{,}7 \text{ kN}$$

$$V_{d0} = V_{4u} = -P_{1h} + P_{3h} - C_h = -14{,}1 + 15{,}0 - 10{,}9 = -10{,}0 \text{ kN}$$

Mit $V_{g1} = 13{,}0$ kN und $V_{g2} = -13{,}0$ kN erhält man dem Betrag nach die bereits ermittelten Vertikalkomponenten der Gelenkkräfte.

d) Biegemomente (Bild 8.6e)

$M_a = 0$; $M_{g1} = 0$; $M_{g2} = 0$; $M_4 = 0$

$M_2 = A \cdot 3{,}00 - P_{1v} \cdot 3{,}00 = (19{,}5 - 14{,}1)\ 3{,}00 = 16{,}2$ kNm

$M_b = -G_{1v} \cdot 1{,}00 = -13{,}0 \cdot 1{,}00 = -13{,}0$ kNm

$M_3 = G_{1v} \cdot 1{,}00 = 13{,}0 \cdot 1{,}0 = 13{,}0$ kNm

$M_c = -G_{2v} \cdot 1{,}00 = -13{,}0$ kNm

$M_d = H \cdot 1{,}00 = 10{,}0 \cdot 1{,}0 = 10{,}0$ kNm

Beispiel 2

Die Auflagerkräfte und die Grenzwerte der Biegemomente des Gelenkträgers nach Bild 8.7a sind mithilfe von bautechnischen Handbüchern zu berechnen und die Schnittkraftflächen darzustellen. Die Gelenke sollen so angeordnet werden, dass Momentenausgleich erreicht wird. Die Endfelder sind auf

$$l_5 = l_1 = 0{,}8535\ l_2 = 0{,}8535 \cdot 4{,}50 = 3{,}85 \text{ m}$$

verkürzt.

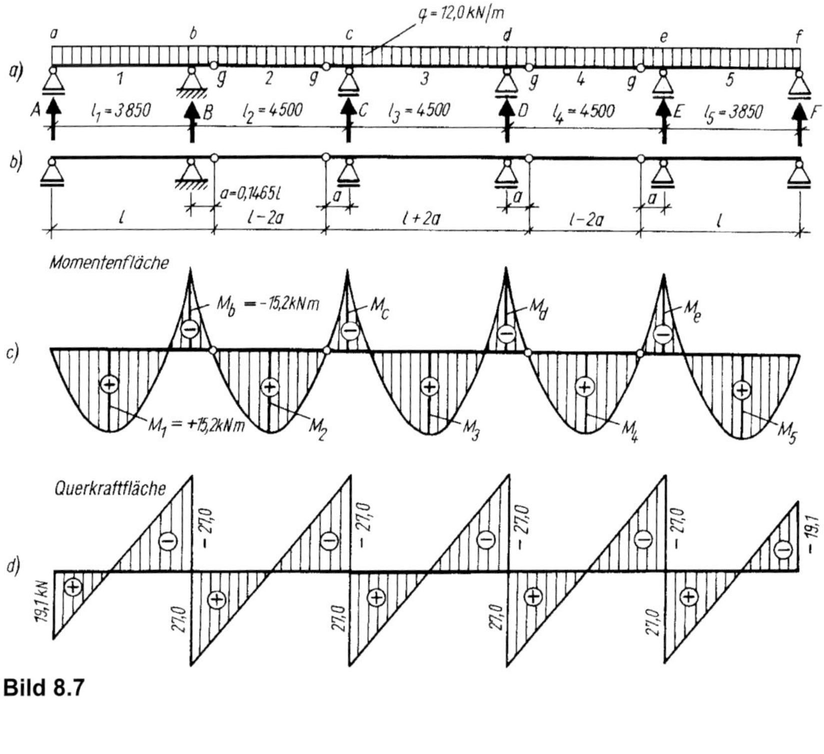

Bild 8.7

a) Gelenkanordnung (Bild 8.7b)

Anzahl: 4 Gelenke nach Bild 8.7a

Abstand von den Stützen: $a = 0{,}1465 l \approx l / 7 \approx 0{,}65$ m

b) Auflagerkräfte

$A = F = 0{,}3535\, q\, l = 0{,}3535 \cdot 12{,}0 \cdot 4{,}50 = 19{,}1$ kN

$B = C = D = E = q\, l = 12{,}0 \cdot 4{,}50 = 54{,}0$ kN

c) Biegemomente (Bild 8.7c)

$M_1 = M_2 = M_3 = M_4 = M_5 = 0{,}0625\, q\, l^2 = 0{,}0625 \cdot 12{,}0 \cdot 4{,}50^2 = 15{,}2$ kNm

$M_b = M_c = M_d = M_e = -0{,}0625\, q\, l^2 = -0{,}0625 \cdot 12{,}0 \cdot 4{,}50^2 = -15{,}2$ kNm

d) Querkräfte (Bild 8.7d)

$V_{ar} = 19{,}1$ kN $= -V_{fl}$

$V_{bl} = 19{,}1 - 3{,}85 \cdot 12{,}0 = -27{,}0$ kN $= V_{c1} = V_{dl} = V_{el}$

$V_{br} = -27{,}0 + 54{,}0 = 27{,}0$ kN $= V_{cr} = V_{dr} = V_{er}$

9 Fachwerke

9.1 Grundlagen

Unter den im Bauwesen üblichen Tragwerken nehmen die Fachwerke eine bedeutende Stellung ein. Der Begriff Fachwerk stammt aus dem Holzbau (Fachwerkhaus). In der Statik versteht man darunter jedoch ein statisches System, das aus Längskraftstäben besteht, die in Knotenpunkten zusammengeschlossen sind. Unterschieden werden räumliche und ebene Fachwerke.

Äußerlich erinnert ein ebenes Fachwerk an eine Scheibe. In den meisten Fällen ist es auf zwei Stützen gelagert. Da aber ein anderer innerer Aufbau vorliegt, unterscheiden sich die inneren Kräfte von denen des vollwandigen Trägers auf zwei Stützen.

Das als Fachwerk definierte Stabsystem wird für die statische Untersuchung idealisiert, weil sonst seine Berechnung nur schwer möglich wäre. Folgende Eigenschaften werden vorausgesetzt:

a) starre Stäbe mit gerader Stabachse

b) reibungslose Gelenke

c) zentrische Stabanschlüsse, d. h., die Stabachsen der Stäbe eines Knotens schneiden sich in einem Punkt

d) Die Belastung, die nur aus Einzellasten bestehen soll, greift in den Knotenpunkten an.

Aufgrund dieser Voraussetzungen können Kräfte nur an den Stabenden wirken. Der Stab soll unter dem Angriff dieser beiden Kräfte im Gleichgewicht sein. Zwei Kräfte sind aber nur dann im Gleichgewicht, wenn sie in einer Wirkungslinie liegen. Diese Wirkungslinie ist beim einfachen Stab die Stabachse. Bei einem Schnitt durch den Stab erhält man nur eine Normalkraft, keine Querkraft und kein Biegemoment. Die Normalkraft wird als Stabkraft bezeichnet. Sie wird positiv (+) eingeführt, wenn der Stab gezogen wird, negativ (–), wenn er gedrückt wird. Die Stabkräfte werden üblicherweise mit Buchstaben bezeichnet, die auf die Lage Bezug nehmen; H für Horizontalkräfte, V für Vertikalkräfte (hier keine Querkraft) oder aber auch O für Obergurtkräfte, U für Untergurtkräfte usw.

Die Voraussetzungen zu b) und c) sind im Bauwerk nicht gegeben. Dort findet man statt der gelenkigen Verbindungen, z. B. im Stahlbau, Schrauben- oder Schweißverbindungen. Dadurch treten an den Stabenden Biegemomente auf, die in den Stäben zusätzliche Spannungen erzeugen. Sie sind aber gering, so dass man sie vernachlässigen kann.

Für das Stabeigengewicht lässt sich die Voraussetzung d) nicht aufrechterhalten, da es über die Stablänge verteilt ist und Biegemomente sowie Querkräfte erzeugt. Zur Vereinfachung wird das Eigengewicht als Einzellast in den Knotenpunkten angesetzt. Man hat es auch nicht mit starren Stäben zu tun; die Baustoffe sind mehr oder weniger elastisch und erleiden daher unter den auftretenden Spannungen Formänderungen. Sie sind jedoch klein, sodass für die Berechnung der Stabkräfte die geometrischen Abmessungen des unverformten Fachwerkes verwendet werden.

Am Fachwerk sind folgende Aufgaben zu lösen:

- Ermittlung der Stützkräfte
- Ermittlung der Stabkräfte
- Ermittlung der Formänderung des Fachwerks

Zur berücksichtigen sind dabei die Einflüsse aus den äußeren Belastungen und aus Temperaturunterschieden. In Abschnitt 9 werden Stütz- und Stabkräfte behandelt.

Für jedes Fachwerk wird die Unverschieblichkeit des Systems gefordert. Es darf kein Stab seine Lage gegenüber den anderen Stäben oder den Stützpunkten verändern (Formänderungen aus der Elastizität des Materials werden nicht als Lageänderungen angesehen). Wenn in einem System Stäbe ihre Lage verändern können, ist es als Tragwerk nicht brauchbar.

Verschieblich z. B. ist ein Stabviereck mit Gelenken (Bild 9.1). Es kann sich unter dem Einfluss einer waagerechten Kraft F in die gestrichelte Lage verschieben, ohne seine Stablängen zu ändern.

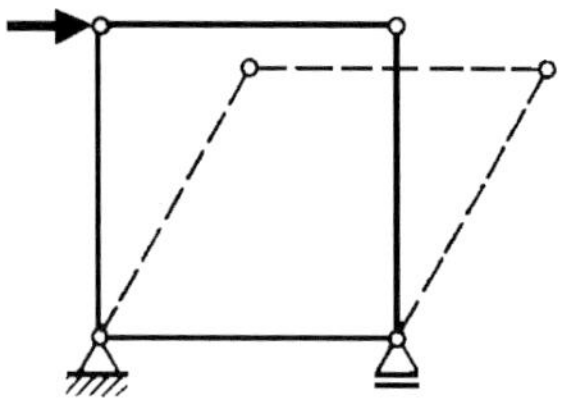

Bild 9.1

Im Zusammenhang mit der Unverschieblichkeit ist zu untersuchen, unter welchen Bedingungen ein Fachwerk als statisch bestimmt bezeichnet werden kann. Dazu wird es als Träger aufgefasst.

Die drei Gleichgewichtsbedingungen können zur Errechnung von drei unbekannten Auflagerkräften benutzt werden. Treten mehr oder weniger als drei Unbekannte auf, ist der Träger nicht mehr statisch bestimmt, sondern statisch unbestimmt bzw. überbestimmt. Die Auflagerunbekannten des Trägers gehören zu den äußeren Kräften. Deshalb spricht man auch bei der Untersuchung der Lagerung von äußerlich statisch bestimmten und unbestimmten bzw. überbestimmten Trägern. Man betrachte nun das Fachwerk selbst. Am idealisierten Fachwerk wird jeder Knotenpunkt durch die in ihm angreifenden äußeren Kräfte und durch die Stabkräfte der in ihm angeschlossenen Stäbe beansprucht. Der Knotenpunkt in sich stellt ein ebenes zentrales Kraftsystem dar, dessen Kräfte miteinander im Gleichgewicht stehen müssen. Dieses Gleichgewicht ist vorhanden, wenn die Resultierende gleich Null ist oder wenn $\sum H = 0$ und $\sum V = 0$ sind. Es lassen sich für jeden Fachwerkknoten zwei Gleichgewichtsbedingungen aufstellen und bei einem Fachwerk mit k Knoten demnach $2k$. In diesen $2k$ Gleichungen kommen außer den bekannten äußeren Kräften noch sämtliche unbekannte Stabkräfte, bei s Stäben im Fachwerk als s Unbekannte, und die Auflagerunbekannten vor. Die Zahl der Auflagerunbekannten ist abhängig von der Form der Lagerung des Fachwerks. Man setzt statisch bestimmte Lagerung voraus, also drei Auflagerunbekannte. Mithilfe der $2k$ Gleichungen müssen demnach $(s + 3)$ Unbekannte ausgerechnet werden. Formelmäßig ergibt sich

$$2k = s + 3 \quad \text{oder} \quad s = 2k - 3 \tag{9.1}$$

Gl. (9.1) stellt demnach eine Bedingung für das statisch bestimmte Fachwerk dar. Zur Vertiefung werden an drei Beispielen die Möglichkeiten

- innerlich statisch bestimmtes Fachwerk $s = 2k - 3$
- innerlich statisch unbestimmtes Fachwerk $s > 2k - 3$
- innerlich statisch überbestimmtes Fachwerk $s < 2k - 3$

dargestellt.

Bild 9.2 zeigt einen Dreieckdachbinder mit statisch bestimmter Lagerung. Die Untersuchung ergibt folgende Werte:

Stabzahl	$s = 29$;	$s = 2k - 3$
Knoten	$k = 16$;	$29 = 2 \cdot 16 - 3$
Auflagerunbekannte	3;	$29 = 29$

Das Fachwerk ist also innerlich statisch bestimmt, weil sich mit den $2k$ Gleichungen sämtliche $(s + 3)$ Unbekannten ausrechnen lassen.

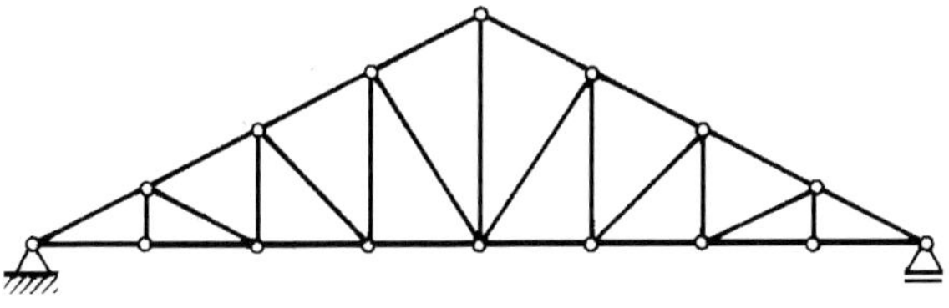

Bild 9.2

In Bild 9.3 ist ein Parallelfachwerk mit gekreuzten Diagonalen dargestellt. Beim Auszählen erhält man

Stabzahl	$s = 43$;	$s = 2k - 3$
Knoten	$k = 20$;	$43 \neq 2 \cdot 20 - 3$
Auflagerunbekannte	3;	$43 > 37$

Das Fachwerk ist demnach sechsfach statisch unbestimmt.

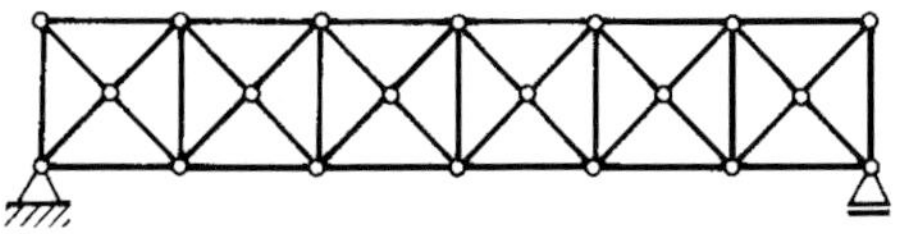

Bild 9.3

Die dritte Möglichkeit, das innerlich statisch überbestimmte Fachwerk, ist aus Bild 9.4 ersichtlich. Durch Auszählen erhält man

Stabzahl	$s = 24;$	$s = 2k - 3$
Knoten	$k = 14;$	$24 \neq 2 \cdot 14 - 3$
Auflagerunbekannte	3;	$24 < 25$

Das Fachwerk ist innerlich einfach statisch überbestimmt. Damit ist dieses System beweglich, was man sich geometrisch leicht veranschaulichen kann. Durch Einziehen eines Stabes lässt sich das in Bild 9.4 dargestellte Fachwerk in ein innerlich statisch bestimmtes verwandeln (Bild 9.5).

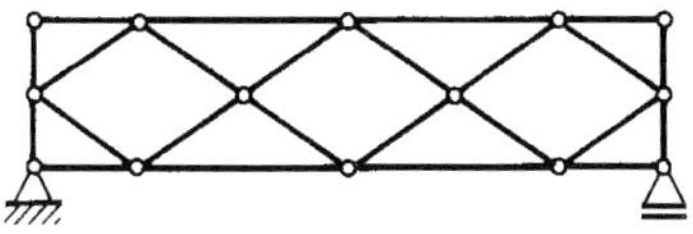

Bild 9.4

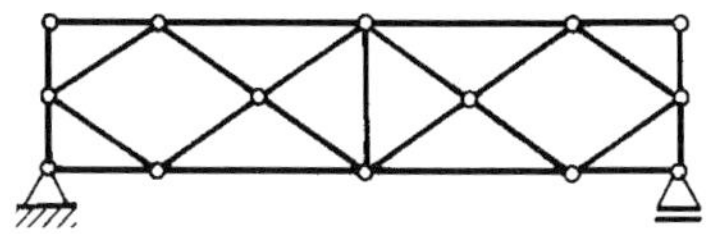

Bild 9.5

Der Nachweis der statischen Bestimmtheit bzw. Unbestimmtheit ist noch kein vollständiger Beweis für die Unverschieblichkeit. Das in Bild 9.6 dargestellte Fachwerk ist innerlich und äußerlich statisch bestimmt. Sieben Stäben und drei Auflagerunbekannten stehen 2×5 Gleichungen gegenüber. Trotzdem ist dieses Fachwerk unbrauchbar, da es innerlich verschieblich ist. Die Lageänderung der Stäbe ist unendlich klein, sie liegt in dem Knoten 1 begründet.

Eine dort angreifende lotrechte Kraft würde in den beiden angeschlossenen Stäben unendlich große Stabkräfte hervorrufen, die erst nach einer Lageänderung endliche Größen annehmen könnten.

Es gibt selbstverständlich in der Statik Methoden, mit deren Hilfe man die Unbrauchbarkeit eines Fachwerks nachweisen kann. Im Folgenden werden zwei Möglichkeiten angegeben, bei deren Anwendung es gelingt, von vornherein brauchbare Fachwerke zu konstruieren, nämlich das erste und zweite Bildungsgesetz für Fachwerke.

Das einfachste Bildungsgesetz geht von einem Stabdreieck aus und fügt einen neuen Knoten jeweils nur mit zwei Stäben an, die aber nicht in einer Geraden liegen dürfen. Bild 9.7 zeigt ein so aufgebautes Fachwerk.

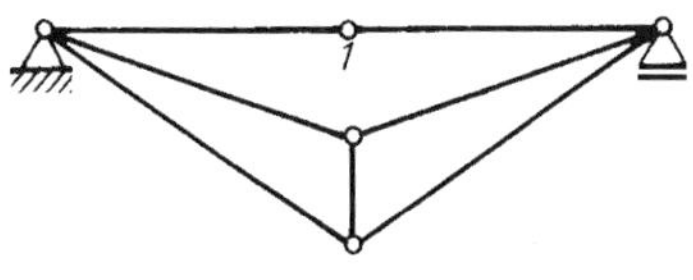

Bild 9.6

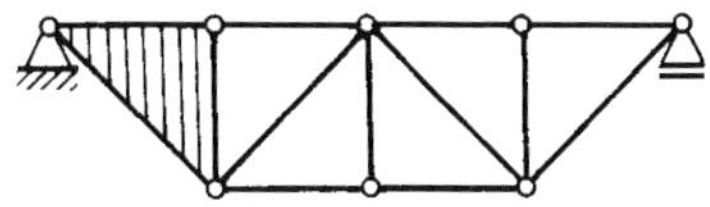

Bild 9.7

Es lässt sich nachweisen, dass ein nach diesem Bildungsgesetz aufgebautes Fachwerk unverschieblich und statisch bestimmt ist, d. h., dass es immer die Bedingung

$$s = 2k - 3$$

erfüllt (Bilder 9.8 und 9.9).

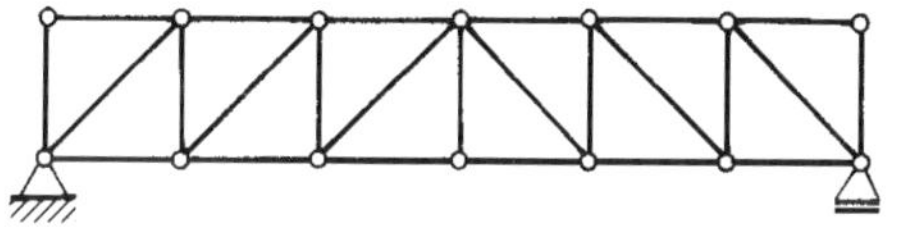

Bild 9.8

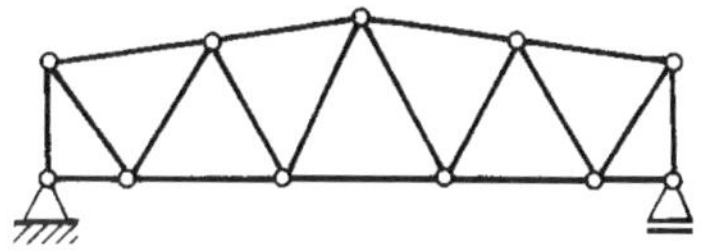

Bild 9.9

Die zweite Möglichkeit besteht in der Verbindung zweier Fachwerke, von denen jedes für sich dem ersten Bildungsgesetz genügt. Soll das neu entstehende Fachwerk statisch bestimmt und unverschieblich sein, dann muss die Verbindung durch drei Stäbe erfolgen, deren Achsen keinen gemeinsamen Schnittpunkt haben dürfen (Bild 9.10). Für zwei Stäbe kann auch ein Gelenk angeordnet werden (Bild 9.11).

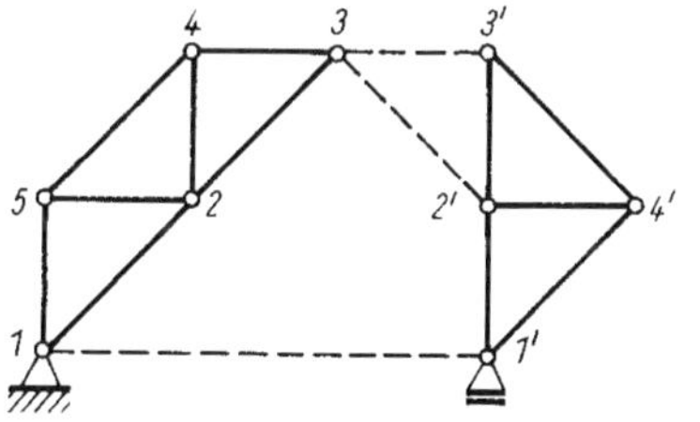

Bild 9.10

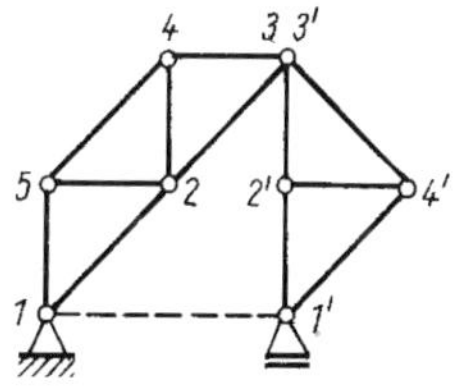

Bild 9.11

Zur Vervollständigung der Kenntnisse über das Fachwerk muss noch das Grundeck erläutert werden. Für die Stabkraftermittlung ist von Bedeutung, wie viele Stäbe von einem Knotenpunkt ausgehen.

In einem statisch bestimmten Fachwerk sind bei k Knoten insgesamt $2k - 3$ Stäbe vorhanden. Ermittelt man für jeden Knoten die Anzahl der von ihm ausgehenden Stäbe und addiert sie, dann wird man $2(2k - 3) = 4k - 6$ Stäbe erhalten. Bildet man hierauf den Durchschnitt der auf jeden Knoten kommenden Stäbe, so entfallen je Knoten rechnerisch $(4k - 6)/k = 4 - 6/k$ Stäbe.

Ist $k = 6$, wird es Knoten geben, von denen höchstens drei Stäbe ausgehen. Wird $k < 6$, so wird die durchschnittliche Stabzahl am Knoten kleiner als drei. Es gibt dann auch Knoten mit zwei Stäben.

Ein Fachwerk nach dem ersten Bildungsgesetz hat mindestens einen zweistäbigen Knoten. In einem solchen Fachwerk können nacheinander die zweistäbigen Knoten durch Wegnahme von jeweils zwei Stäben wieder entfernt werden. Dabei bleibt zuletzt ein Stab als Rest.

Bei einem anderen Aufbau des Fachwerks kommt man auf eine Figur, in der sich kein zweistabiger Knoten mehr entfernen lässt, weil nur noch Knoten vorhanden sind, von denen mindestens drei Stäbe ausgehen. Eine solche Figur nennt man Grundeck (Bild 9.12).

Zu einem Grundeck gehören, weil bei ihm von jedem Knoten wenigstens drei Stäbe ausgehen, mindestens sechs Knotenpunkte; denn nach den vorangegangenen Ausführungen nimmt für $k = 6$ der Ausdruck $4 - 6/k$ den Wert $4 - 1 = 3$ an.

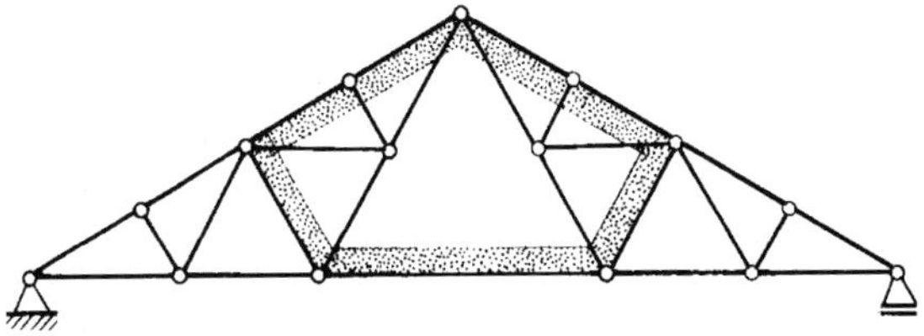

Bild 9.12

Für die Ermittlung der Stabkräfte eines Grundecks müssen besondere Methoden angewendet werden.

Das Fachwerk ist als Tragwerk überall dort anzutreffen, wo ein Träger mit vollem Querschnitt (Vollwandträger) wegen großer Spannweite und der ihm eigenen geringen Materialausnutzung unwirtschaftlich wird. Daher ist es gut geeignet als Dachbinder, Kranbahnträger, Brückenträger, Stütze, Turm usw.

Im äußeren Umriss eines Fachwerkes liegen die Gurtstäbe und Gurtknoten. Sie bilden den Ober- bzw. Untergurt. Die Einleitung der Lasten erfolgt im Lastgurt. Das Innere des Fachwerks bezeichnet man als Ausfachung, Füllung, Wand oder Gitter. Die in diesem Teil liegenden Stäbe heißen Wandstäbe (Gitterstäbe, Füllstäbe oder Ausfachungsstäbe). Je nachdem, ob der Wandstab lotrecht oder geneigt verläuft, nennt man ihn Vertikalstab (Pfosten, Ständer) bzw. Strebe (Diagonale). Die Entfernung zwischen zwei benachbarten Knotenpunkten eines Gurtes, meist des Untergurtes, ist die Feldweite.

Die verschiedenen Arten von Fachwerken ordnet man nach folgenden Gesichtspunkten ein:

1. nach der Linienführung der beiden Gurte:

   Fachwerk mit parallelen, dreieckförmigen und polygonalen Gurten

2. nach der Ausbildung der Füllung (Gitter):

   Strebenfachwerk (Bild 9.9)

   Pfosten- oder Ständerfachwerk (Bild 9.8)

   Strebenfachwerk mit Hilfspfosten (Bild 9.13)

   Strebenfachwerk mit Hilfsausfachung (Bild 9.14)

   K-Fachwerk (Bild 9.15)

   Pfostenfachwerk mit gekreuzten Stäben (Bild 9.16)

(Dieses System ist statisch unbestimmt, da es in jedem Feld eine überzählige Gegenstrebe hat.)

3. nach der Zweckbestimmung des Fachwerks:

   Dachbinder, Kranbahnträger, Brückenträger, Stützen (Türme) usw.

Nachfolgend werden verschiedene Berechnungsmethoden für Fachwerke vorgestellt.

Insbesondere bei komplizierten Fachwerken werden in heutiger Zeit auch bei statischer Bestimmtheit Computerprogramme eingesetzt. Verwendung finden dabei häufig Stabwerksprogramme, seltener spezielle Fachwerkprogramme.

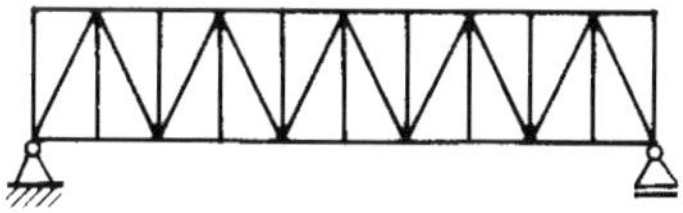

Bild 9.13

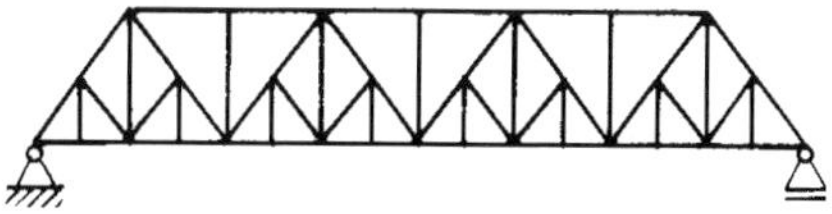

Bild 9.14

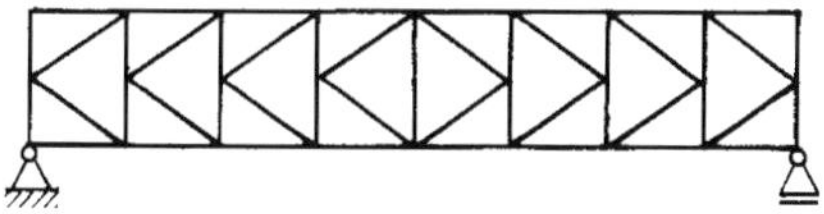

Bild 9.15

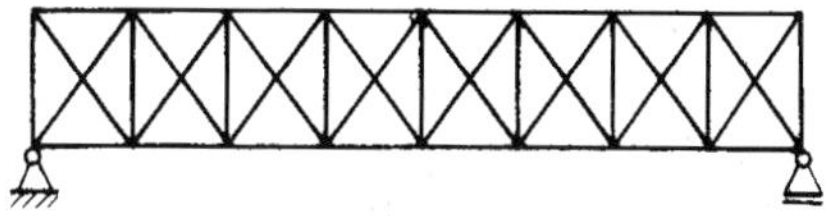

Bild 9.16

Soll das zu berechnende System ein statisch bestimmtes Fachwerk bleiben, sind die Knoten gelenkig zu definieren. Im Rahmen dieses Buches kann nicht auf die Spezifika verschiedener Programme eingegangen werden. Folgender Sachverhalt soll jedoch erläutert werden.

In der Programmeingabe ist meistens der Stabanschluss an den Knoten zu definieren, das heißt, der Stab wird vom Knoten und nicht vom nächsten Stab abgetrennt (Bild 9.17). Der einzelne Knoten muss jedoch an mindestens einem Stab fest angeschlossen bleiben (Bild 9.17b). Er darf sich nicht durch „nur“ gelenkig angeschlossene Stäbe (Bild 9.17c) verdrehen können.

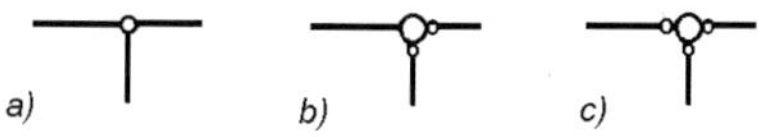

Bild 9.17

9.2 Cremonaplan

Für die Ermittlung der Stabkräfte eines Fachwerkes eignen sich zeichnerische Verfahren in Form von Kräfteplänen gut. Je nach dem Ziel verwendet man den Knoten-Kräfteplan, mit dem nur die Kräfte der in einem Knoten zusammenlaufenden Stäbe ermittelt werden können, während die Bestimmung sämtlicher Stabkräfte mit dem Cremona-

Kräfteplan erfolgt, der lediglich eine sehr zweckmäßige Zusammenfassung aller Knoten-Kräftepläne darstellt.

Bevor die Stabkräfte als innere Kräfte eines Fachwerkes ermittelt werden können, müssen alle äußeren Kräfte bekannt sein. Zuerst sind daher die Auflagerkräfte mit Hilfe der Gleichgewichtsbedingungen zu bestimmen, wobei genauso verfahren wird wie beim vollwandigen Träger.

Zum Zeichnen eines Knoten-Kräfteplanes löst man den Knoten durch einen gedachten Rundschnitt aus dem Fachwerk. An ihm wirken bekannte äußere Kräfte und außerdem die unbekannten Stabkräfte der im Knoten zusammenlaufenden Stäbe. Diese Kräfte müssen im Gleichgewicht stehen. Es sind daher mehrere bekannte Kräfte, die auch durch eine Kraft ersetzt werden können, mit den unbekannten Stabkräften (deren Wirkungslinien durch die Stabachsen vorgegeben sind) ins Gleichgewicht zu setzen. Diese Aufgabe kann eindeutig gelöst werden, wenn höchstens zwei Stabkräfte unbekannt sind. Das ist stets der Fall, wenn das betreffende Fachwerk nach dem ersten Bildungsgesetz aufgebaut ist und mit der Untersuchung an einem zweistäbigen Knoten begonnen wird.

Für das in Bild 9.18 dargestellte Fachwerk wurden zur Erläuterung die Kräftepläne der Knoten *a, 1* und *2* gezeichnet. Es ist wichtig, beim Zeichnen eines solchen Planes die Kräfte in einer bestimmten Reihenfolge aufzutragen. Man beginnt mit den bekannten Kräften und trägt zuletzt die Wirkungslinien der unbekannten Kräfte am Anfangs- bzw. Endpunkt an. Jeder Knoten-Kräfteplan stellt eine Gleichgewichtsaufgabe eines ebenen zentralen Kraftsystems dar.

Die Art der Stabkraft erkennt man aus der Pfeilrichtung im Kräfteplan. Zeigt die in den Lageplan übertragene Pfeilrichtung zum untersuchten Knoten hin, dann liegt eine Druckkraft vor; zeigt sie vom Knoten weg, so herrscht Zug im Stab. Die Pfeilrichtung kennzeichnet demnach die Wirkung des Stabes auf den Knoten. Im Einzelnen ergeben sich folgende Schritte, nach dem die Auflagerkräfte mit $A = B = 100$ kN ermittelt wurden.

Knotenpunkt a:

Hier kann begonnen werden, da nur zwei unbekannte Stabkräfte wirken. Man trägt A auf, fügt an den Endpunkt von A die Parallele zur Wirkungslinie von O_1 und im Anfangspunkt die von U_1 an. Da Gleichgewicht herrschen soll, müssen im Krafteck alle Pfeile in einem Sinn laufen. Die Übertragung der Richtungspfeile in den Rundschnitt oder Lageplan zeigt, dass $O_1 = -141$ kN (Druckstab) und $U_1 = 100$ kN (Zugstab) wird.

Knotenpunkt 1:

Es sind nur zwei Stabkräfte U_2 und V_1 unbekannt. Man trägt die Kräfte in der Reihenfolge rechts um den Knoten herum auf, mit den bekannten Kräften beginnend (zuerst $P = 40$ kN, dann folgt U_1, jetzt nach links, da es vom Knoten wegzieht, danach die Wirkungslinie von V_1 und zuletzt die von U_2 durch den Anfangspunkt des Kräftezuges). Die Übertragung der Richtungspfeile in den Lageplan ergibt

U_2 = +100 kN (Zug) ; V_1 = +40 kN (Zug)

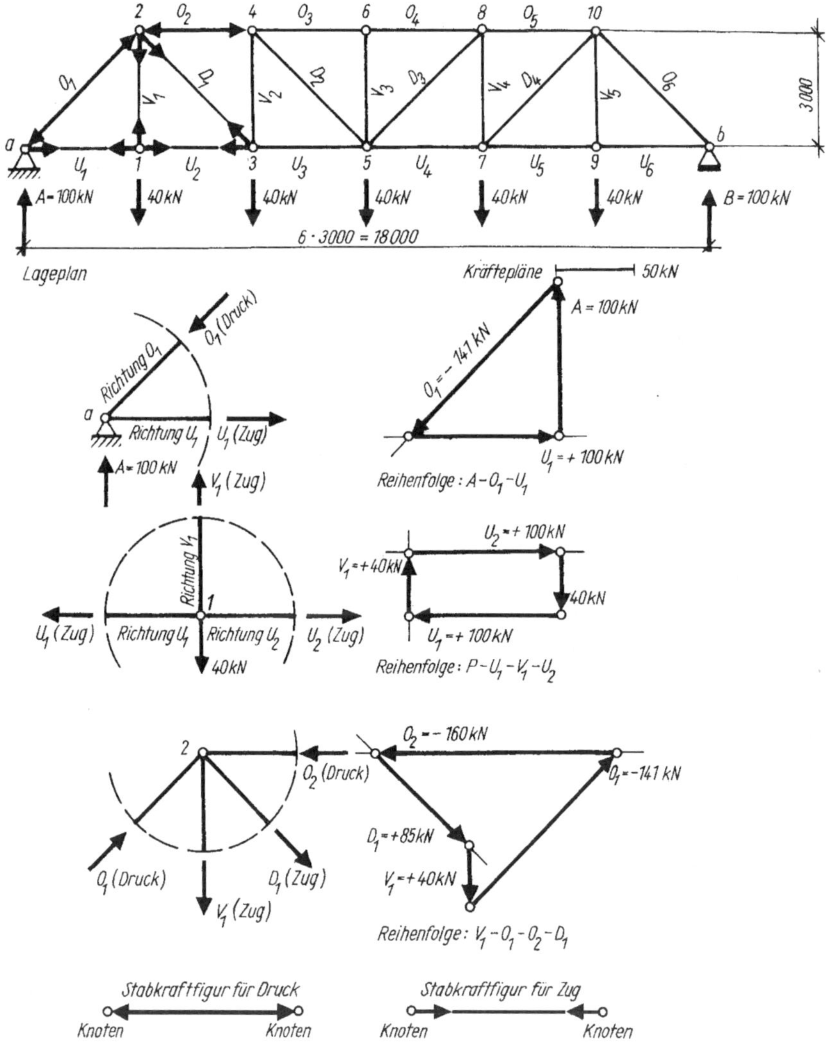

Bild 9.18

Knotenpunkt 2:

Hier kann jetzt fortgefahren werden, da nach der Bestimmung von V_1 nur noch zwei Stabkräfte O_2 und D_1 unbekannt sind, Reihenfolge $V_1 - O_1 - O_2 - D_1$, rechts um den Knoten herumlaufend. Die Übertragung der Richtungspfeile in den Rundschnitt ergibt

$$O_2 = -160 \text{ kN (Druck)} \quad \text{und} \quad D_1 = +85\text{kN (Zug)}$$

In der gleichen Weise könnte man für jeden Knoten einen Kräfteplan zeichnen. Um die Wirkung einer Stabkraft auf die beiden Knoten zu erkennen, bringt man am besten nach ihrer Ermittlung sofort die Gegenpfeilspitzen im Lageplan an. Für Druck- bzw. Zugstäbe ergeben sich die in Bild 9.18 unten dargestellten Symbole.

Beim Zeichnen einzelner Knoten-Kräftepläne kommen die Stabkräfte zweimal vor, weil sie zwischen zwei Knotenpunkten wirken und daher auch in den Kräfteplänen dieser beiden Knoten erscheinen. Gelingt es, die einzelnen Knoten-Kräftepläne so aneinanderzureihen, dass jede Stabkraft nur einmal erscheint und außerdem für alle Knotenpunkte ein fortlaufender Kräfteplan gezeichnet werden kann, dann entsteht der Cremonaplan.

Die Aufzeichnung eines solchen Kräfteplanes ist an zwei Regeln gebunden.

Erste Regel (Wahl des Umlaufsinnes am Fachwerk): Die äußeren Kräfte sind in einer bestimmten Reihenfolge anzutragen. Der Umfahrungssinn kann frei gewählt werden, nur muss man ihn dann während der ganzen Untersuchung beibehalten. Man beginnt mit einer äußeren Kraft und umfährt das gesamte Fachwerk, dabei die Auflagerkräfte, die vorher bestimmt werden müssen, mit einbeziehend.

Zweite Regel (Umlaufsinn in den Kraftecken): Nach dem Aufzeichnen sämtlicher äußeren Kräfte wird für jeden Knotenpunkt der ihm zugehörige Kräfteplan gezeichnet, der gewissermaßen in den Linienzug der äußeren Kräfte „eingehängt" wird. Beim Zeichnen dieses Kräfteplanes muss der nach der ersten Regel gewählte Umlaufsinn beibehalten werden, d. h., die Kräfte am Knoten sind so aneinanderzureihen, wie wir beim Herumgehen um den Knoten auf sie treffen.

Dagegen besteht für die Reihenfolge der Knoten keine Vorschrift. Lediglich dürfen im Knoten nur zwei unbekannte Stabkräfte auftreten.

Für das in Bild 9.19 dargestellte Fachwerk allgemeiner Form wird die Anwendung gezeigt:

1. Auflagerkräfte

$$\sum M_b = 0 \; ; \qquad A \cdot 9{,}8 - 10 \cdot 6{,}7 - 10 \cdot 5{,}3 - 50 \cdot 4{,}1 - 30 \cdot 0{,}4 = 0$$

$$A = +34{,}4 \text{ kN} \; ; \qquad B = 100 - 34{,}4 = 65{,}6 \text{ kN}$$

2. Kräftemaßstab

Man legt ihn nach der Größe der zu erwartenden Kräfte fest. Für das Beispiel entspricht 1 cm der Länge von 10 kN.

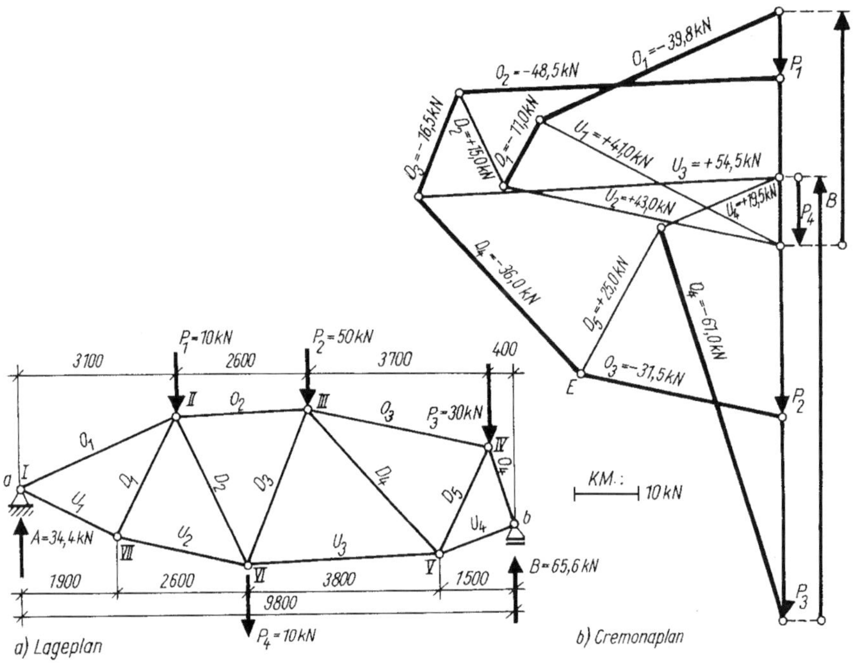

Bild 9.19

3. Cremonaplan

Umlaufsinn am Fachwerk: Uhrzeigersinn, beginnend bei P_1 = 10 kN, daher Reihenfolge der äußeren Kräfte $P_1 - P_2 - P_3 - B - P_4 - A$.

Reihenfolge der Knoten – Kraftepläne

Knoten *I*:	beginnend mit *A*, weiter zu O_1 und U_1; Richtung für O_1, zum Knoten *I* hinzeigend (Druckkraft), für U_1, vom Knoten *I* wegzeigend (Zugkraft)	O_1 = –39,8 kN U_1 = +41,0 kN
Knoten *VII*:	beginnend mit U_1, weiter zu $D_1 - U_2$; Richtung für D_1, zum Knoten *VII* hinzeigend (Druckkraft), für U_2, vom Knoten *VII* wegzeigend (Zugkraft)	D_1 = –11,0 kN U_2 = +43,0kN
Knoten *II*:	beginnend mit D_1, weiter zu $O_1 - P_1 - O_2 - D_2$; Richtung für O_2, zum Knoten *II* hinzeigend (Druckkraft), für D_2, vom Knoten *II* wegzeigend (Zugkraft)	O_2 = –48,5 kN D_2 = +15,0 kN
Knoten *VI*:	beginnend mit P_4, weiter zu $U_2 - D_2 - D_3 - U_3$; Richtung für D_3, zum Knoten *VI* hinzeigend(Druckkraft), für U_3, vom Knoten *VI* wegzeigend (Zugkraft)	D_3 = –16,5 kN U_3 = +54,5 kN

Knoten *III:*	beginnend mit D_3, weiter zu $O_2 - P_2 - O_3 - D_4$; Richtung O_3, zum Knoten *III* hinzeigend (Druckkraft), für D_4, zum Knoten *III* hinzeigend (Druckkraft)	$O_3 = -31{,}5$ kN $D_4 = -36{,}0$ kN
Knoten *IV:*	beginnend mit O_3, weiter zu $P_3 - O_4 - D_5$; Richtung für O_4, zum Knoten *IV* hinzeigend (Druckkraft), für D_5, vom Knoten *IV* wegzeigend (Zugkraft)	$O_4 = -61{,}0$ kN $D_5 = +25{,}0$ kN
Knoten *b:*	beginnend mit O_4 weiter zu $B - U_4$; Richtung für U_4, vom Knoten *b* wegzeigend (Zugkraft). Dieser Knoten gibt die erste Kontrolle. Wenn richtig gezeichnet wurde, muss die im Kräfteplan zum Stab U_4 im Netzbild gezeichnete Parallele durch den im Kräfteplan festliegenden Endpunkt des Auflagerwiderstandes *B* und den Schnittpunkt der Stabkräfte D_5 und O_4 laufen.	$U_4 = +19{,}5$ kN
Knoten *V:*	Da schon sämtliche Stabkräfte gewonnen wurden, erübrigt sich die Behandlung dieses Knotens.	

Im Cremonaplan trägt man bei den Stabkräften keine Pfeilspitzen ein, jedoch kann man Zug- und Druckkräfte durch die Strichstärke unterscheiden. Jede Stabkraft wird zweimal durchlaufen, jeweils mit der Wirkungsrichtung, die dem betrachteten Knoten zukommt. Beim letzten Knoten sind bereits alle Stabkräfte bekannt, die Seiten dieses Kraftecks müssen den entsprechenden Stäben im Lageplan parallel sein. Man sagt, der Cremonaplan schließt sich. Dieses Schließen stellt eine Kontrolle für die Richtigkeit und Genauigkeit der Lösung dar.

Betrachtet man den Lageplan einerseits (Bild 9.19a) und den Cremonaplan andererseits (Bild 9.19b), dann erkennt man, dass zu jedem Knotenpunkt ein Kräftepolygon gehört, z. B.:

(Lageplan):	(Cremonaplan)
Knotenpunkt *I*	Polygon $A - O_1 - U_1$
Knotenpunkt *II:*	Polygon $P_1 - O_2 - D_2 - D_1 - O_1$
Knotenpunkt *III:*	Polygon $P_2 - O_3 - D_4 - D_3 - O_2$
Knotenpunkt *IV:*	Polygon $P_3 - O_4 - D_5 - O_3$ usw.

Umgekehrt kann man im Cremonaplan einen beliebigen Eckpunkt entnehmen und wird dazu im Netzbild ein Vieleck feststellen. So gehört z. B. zum Eckpunkt *E* des Cremonaplanes im Netzbild das Dreieck aus den Stäben $O_3 - D_4 - D_5$, die in *E* zusammentreffen. Diese wechselseitige Beziehung hat auch zur Bezeichnung „reziproker Kräfteplan“ geführt.

Für ein Fachwerk mit symmetrischem Aufbau und symmetrischer Belastung erhält man einen symmetrischen Cremonaplan. Dessen Symmetrieachse liegt gegenüber derjenigen des Fachwerkes, um 90° gedreht. Es genügt dann, den Cremonaplan bis zur Symmetrieachse zu zeichnen, da auch die Stabkräfte im Fachwerk die Symmetriebedingungen erfüllen.

Stäbe eines Fachwerkes, die unter einer vorliegenden Belastung nicht beansprucht werden, nennt man Nullstäbe. Es ist von Vorteil, solche Stäbe bereits vor der Stabkraftermittlung zu erkennen. Nullstäbe ergeben sich unter den folgenden Bedingungen:

a) In einem Knoten treffen nur zwei Stäbe zusammen. Der Knoten ist unbelastet. Beide Stäbe sind Nullstäbe (s. Bild 9.20, Stäbe V_1 und O_1).

b) In einem Knoten treffen nur zwei Stäbe zusammen. Der Knoten ist so belastet, dass die Last in Richtung eines Stabes wirkt. Der andere Stab ist dann ein Nullstab (s. Bild 9.20, Stab O_4).

c) In einem Gurtknoten trifft nur ein Füllstab allein mit den Gurtstäben zusammen. Die Gurtstäbe liegen in einer Wirkungslinie. Der Knoten ist unbelastet. Der Füllstab ist ein Nullstab (s. Bild 9.20, Stab V_2, und Bild 9.21, Stab D_1).

d) In einem Gurtknoten treffen Füllstäbe, die von anderen Knotenpunkten herkommend schon Null sind, außer mit den Gurtstäben nur noch mit einem Füllstab zusammen. Die Gurtstäbe liegen in einer Wirkungslinie. Der Knoten ist unbelastet. Der Füllstab ist ein Nullstab (s. Bild 9.21, Stab D_2; der Stab D_1 ist bereits Null; er kommt von einem Knoten her, wo er nach c) Null wird; das gleiche trifft für die Stäbe D_3 und D_4 zu).

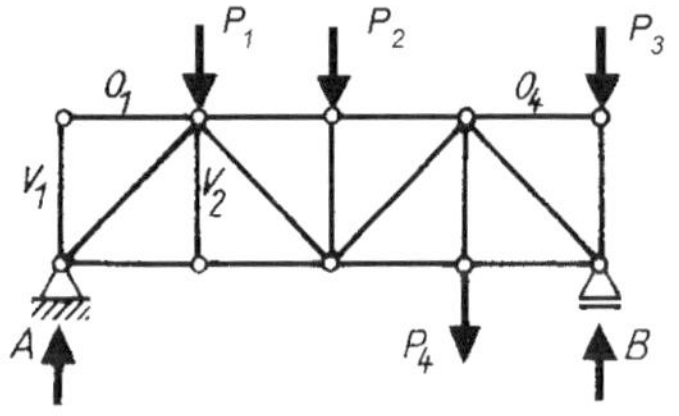

Bild 9.20

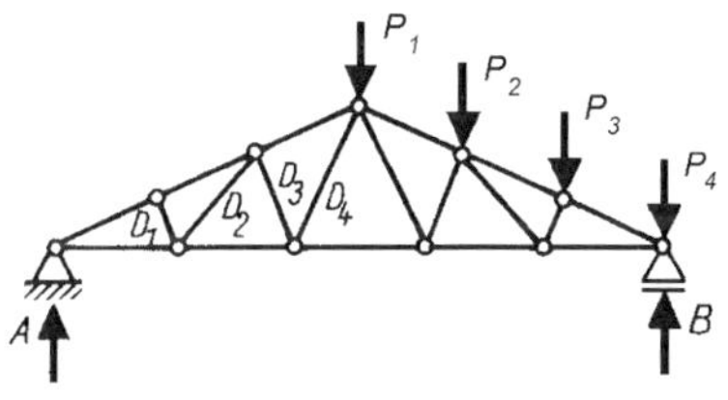

Bild 9.21

9.3 Analytische Bestimmung der Stabkräfte nach *Ritter*

Zur rechnerischen Ermittlung von Stabkräften legt man durch die jeweiligen Stäbe des Fachwerkes gedachte Schnitte (Bild 9.22a zeigt die Schnittlinie *a – a,* die durch die Stäbe O_2, D_1 und U_1 verläuft). Es muss sowohl das ganze Fachwerk als auch jeder abgeschnittene Teil im Gleichgewicht sein. Dazu sind die durch den Schnitt unterbrochenen inneren Kräfte mit anzutragen. Sie erscheinen jetzt am weggerückten Fachwerksteil als äußere Kräfte (Bilder 9.22b und c). Ihre Wirkungslinien sind durch die Stabachsen vorgegeben, dagegen sind Größe und Richtung unbekannt. Man führt sie zunächst als Zugkräfte (Bilder 9.22b und c) in die Rechnung ein. Diese Annahme wird durch das Vorzeichen am Ende der Rechnung bestätigt (+) oder korrigiert (–). Aus den Gleichgewichtsbedingungen, die für den abgeschnittenen Fachwerksteil aufgestellt werden, lassen sich die Stabkräfte berechnen. Da nur drei Bedingungen zur Verfügung stehen, kann man mit jedem Schnitt höchstens drei Stabkräfte bestimmen.

Voraussetzung ist, dass vor Beginn der Berechnung die Auflagerwiderstände ermittelt worden sind. Auch für die Berechnung der Stabkräfte können die drei Gleichgewichtsbedingungen verschieden kombiniert werden.

Besonders vorteilhaft erweisen sich drei Momentenbedingungen der Form

$$\sum M_I = 0 \;; \qquad \sum M_{II} = 0 \;; \qquad \sum M_{III} = 0$$

Als Bezugspunkte werden die drei endlichen Schnittpunkte von je zwei der gesuchten Stabkräfte gewählt. Es entstehen dann drei Gleichungen, in denen jeweils eine gesuchte Stabkraft als einzige Unbekannte auftritt. Das Verfahren, gerade diese Bezugspunkte zu wählen, heißt Rittersche Methode bzw. Rittersches Schnittverfahren.

Die Anwendung soll an Hand des Beispiels in Bild 9.21 gezeigt werden.

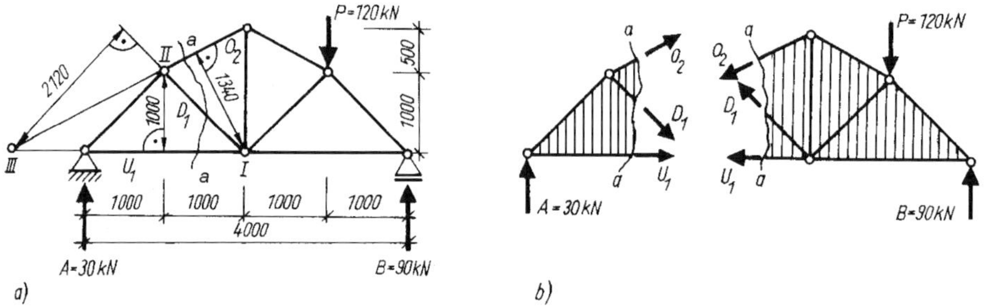

Bild 9.22

1. Auflagerkräfte

$$A \cdot 4{,}0 - 120 \cdot 1{,}0 = 0\;; \qquad A = 30 \text{ kN}$$

$$-B \cdot 4{,}0 + 120 \cdot 3{,}0 = 0\;; \qquad B = 90 \text{ kN}$$

2. Stabkräfte O_2, D_1, U_1

Durch das Fachwerk wird der Schnitt *a – a* gelegt. Für den linken Fachwerksteil wird die Bedingung $\sum M = 0$ für die Punkte *I, II* und *III* angewendet.

$$\sum M_I = 0: \qquad A \cdot 2{,}0 + O_2 \cdot 1{,}34 + D_1 \cdot 0 + U_1 \cdot 0 = 0\;; \qquad O_2 = -45 \text{ kN}$$

$$\sum M_{II} = 0: \qquad A \cdot 1{,}0 + O_2 \cdot 0 + D_1 \cdot 0 - U_1 \cdot 1{,}0 = 0\;; \qquad U_1 = +30 \text{ kN}$$

$$\sum M_{III} = 0: \qquad -A \cdot 1{,}0 + D_1 \cdot 2{,}12 + O_2 \cdot 0 + U_1 \cdot 0 = 0\;; \qquad D_1 = +14 \text{ kN}$$

Für den rechten Fachwerksteil würden die Gleichgewichtsbedingungen lauten, wenn die drei gesuchten Stabkräfte zunächst als Zugkräfte eingeführt werden:

$\sum M_I = 0$: $\quad -O_2 \cdot 1{,}34 + 120 \cdot 1{,}0 - 90 \cdot 2{,}0 = 0$; $\quad O_2 = -45$ kN ;

$\sum M_{II} = 0$: $\quad +U_1 \cdot 1{,}00 + 120 \cdot 2{,}0 - 90 \cdot 3{,}0 = 0$; $\quad U_1 = +30$ kN ;

$\sum M_{III} = 0$: $\quad -D_1 \cdot 2{,}12 + 120 \cdot 4{,}0 - 90 \cdot 5{,}0 = 0$; $\quad D_1 = +14$ kN

In beiden Fällen erhält man die gleichen Ergebnisse.

Eingangs wurden die Kräfte der geschnittenen Stäbe am betrachteten Tragwerksteil als Zugkräfte eingeführt. Ein positives Vorzeichen des Ergebnisses bestätigt die angenommene Kraftrichtung, während ein Minuszeichen die Richtung umkehrt und damit einen Druckstab kennzeichnet. Das Vorzeichen des Ergebnisses charakterisiert daher die Stabkraft im Sinne der erfolgten Definition.

Bei der Aufstellung der Gleichgewichtsbedingungen $\sum M = 0$ ist besonders auf den Drehsinn der Momente der Kräfte zu achten. Es müssen alle äußeren Kräfte am abgeschnittenen Tragwerksteil berücksichtigt werden, sowohl die Lasten und Auflagerkräfte als auch die durch den Schnitt zu äußeren Kräften gewordenen unbekannten Stabkräfte.

Zur Ermittlung aller anderen Stabkräfte legt man ebenfalls Schnitte durch das Fachwerk, wobei das Ziel sein muss, durch geschickte Anwendung der Gleichgewichtsbedingungen mit wenig Rechenaufwand auszukommen. Einige Hinweise dafür enthält der folgende Abschnitt.

9.4 Analytische Bestimmung der Stabkräfte mit dem Rundschnittverfahren

Es gibt Fachwerke, bei denen sich die Momentenbedingungen für einzelne Stäbe nicht so einfach anwenden lassen. In diesen Fällen verwendet man Komponentenbedingungen, wobei neben Schnitten, die durch das ganze Fachwerk laufen, auch Rundschnitte gelegt werden, die einzelne Knotenpunkte oder Teile des Fachwerkes herauslösen. Beide Möglichkeiten sollen für das Fachwerk in Bild 9.23 gezeigt werden.

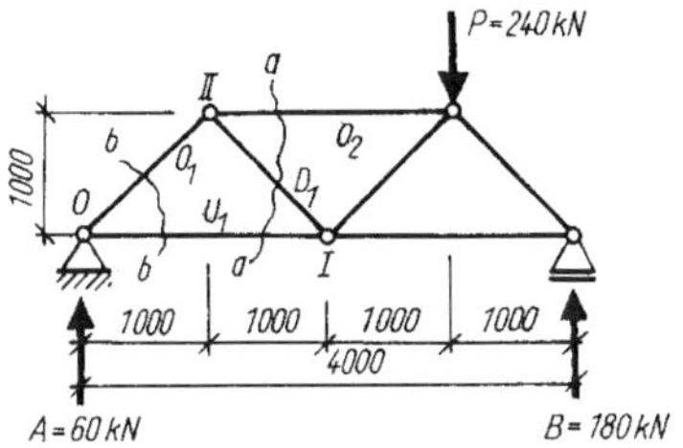

Bild 9.23

Der Schnitt $a - a$ trifft die drei Stäbe U_1, D_1 und O_2. Die Stabkraft O_2 lässt sich aus der Bedingung $\sum M_I = 0$ berechnen, ebenso U_1 aus $\sum M_{II} = 0$. Auch für D_1 lässt sich eine Momentenbedingung verwenden, indem z. B. der Bezugspunkt 0 im Auflager gewählt wird. Da O_2 bereits ermittelt wurde, erscheint D_1 als einzige Unbekannte in der Gleichung. Man kann jedoch auch eine der Bedingungen $\sum V = 0$ oder $\sum H = 0$ anwenden. Besonders vorteilhaft wird $\sum V = 0$ für die Bestimmung von D_1, denn die mitgeschnittenen Stäbe O_2 und U_1 verlaufen horizontal, und damit wird deren V-Komponente zu Null. Für die drei Stabkräfte erhält man demnach

$\sum M_I = 0$: $A \cdot 2{,}0 + 0_2 \cdot 1{,}0 = 0$ $O_2 = -120$ kN ;

$\sum M_{II} = 0$: $A \cdot 1{,}0 - U_1 \cdot 1{,}0 = 0$ $U_1 = +60$ kN ;

$\sum M_0 = 0$: $D_1 \cdot 4{,}41 + 0_2 \cdot 1{,}0 = 0$ $D_1 = +85$ kN oder

$\sum V = 0$: $A - D_1 \cdot \sin 45° = 0$; $D_1 = +85$ kN

Trennt man einen Knoten durch einen Rundschnitt vom Fachwerk (Bild 9.23, Linie $b - b$), dann stehen nur die zwei Gleichgewichtsbedingungen des ebenen zentralen Kraftsystems zur Verfügung ($\sum V = 0$ und $\sum H = 0$). Man bestimmt zunächst O_1 aus der Bedingung $\sum V = 0$.

$\sum V = 0$: $A + O_{1v} = 0$; $O_{1v} = O_1 \sin 45°$ $O_1 = -85$ kN ;

$\sum H = 0$: $U_l + O_{1h} = 0$; $O_{1h} = O_1 \cos 45°$ $U_1 = +60$ kN

Auch in diesem Fall hätte man an Stelle der Komponentenbedingungen zweimal $\sum M = 0$ verwenden können, wobei jedesmal der Momentenbezugspunkt auf die Wirkungslinie einer Stabkraft gelegt wird. Die beiden Gleichgewichtsbedingungen lauten dann

$\sum M_I = 0$: $A \cdot 2{,}0 + O_1 \cdot 1{,}41 = 0$; $O_1 = -85$ kN ;

$\sum M_{II} = 0$: $A \cdot 1{,}0 - U_1 \cdot 1{,}00 = 0$; $U_1 = +60$ kN

Man erkennt, dass sich die Stabkräfte mit verschiedenen Anwendungsformen der Gleichgewichtsbedingungen berechnen lassen. Es kommt nur darauf an, die zweckmäßigste Reihenfolge und Methode anzuwenden, um stets nur eine Gleichung mit einer Unbekannten lösen zu müssen.

9.5 Berechnung der Stabkräfte von Fachwerken mit horizontalen, parallelen Gurten bei lotrechten Lasten

Nach den bisher gezeigten Verfahren lassen sich die Stabkräfte für jedes Fachwerk 1. Ordnung berechnen, ganz gleich, welche Richtung dabei die äußeren Kräfte haben. Bei praktischen Aufgaben haben wir es aber überwiegend mit lotrechten Lasten zu tun. Da parallelgurtige Fachwerke ebenfalls oft angewendet werden, lohnt es sich, dafür Formeln abzuleiten und anzuwenden, zumal diese auf bekannte Beziehungen führen.

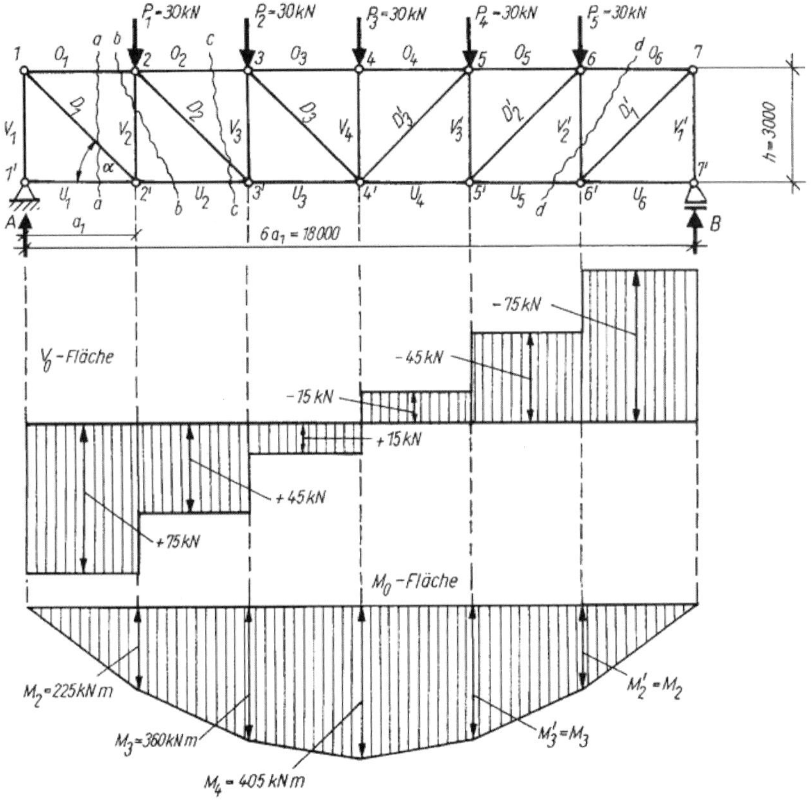

Bild 9.24

Bild 9.24 zeigt ein entsprechendes Fachwerk. Zunächst sollen Stabkräfte in allgemeiner Form bestimmt und anschließend erst mit den eingezeichneten Maßen und Lasten gerechnet werden.

Der Schnitt $c-c$ trifft die Stäbe O_2, D_2 und U_2. Zur Bestimmung von O_2 wird angesetzt (mit Bezugspunkt 3′ als Schnittpunkt von D_2 und U_2):

$$\sum M_3' = 0: \qquad O_2 h + A2_{a_1} - P_1 a_1 = 0\,; \qquad O_2 = -\frac{A2a_1 - P_1 a_1}{h}$$

Der Zähler des Bruches entspricht genau dem Biegemoment eines Ersatzträgers für den Punkt 3′ mit der gleichen Stützweite und den gleichen Lasten. Man gibt diesen Werten, die sich wie bei einem gewöhnlichen Träger ermitteln lassen, den Index 0 und erhält damit:

$$O_k = -\frac{M_{0k+1}}{h} \tag{9.2}$$

Für die Bestimmung von U_2 wird angesetzt

$$\sum M_2 = 0: \qquad -U_2\,h + A\,a_1 = 0\,; \qquad U_2 = \frac{A\,a_1}{h}\,; \qquad U_k = \frac{M_{0k}}{h} \tag{9.3}$$

Die Stabkraft D_2 berechnet man mit der Gleichgewichtsbedingung $\sum V = 0$. In dieser Gleichung erscheinen O_2 und U_2 nicht, da sie horizontal gerichtet sind. Von D_2 erscheint die V-Komponente $D_{2v} = D_2 \sin \alpha$.

$$\sum V = 0: \qquad A - P_1 - D_2 \sin \alpha = 0\,; \qquad D_2 = \frac{A - P_1}{\sin \alpha}$$

Der Zähler entspricht der Querkraft zwischen den Punkten 2 und 3 eines Ersatzträgers auf zwei Stützen. Man kann also wieder schreiben:

$$D_k = \pm \frac{Q_{0k}}{\sin \alpha} \tag{9.4}$$

α ist dabei der Winkel, den der Diagonalstab mit der horizontalen Richtung einschließt und V die Querkraft des Ersatzträgers und hier nicht zu verwechseln mit den Vertikalkräften. Bei der Anwendung der letzten Gleichung ist auf das Vorzeichen zu achten. Ob ein Zug- oder Druckstab vorliegt, hängt von der Lage des Diagonalstabes und der Richtung der Querkraft V_0 ab. Man kommt hier immer durch Überlegung zuverlässig zum Ziel. Man erkennt verhältnismäßig leicht, wie die Diagonalstabkraft auf den abgeschnittenen betrachteten Tragwerksteil wirken muss, damit $\sum V = 0$ wird. In Bild 9.24 sind alle Diagonalen Zugstäbe. Wären sie für die gleiche Belastung nach der Fachwerkmitte zu steigend angeordnet, dann entstünden Druckstäbe.

Zur Untersuchung der Vertikalstäbe muss man die Schnitte ähnlich $b - b$ oder $d - d$ legen. Auch hier zieht man $\sum V = 0$ zur Berechnung heran. Für V_3 erhält man damit

$$\sum V = 0: \qquad A - P_1 + V_3 = 0\,; \qquad V_3 = -(A - P_1)$$

Die rechte Seite der Gleichung entspricht der Querkraft eines Trägers auf zwei Stützen in dem Bereich, wo der Lastgurt geschnitten wird.

$$V_k = \pm V_{0k-1} \tag{9.5}$$

Das Vorzeichen wird wieder durch Überlegung gefunden. Es wird von den gleichen Faktoren beeinflusst wie bei den Diagonalstäben. Bei Fachwerken der angeführten Art können die Füllstäbe nicht alle ein gleiches Vorzeichen haben. Entweder sind die Diagonalen Zugstäbe und die Vertikalen Druckstäbe (Bild 9.24) oder umgekehrt. Die letzte Gleichung lässt sich meist nicht für den mittleren und die beiden äußeren V-Stäbe verwenden. Die Kräfte dieser Stäbe sind nach einem der gezeigten Verfahren zu bestimmen (Rundschnitt). Ähnliche Gleichungen lassen sich für alle Fachwerke ableiten.

Am Beispiel des in Bild 9.24 dargestellten einfachen Parallelfachwerk soll die Bestimmung der Stabkräfte aus den Schnittgrößen erläutert werden. Der besseren Übersicht wegen sollen dabei die Schnittgrößen für den Ersatzträger zuerst errechnet werden.

1. Auflagerkräfte

$A = B = 75$ kN ; $\alpha = 45°$; $\sin\alpha = 0{,}707$

2. Querkräfte

$V_{1r} = V_{2l} = -V_{6r} = -V_{7l} = 75$ kN ; Feld 1 ... 2 (6 ... 7)

$V_{2r} = V_{3l} = -V_{5r} = -V_{6r} = 45$ kN ; Feld 2 ... 3 (5 ... 6)

$V_{3r} = V_{4l} = -V_{4r} = -V_{5l} = 15$ kN ; Feld 3 ... 4 (4 ... 5)

3. Biegemomente

$M_2 = 75 \cdot 3{,}0 = 225 \text{ kNm} = M_6$

$M_3 = 75 \cdot 6{,}0 - 30 \cdot 3{,}0 = 360 \text{ kNm} = M_5$

$M_4 = 75 \cdot 9{,}0 - 30\,(6{,}0 + 3{,}0) = 405 \text{ kNm}$

4. Stabkräfte

a) Gurtstabkräfte

$U_1 = 0$

$$U_2 = +\frac{M_2}{h} = \frac{225}{3{,}0} = +75 \text{ kN}$$

$$U_3 = +\frac{M_3}{h} = \frac{360}{3{,}0} = +120 \text{ kN}$$

$$O_1 = -\frac{M_2}{h} = -\frac{225}{3{,}0} = -75 \text{ kN}$$

$$O_2 = -\frac{M_3}{h} = -\frac{360}{3{,}0} = -120 \text{ kN}$$

$$O_3 = -\frac{M_4}{h} = -\frac{405}{3{,}0} = -135 \text{ kN}$$

b) Vertikalstabkräfte

$V_{1,\,\text{Stab}} = -A = -75$ kN ; $V_{3,\,\text{Stab}} = -V_{3l} = -45$ kN

$V_{2,\,\text{Stab}} = -V_{2l} = -75$ kN ; $V_{4,\,\text{Stab}} = -P_{3,\,\text{Stab}} = -30$ kN

c) Diagonalstabkräfte

$$D_1 = \frac{V_{1r}}{\sin\alpha} = \frac{75}{0{,}7071} = +106 \text{ kN}$$

$$D_2 = \frac{V_{2r}}{\sin\alpha} = \frac{45}{0{,}7071} = +63{,}5 \text{ kN}$$

$$D_3 = \frac{V_{3r}}{\sin\alpha} = \frac{15}{0{,}7071} = +21{,}5 \text{ kN}$$

Wegen Symmetrie in der Belastung und im Tragwerkssystem ist

$O_1 = O_6$; $U_1 = U_6$; $D_1 = D_1'$ usw.

Damit ist die Ermittlung der Stabkräfte abgeschlossen. Zur Berechnung der Stabkräfte von Parallelfachwerken ist gerade dieses Verfahren gut geeignet.

9.6 Beispiele

Beispiel 1

Für das in Bild 9.25 gezeichnete Fachwerk sind die infolge der eingetragenen Belastung entstehenden Stabkräfte zeichnerisch zu ermitteln.

Der Cremonaplan ist aus Bild 9.25b ersichtlich. Die Auflagerkräfte sind

$A = 63{,}3$ kN und $B = 66{,}7$ kN .

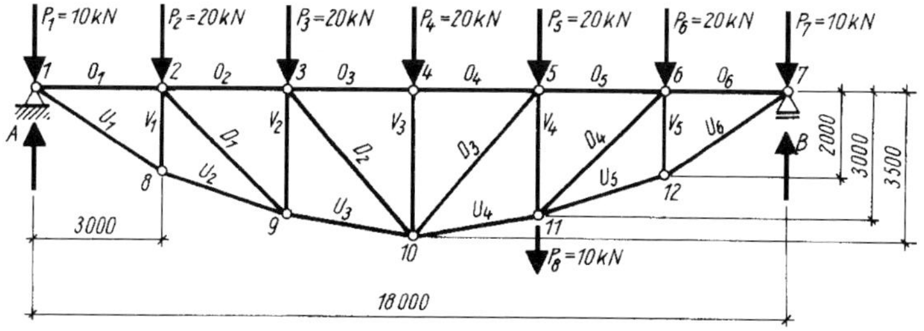

Bild 9.25a

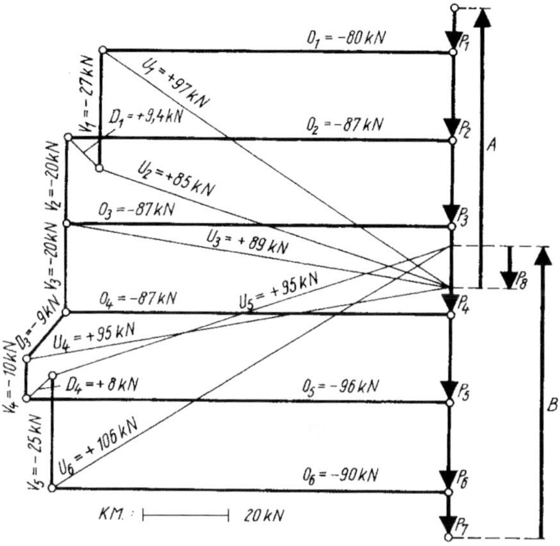

Bild 9.25b

Zu beachten ist die Reihenfolge der äußeren Kräfte im Kräfteplan, da am Untergurt die Last P_8 vorhanden ist. Die Kräfte wurden in der Reihenfolge aufgetragen, die sich durch Umfahren des Fachwerkes im Uhrzeigersinn ergibt. Nullstäbe sind nicht vorhanden.

Reihenfolge der Knoten: *1 – 8 – 2 – 9 – 3 – 4 – 10 – 5 – 11 – 6 – 7 – 12.*

Zusammenstellung der Stabkräfte

Stabkraft kN	**Stabkraft kN**	**Stabkraft kN**	**Stabkraft kN**
$O_1 = -80$	$U_1 = +97$	$V_1 = -27$	$D_1 = +9{,}4$
$O_2 = -87$	$U_2 = +85$	$V_2 = -20$	$D_2 = 0$
$O_3 = -87$	$U_3 = +89$	$V_3 = -20$	$D_3 = -9$
$O_4 = -87$	$U_4 = +97$	$V_4 = -10$	$D_4 = +8$
$O_5 = -96$	$U_5 = +96$	$V_5 = -25$	
$O_6 = -90$	$U_6 = +106$		

Bemerkung: Die Stabkraft D_2 ergibt sich bei rechnerischer Ermittlung zu –1,25 kN; der Zeichnungsmaßstab und die dadurch bedingte Genauigkeit lassen bei dem in Bild 9.25 ersichtlichen Cremonaplan diese Stabkraft zu Null erscheinen.

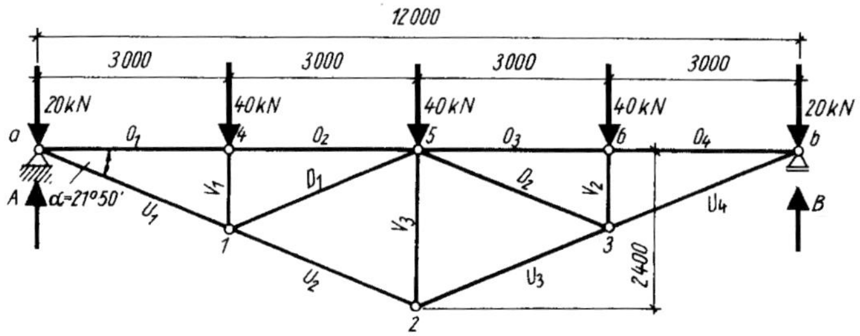

Bild 9.26

Beispiel 2

Für das in Bild 9.26 dargestellte Fachwerk sind infolge der eingetragenen Belastungen sämtliche Stabkräfte rechnerisch zu bestimmen.

a) Auflagerkräfte

$A = B = 80$ kN

$\alpha = 21°50'$; sin $\alpha = 0{,}372$; cos $\alpha = 0{,}928$

b) Stabkräfte

Das Fachwerk und seine Belastung sind symmetrisch; es genügt also, die Stabkräfte einer Fachwerkhälfte (bis zur Symmetrieachse) zu ermitteln.

U_1:	$(80 - 20) - U_1 \cdot 0{,}372 = 0$;	$U_1 = U_4 = +161{,}5$ kN
O_1:	$O_1 + 161{,}5 \cdot 0{,}928 = 0$;	$O_1 = O_4 = -150$ kN
O_2:	$150 + O_2 = 0$;	$O_2 = O_3 = -150$ kN
V_1:	$-40 - V_1 = 0$;	$V_1 = V_2 = -40$ kN
U_2:	$(80 - 20)\,6{,}0 - 40 \cdot 3{,}0 - U_2 \cdot 2{,}4 \cdot 0{,}982 = 0$;	$U_2 = U_3 = +108$ kN
D_1:	$40 \cdot 3{,}0 - D_1 \cdot 6{,}0 \cdot 0{,}372 = 0$;	$D_1 = D_2 = +53{,}7$ kN
V_3:	$V_3 + 2 \cdot 108 \cdot 0{,}372 = 0$;	$V_3 = -80{,}2$ kN

10 Statisch bestimmte einteilige Rahmen

10.1 Rechtwinklig geknickte Rahmen

Rahmentragwerke entstehen durch starre Verbindung von biegesteifen Stäben. Die vertikalen Tragglieder bilden die Rahmenstiele, die vorwiegend horizontalen Tragglieder die Riegel. Gelegentlich kommen auch gelenkige Zusammenschlüsse von Rahmenteilen vor. Unter den Rahmen findet man die vielfältigsten Formen, wie einhüftige Rahmen, zweistielige, dreistielige Rahmen, einstöckige Rahmen, Stockwerksrahmen, eingespannte Rahmen, Gelenkrahmen usw. In der Mehrzahl gehören sie zu den statisch unbestimmten Tragwerken. Die Berechnung von statisch unbestimmten Tragwerken beginnt an einem darin enthaltenen, statisch bestimmten Tragwerk. Es ist infolgedessen notwendig, die Bestimmung der Auflager- und Schnittgrößen für statisch bestimmte Rahmen zu beherrschen.

Für die Berechnung genügen die bisherigen Kenntnisse vollständig, sodass lediglich deren Anwendung auf eine neue Tragwerksart erläutert werden muss.

Der statisch bestimmte einteilige Rahmen muss so gelagert sein, dass drei Fesselungen vorhanden sind. Das geschieht in den meisten Fällen durch ein festes und ein bewegliches Lager. Die Stützkraft errechnet man wie üblich mithilfe der drei Gleichgewichtsbedingungen.

Bei der Ermittlung der Schnittgrößen ist besonders auf die Vorzeichen zu achten. Da man in diesem Fall nicht mehr nur eine Ober- und Unterseite hat, wird durch eine gestrichelte Linie eine Seite festgelegt, die der Unterseite des Trägers entspricht. Die Vorzeichenregeln gelten dann wie bisher.

In den Knickpunkten sind die anschließenden Teile des Rahmens biegesteif verbunden. Es können dort Querkräfte, Normalkräfte und Biegemomente übertragen werden. Da an diesen Stellen die Stabachse ihre Richtung ändert, werden Querkräfte zu Normalkräften bzw. umgekehrt.

Das Biegemoment für einen Schnitt ergibt sich aus der Summe der Momente aller äußeren Kräfte am linken oder rechten abgeschnittenen Tragwerksteil, bezogen auf den Schnitt. Es erhält ein positives Vorzeichen, wenn an der als positiv gekennzeichneten Innenseite des Rahmens Zugspannungen entstehen. Die erhabene Seite der Biegelinie liegt dann innen. Im anderen Fall erhält das Biegemoment ein negatives Vorzeichen. Die Momentenflächen werden dabei immer an der gezogenen Seite angetragen. Das bedeutet, positive M-Flächen sind nach innen, negative M-Flächen dagegen nach außen anzutragen.

Ebenso gilt, dass Extremwerte der Biegemomente dort auftreten, wo die Querkraft ihr Vorzeichen wechselt. Da mehrere Vorzeichenwechsel möglich sind, ist die Bezeichnung max M nicht in jedem Fall angebracht. Man wird besser von Grenzwerten der Biegemomente sprechen. Der Querkraftnullpunkt lässt lediglich erkennen, dass in diesem Schnitt das Biegemoment einen Extremwert (oberen oder unteren) gegenüber den benachbarten Schnitten annimmt.

Beim Auftragen der Schnittgrößenflächen ist zu beachten, dass die Größe der Kraft in dem betreffenden Schnitt als Ordinate senkrecht zur Stabachse aufgetragen wird. Am rechtwinklig geknickten Rahmen lässt sich die Bestimmung der Stütz- und Schnittgrößen besonders einfach durchführen.

Bei der Vielfalt der Formen der Rahmen und Belastungen hat es wenig Sinn, allgemeine Gleichungen abzuleiten. Die Berechnung wird daher sofort an einigen Zahlenbeispielen erläutert.

10.2 Beispiele

Beispiel 1

Für den Rahmen nach Bild 10.1 sind die Auflager- und Schnittgrößen zu bestimmen.

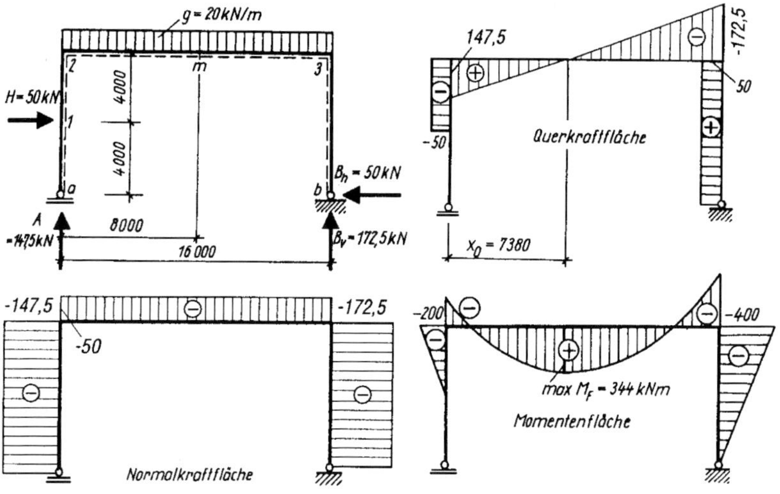

Bild 10.1

a) Auflagerkräfte

$\sum H = 0$:	$-B_h + 50 = 0$;	$B_h = 50$ kN
$\sum M_b = 0$:	$A \cdot 16{,}0 + 50 \cdot 4{,}0 - 20 \cdot 16 \cdot 8{,}0 = 0$;	$A = 147{,}5$ kN
$\sum M_a = 0$:	$-B_v \cdot 16{,}0 + 50 \cdot 4{,}0 + 20 \cdot 16{,}0 \cdot 8{,}0 = 0$;	$B_v = 172{,}5$ kN

b) Querkräfte

$V_{ao} = V_{1u} = 0{,}0$ kN ; $V_{3u} = V_{b0} = 50$ kN

$V_{1o} = V_{2u} = -50$ kN ; $V = 0$ bei $x = \frac{147{,}5}{20} = 7{,}38$kN

$V_{2r} = 147{,}5$ kN ; $V_{3l} = -172{,}5$ kN

c) Normalkräfte

$N_{ao} = N_{2u} = -147{,}5$ kN $N_{3u} = N_{b0} = -172{,}5$ kN

$N_{2r} = N_{3l} = -50$ kN

d) Biegemomente

$M_a = 0$; $M_1 = 0$

$M_2 = -50 \cdot 4{,}0 = -200$ kNm

max $M_F = 147{,}5 \cdot 7{,}38 - 20 \cdot 7{,}38 \cdot 3{,}69 - 50 \cdot 4{,}0 = 344$ kNm

$M_m = 147{,}5 \cdot 8{,}0 - 20 \cdot 8{,}0 \cdot 4{,}0 - 50 \cdot 4{,}0 = 340$ kNm

$M_3 = -50 \cdot 8{,}0 = -400$ kNm

In einem Eckpunkt ergibt sich für beide Richtungen der Stabachse der gleiche Wert des Biegemomentes. Beim Zeichnen der Momentenfläche wird daher der errechnete Wert vor und nach dem Eckpunkt rechtwinklig zur Stabachse aufgetragen.

Beispiel 2

Für den Rahmen nach Bild 10.2 sind die Auflager- und Schnittgrößen zu bestimmen.

a) Auflagerkräfte

$\sum M_a = 0$: $-B \cdot 10{,}0 + 50 + 10 \cdot 10{,}0 \cdot 5{,}0 = 0$; $B = 55$ kN

$\sum H = 0$: $A_h = 0$

$\sum M_b = 0$: $A_v \cdot 10{,}0 + 50 - 10 \cdot 10{,}0 \cdot 5{,}0 = 0$; $A_v = 45$ kN

b) Normalkräfte

$N_{ao} = N_{2u} = -45$ kN $N_{2r} = N_b = 0$

c) Querkräfte

$V_{a0} = V_{2u} = 0$ $V_{bl} = -55$ kN

$V_{2r} = 45$ kN

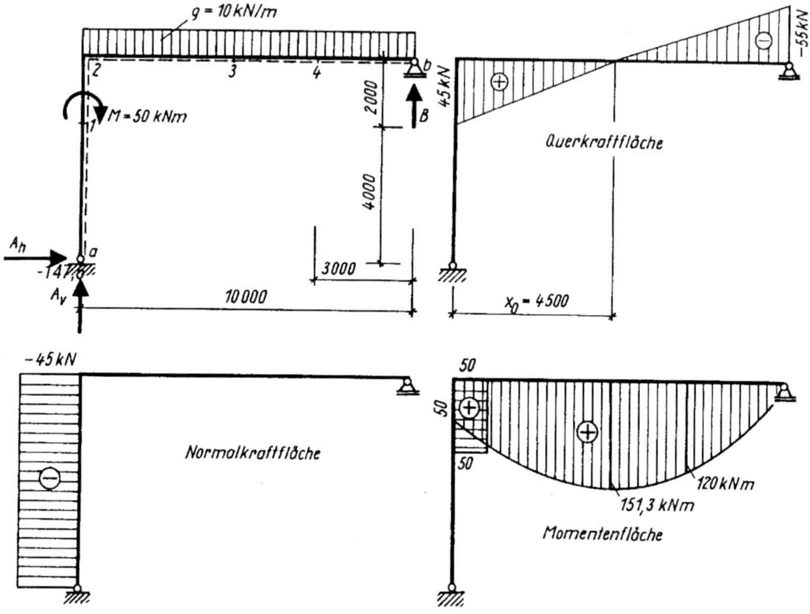

Bild 10.2

Für den Bereich *2* bis *b* gilt

$$V = V_{2r} - g\,x = 45 - 10x$$

Das Biegemoment erreicht einen Extremwert, wo $V = 0$ wird. Das ist bei $x_0 = 4{,}5$ m (rechts von *2*) der Fall (Punkt *3*).

d) Biegemomente

$M_a = 0$	$M_2 = 50$ kNm
$M_{1u} = 0$	$M_3 = 50 + 45 \cdot 4{,}5 - 10 \cdot 4{,}5 \cdot 2{,}25 = 151{,}3$ kNm
$M_{1o} = 50$ kNm	$M_4 = 55 \cdot 3{,}0 - 10 \cdot 3{,}0 \cdot 1{,}5 = 120$ kNm

10.3 Schiefwinklig geknickte Rahmen

Die Berechnung der Auflager- und Schnittgrößen erfolgt nach den gleichen Grundsätzen wie beim rechtwinklig geknickten Rahmen. Lediglich sind im Hinblick auf die Quer- und Normalkräfte noch einige gesonderte Überlegungen erforderlich. Für schräge Rahmenteile stimmt jetzt nicht mehr die Richtung der Stabachse bzw. des Querschnittes mit der F_V- und F_H-Richtung der äußeren Kräfte überein. Daher werden nur die Komponenten der äußeren Kräfte Quer- bzw. Normalkräfte hervorgerufen, die senkrecht bzw. längs zur Stabachse wirken.

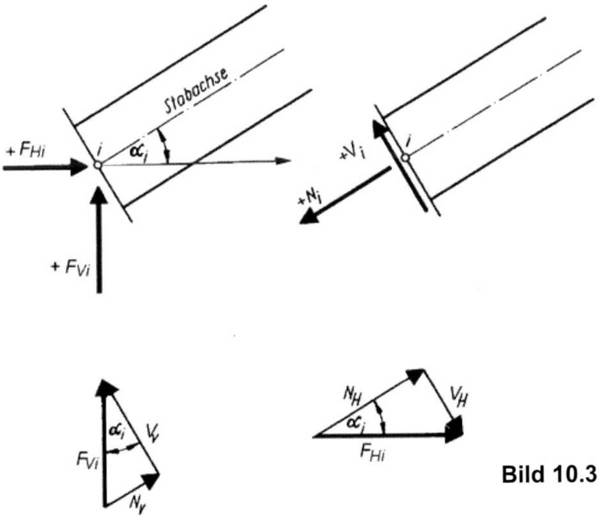

Bild 10.3

Dadurch wird eine Zerlegung in Komponenten notwendig, von denen die eine in die Richtung (längs) der neuen Stabachse zeigt, die andere senkrecht (quer) dazu. Die Ableitung wird bei Betrachtung von Bild 10.3 klar. Die angetragenen Bezeichnungen geben folgende Werte an:

α_i Winkel, den die Stabachse im Schnitt *i* mit der positiven *x*-Achse einschließt;

F_{Vi} Resultierende der Vertikalkomponenten aller Kräfte am Tragwerksteil links vom Schnitt;

F_{Hi} Resultierende der Horizontalkomponenten aller Kräfte am Tragwerksteil links vom Schnitt.

Aus den Zerlegungsfiguren leitet man leicht ab

$$V_V = F_{Vi} \cos \alpha_i \qquad N_V = -F_{Vi} \sin \alpha_i$$

$$V_H = -F_{Hi} \sin \alpha_i \qquad N_H = -F_{Hi} \cos \alpha_i$$

Die endgültigen Normal- und Querkräfte im Schnitt *i* erhält man durch Addition (Bild 10.3):

$$N_i = -F_{Vi} \sin \alpha_i - F_{Hi} \cos \alpha_i \tag{10.1}$$

$$V_i = F_{Vi} \cos \alpha_i - F_{Hi} \sin \alpha_i \tag{10.2}$$

Die Vorzeichen der Werte F_{Vi}, F_{Hi} und sin α_i bzw. cos α_i sind nach Bild 10.3 zu verwenden. F_{Hi} und F_{Vi} waren positiv eingeführt, wenn sie am linken Tragswerkteil nach rechts bzw. oben gerichtet waren. Für α_i muss der Winkel zwischen der positiven x-Achse und der Stabachse im mathematisch positiven Sinn gemessen werden.

Die Anwendung wird anhand von Beispielen gezeigt.

10.4 Beispiele

Beispiel 1

Für den Rahmen nach Bild 10.4 sind die Auflager- und Schnittgrößen zu bestimmen.

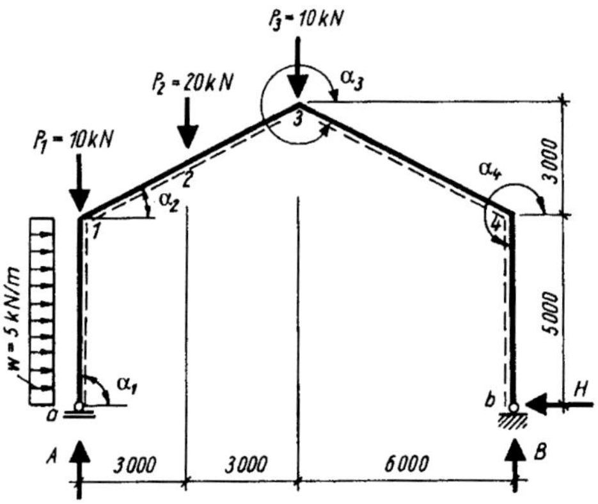

$$\tan \alpha_2 = \frac{3{,}0}{6{,}0} = 0{,}5$$
$$\alpha_2 = 26{,}6°$$
$$\sin \alpha_2 = 0{,}4478$$
$$\cos \alpha_2 = 0{,}8942$$
$$\alpha_3 = 360° - \alpha_2$$

Bild 10.4a

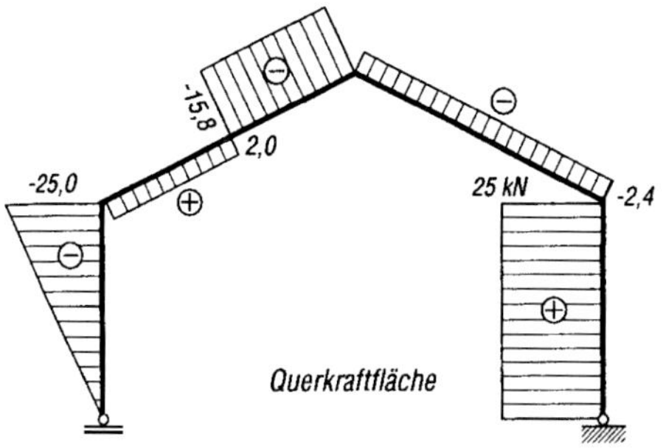

Bild 10.4b

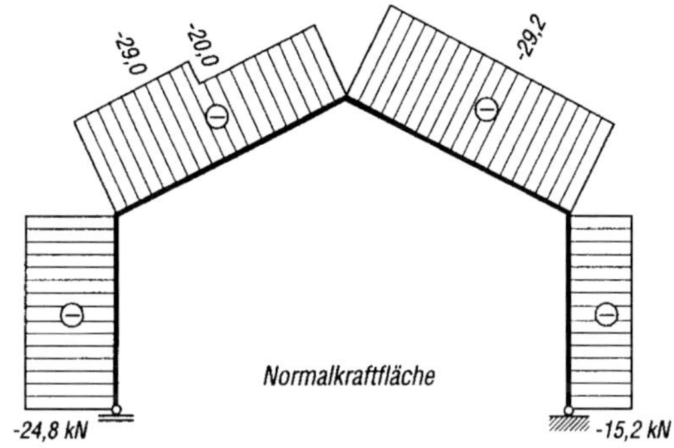

Bild 10.4c

a) Auflagerkräfte

$\sum H = 0: \quad -H + 5 \cdot 5{,}0 = 0; \quad H = 25$ kN ;

$\sum M_a = 0: \quad -B \cdot 12{,}0 + 5 \cdot 5{,}0 \cdot 2{,}5 + 10 \cdot 0 + 20 \cdot 3{,}0 + 10 \cdot 6{,}0 = 0;$

$B = 15{,}2$ kN ;

$\sum M_b = 0: \quad A \cdot 12{,}0 + 5 \cdot 5{,}0 \cdot 2{,}5 - 10 \cdot 12{,}0 - 20 \cdot 9{,}0 - 10 \cdot 6{,}0 = 0;$

$A = 24{,}8$ kN

b) Quer- und Normalkräfte (Bilder 10.4b und c)

$\alpha_1 = 90°$; $\sin \alpha_1 = 1{,}0$; $\cos \alpha_1 = 0$

$\alpha_2 = 26{,}6°$; $\sin \alpha_2 = 0{,}4478$; $\cos \alpha_2 = 0{,}894$

$\alpha_3 = 333{,}4°$; $\sin \alpha_3 = -0{,}4478$; $\cos \alpha_3 = 0{,}894$

$\alpha_4 = 270°$; $\sin \alpha_4 = -1{,}00$; $\cos \alpha_4 = 0$

$V_{a0} = 24{,}8 \cdot 0 - 0 \cdot 1{,}00 = 0$

$V_{1u} = 24{,}8 \cdot 0 - 25 \cdot 1{,}0 = -25$ kN

$V_{1r} = V_{2l} = (24{,}8 - 10)\, 0{,}894 - 5 \cdot 5{,}0 \cdot 0{,}4478 = 2{,}0$ kN

$V_{2r} = V_{3l} = (24{,}8 - 10 - 20)\, 0{,}894 - 5 \cdot 5{,}0 \cdot 0{,}4478 = -15{,}8$ kN

$V_{3r} = V_{4l} = (-15{,}2)\, 0{,}894 - 5 \cdot 5{,}0\, (-0{,}4478) = -2{,}4$ kN

$V_{4u} = V_{b0} = (-15{,}2)\, 0 - 5 \cdot 5{,}0\, (-1{,}0) = +25{,}0$ kN

Das Diagramm zeigt Bild 10.4b. Vorzeichenwechsel treten auf bei den Punkten 1, 2 und 4.

$N_{ao} = N_{1u} = -24{,}8 \cdot 1{,}0 - H_1 \cdot 0 = -24{,}8$ kN

$N_{1r} = N_{21} = -(24{,}8 - 10)\, 0{,}4478 - 25 \cdot 0{,}894 = -29{,}0$ kN

$N_{2r} = N_{31} = -(24{,}8 - 10 - 20)\, 0{,}4478 - 25 \cdot 0{,}894 = -20{,}0$ kN

$N_{3r} = N_{41} = -(-15{,}2)\, (-0{,}4478) - 25 \cdot 0{,}894 = -29{,}2$ kN

$N_{4u} = N_{b0} = -(-15{,}2)\, (-1{,}0) - 25 \cdot 0 = -15{,}2$ kN

Die Normalkraftfläche zeigt Bild 10.4c.

c) Biegemomente

Zur Berechnung der Biegemomente geht man genauso vor wie beim rechtwinklig geknickten Rahmen. Für das Beispiel ergeben sich damit:

$M_a = 0$

$M_1 = 5 \cdot 5{,}0 \cdot 2{,}5 = -62{,}5$ kNm

$M_2 = 24{,}8 \cdot 3{,}0 - 5 \cdot 5{,}0 \cdot 4{,}0 - 10 \cdot 3{,}0 = -55{,}6$ kNm

$M_3 = 15{,}2 \cdot 6{,}0 - 25 \cdot 8{,}0 = -108{,}8$ kNm

$M_4 = -25 \cdot 5{,}0 = -125$ kNm

$M_b = 0$

Auch hier gilt für den Momentenverlauf dasselbe wie beim geraden Träger. Im Bereich von Streckenlasten ist die Momentenlinie eine Parabel. Unter Einzellasten ist ein Knickpunkt vorhanden, und im lastfreien Bereich ist die Momentenlinie eine Gerade (Bild 10.4d).

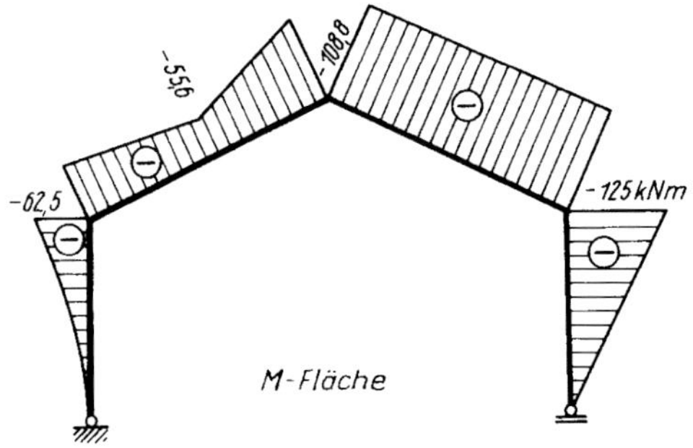

Bild 10.4d

Beispiel 2

In Bild 10.5 ist ein schiefwinklig geknickter Rahmen dargestellt. Die Auflager- und Schnittgrößen sollen ermittelt werden.

a) Geometrie des Trägers

$$\tan \alpha_1 = \frac{6{,}0}{5{,}0} = 1{,}20$$

$\alpha_1 = 50°12'$; $\sin \alpha_1 = 0{,}768$; $\cos \alpha_1 = 0{,}640$;

$\alpha_2 = 0°$; $\sin \alpha_2 = 0$; $\cos \alpha_2 = 1{,}000$;

$\alpha_3 = 360° - \alpha_1$; $\sin \alpha_3 = -0{,}768$; $\cos \alpha_3 = 0{,}640$;

$W_v = 20 \cdot 0{,}64 = 12{,}8$ kN ; $W_h = 20 \cdot 0{,}768 = 15{,}4$ kN

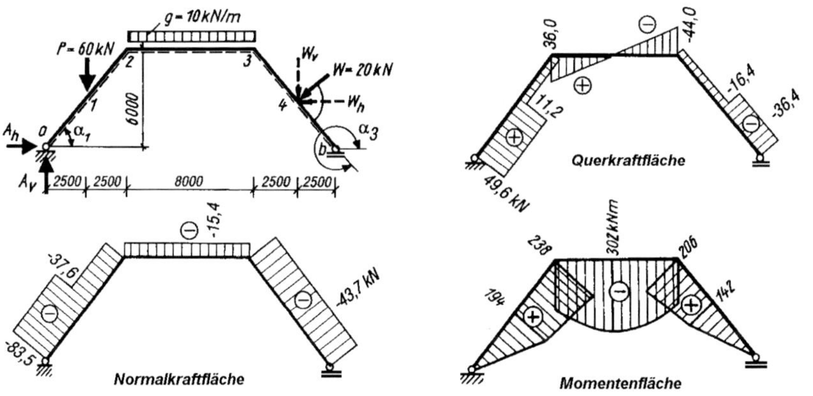

Bild 10.5

b) Auflagerkräfte

$\sum H = 0$: $A_h - 15{,}4 = 0$ $A_h = 15{,}4$ kN

$\sum M_b = 0$: $A_v \cdot 18{,}0 - 60 \cdot 15{,}5 - 10 \cdot 8{,}0 \cdot 9{,}0 - 12{,}8 \cdot 2{,}5$

$- 15{,}4 \cdot 3{,}0 = 0$

$A_v = 96{,}0$ kN

$\sum M_a = 0$: $-B \cdot 18{,}0 + 60 \cdot 2{,}5 + 10 \cdot 8{,}0 \cdot 9{,}0 + 12{,}8 \cdot 15{,}5$

$- 15{,}4 \cdot 3{,}0 = 0$

$B = 56{,}8$ kN

Kontrolle: $\sum V = 0 = 96{,}0 + 56{,}8 - 60 - 80 - 12{,}8$

c) Normalkräfte

$N_{ao} = N_{1u} = -96{,}0 \cdot 0{,}768 - 15{,}4 \cdot 0{,}64 = -73{,}6 - 9{,}9 = -83{,}5$ kN

$N_{10} = N_{2u} = -36{,}0 \cdot 0{,}768 - 15{,}4 \cdot 0{,}64 = -27{,}7 - 9{,}9 = -37{,}6$ kN

$N_{2r} = N_{3l} = -15{,}4$ kN

$N_{3r} = N_{bo} = -(-44{,}0)\,(-0{,}768) - 15{,}4 \cdot 0{,}64 = -33{,}8 - 9{,}9$

$= -43{,}7$ kN

d) Querkräfte

$V_{ao} = V_{1u} = 96{,}0 \cdot 0{,}64 - 15{,}4 \cdot 0{,}768 = 61{,}4 - 11{,}8 = 49{,}6$ kN

$V_{1o} = V_{2u} = 36{,}0 \cdot 0{,}64 - 15{,}4 \cdot 0{,}768 = 23{,}0 - 11{,}8 = 11{,}2$ kN

$V_{2r} = 36{,}0$ kN

$V_{3l} = 36{,}0 - 80{,}0 = -44{,}0$ kN $n = 3{,}6$ m (rechts von *2)*
$x_0 = 8{,}6$ m

$V_{3u} = V_{4o} = -44{,}0 \cdot 0{,}64 - 15{,}4(-0{,}768) = -28{,}2 + 11{,}8 = -16{,}4$ kN

$V_{4u} = V_{bo} = -16{,}4 - 20 = -36{,}4$ kN

e) Biegemomente

$M_1 = 96{,}0 \cdot 2{,}5 - 15{,}4 \cdot 3{,}0 = 194$ kNm

$M_2 = 96{,}0 \cdot 5{,}0 - 15{,}4 \cdot 6{,}0 - 60 \cdot 2{,}5 = 238$ kNm

$M_3 = 56{,}8 \cdot 5{,}0 - 12{,}8 \cdot 2{,}5 - 15{,}4 \cdot 3{,}0 = 206$ kNm

$\max M = 96{,}0 \cdot 8{,}6 - 15{,}4 \cdot 6{,}0 - 60 \cdot 6{,}1 - 10 \cdot 3{,}6 \cdot 1{,}8 = 302$ kNm

$M_4 = 56{,}8 \cdot 2{,}5 = 142$ kNm

11 Dreigelenktragwerke

11.1 Grundlagen

Zu den statisch bestimmten Systemen gehören auch die Dreigelenktragwerke. Sie bestehen aus zwei Tragwerksteilen, die durch ein Gelenk (Scheitelgelenk) miteinander verbunden sind. Die Lagerung erfolgt in zwei weiteren Gelenken (Kämpfergelenke), sodass insgesamt drei Gelenke vorhanden sind. Je nach der konstruktiven Form (Stabwerk oder Fachwerk) spricht man von Dreigelenkrahmen, Dreigelenkbogen oder Dreigelenkfachwerk (Bild 11.1).

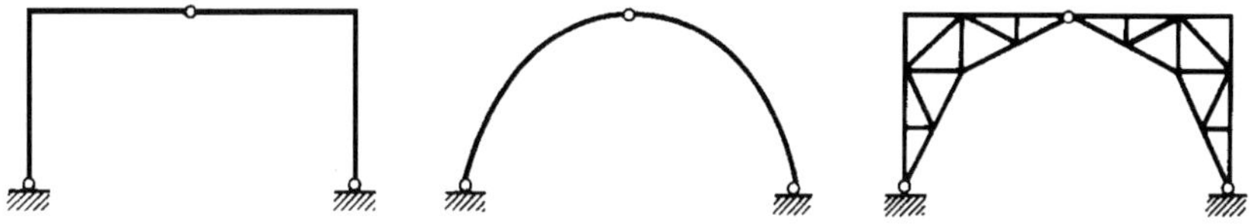

Bild 11.1

Diese Systeme gehören zu den statisch bestimmten Tragwerken, was mit den Gln. (4.1) und (9.1) nachgeprüft werden kann. Den insgesamt sechs Gleichungen (je drei Gleichgewichtsbedingungen für einen Tragwerksteil) stehen vier Auflagerunbekannte und zwei unbekannte Komponenten der Gelenkkraft im verbindenden Scheitelgelenk gegenüber.

Die Untersuchung erfolgt in der gleichen Weise wie bei den bisher behandelten Stab- bzw. Fachwerken. Nachdem das System und die Belastung vorliegen, werden die Auflagerkräfte berechnet. Insgesamt sind vier Unbekannte zu bestimmen, für jedes Lager je eine Horizontal- und eine Vertikalkomponente. Für diese Berechnung betrachtet man das Tragwerk als Ganzes und hat damit nur drei Gleichgewichtsbedingungen zur Verfügung. Eine vierte Gleichung erhält man aus der Bedingung, dass im Scheitelgelenk das Biegemoment $M_g = 0$ werden muss. In einem Gelenk lassen sich nur Normal- und Querkräfte übertragen, aber keine Biegemomente, da die beiden Tragwerksteile gegeneinander drehbar sind.

Durch geschickte Kombination und Anwendung dieser Bedingungen erhält man vier Gleichungen mit nur je einer unbekannten Auflagerkraft. Nachdem das Gleichgewicht aller äußeren Kräfte hergestellt ist, werden die Schnittgrößen bei Stabwerken (Normalkräfte, Querkräfte und Biegemomente) und die Stabkräfte bei Fachwerken nach bekannten Regeln ermittelt und die Schnittgrößenflächen dargestellt.

Die Gelenkkraft gehört zu den inneren Kräften des Tragwerkes. Man bestimmt meist die F_H- und F_V-Komponente. Bei Stabwerken, deren Stabachse im Gelenkpunkt horizontal läuft, stimmen sie mit der Normal- bzw. Querkraft des Gelenkpunktes überein. Sonst legt man einen Schnitt durch das Scheitelgelenk und berechnet sie wie üblich aus

Gleichgewichtsbedingungen am abgeschnittenen Tragwerkteil. Die Gelenkkraft wird zur Bemessung des Gelenks benötigt. Dreigelenktragwerke werden im Hochbau bei Hallen angewendet. Gewölbe wurden früher bei nicht zu großer Stützweite ebenfalls als Dreigelenkbogen gerechnet, obwohl hier keine Gelenke vorhanden sind. Man findet sie bei Durchlässen, kleineren Brücken und Kappen.

Da der Dreigelenkbogen statisch bestimmt ist, bleibt er gegen Stützensenkungen unempfindlich. Für Gewölbe trifft das allerdings nicht zu, da sie nur nach der Theorie des Dreigelenkbogens berechnet werden können, in Wirklichkeit sind sie aber statisch unbestimmte Systeme. Gegen Auflagerverschiebungen sind Gewölbe sogar sehr empfindlich. Es besteht bei solchen Erscheinungen immer höchste Gefahr. Man muss also für einwandfreie Lagerung sorgen. Bei richtiger Führung der Bogenachse erreicht man, dass in allen Querschnitten nur Druckspannungen auftreten. Daher lassen sich Gewölbe auch in Stein ausführen.

Ein wesentlicher Nachteil des Dreigelenktragwerkes sind die Horizontalkräfte in den Lagern, die auch bei nur lotrechter Belastung auftreten. Daneben kann die Konstruktionshöhe hin und wieder unerwünscht sein.

Für Bögen und Gewölbe werden meist Stein, Beton und Mauerwerk verwendet. Als Baustoffe für Dreigelenkrahmen und Dreigelenkfachwerke findet man Stahl und Holz, gelegentlich auch Stahlbeton.

Für die Untersuchung eines Dreigelenktragwerkes werden die Bezeichnungen laut Bild 11.2 verwendet. Im Bild ist ein Dreigelenkbogen allgemeiner Form mit verschieden hohen Auflagergelenken dargestellt. Die Bezeichnungen bedeuten im Einzelnen:

a und b	Kämpfergelenke
c	Scheitelgelenk
f	Pfeilhöhe (lotrechter Abstand des Scheitelgelenkes von der Verbindungslinie $a - b$)
l	Stützweite
ab	Kämpferlinie
α	Neigungswinkel der Kämpferlinie
φ	Neigungswinkel der Tangente an einem beliebigen Punkt der Bogenachse
A_H und B_H	Horizontalkomponenten der Kämpferkräfte
A_V und B_V	Vertikalkomponenten der Kämpferkräfte

Auch wenn heutzutage für die Berechnung solcher Tragwerke meistens die EDV genutzt wird, soll im Weiteren neben der analytischen Behandlung auch die grafische Ermittlung der Stütz- und Schnittkräfte dargestellt werden. Besonders die Stützlinie zeigt sehr anschaulich den Kräftefluss in einem Bogentragwerk.

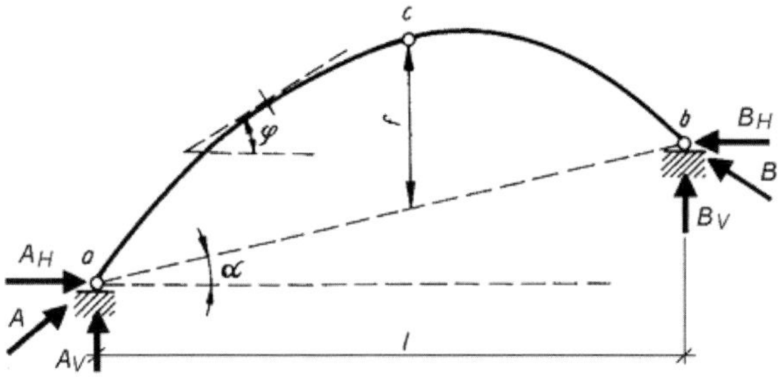

Bild 11.2

11.2 Analytische Behandlung

In Bild 11.3a ist ein Dreigelenkbogen dargestellt. Auf ihn wirken die angegebenen lotrechten Einzellasten.

Es sind insgesamt vier Auflagerreaktionen zu berechnen. Um vier Gleichungen mit vier Unbekannten zu vermeiden, wählt man zunächst einen Umweg. Es werden nicht sofort die Vertikal- und Horizontalkomponenten bestimmt, sondern die eingezeichneten Kräfte in Richtung der Kämpferlinie (H_a' und H_b') und die Komponenten A_0 und B_0. Zur Berechnung von A_0 wird $\sum M_b = 0$ verwendet. Drei der unbekannten Auflagerreaktionen verlaufen mit ihrer Wirkungslinie durch den Momentenbezugspunkt. Das Gleiche gilt für die Berechnung von B_0 mit $\sum M_a = 0$. Die Gleichgewichtsbedingungen lauten:

$\sum M_b = 0:$ $\quad A_0 l - P_1 d_1' - P_2 d_2' - P_3 d_3' - P_4 d_4' = 0$

$$A_0 = \frac{1}{l} \sum P_i d_i'$$

$\sum M_a = 0:$ $\quad -B_0 l + P_1 d_1 + P_2 d_2 + P_3 d_3 + P_4 d_4 = 0$

$$B_0 = \frac{1}{l} \sum P_i \mathrm{d}_i$$

Es zeigt sich, dass die Komponenten A_0 und B_0 genauso berechnet werden, als hätte man einen gewöhnlichen Träger auf zwei Stützen mit lotrechten Einzellasten. In Bild 11.3 b wurde dieser horizontale Ersatzträger nochmals dargestellt.

Aus $\sum H = 0$ folgt sofort, dass der Größe nach $H_a = H_b$ sein muss. Dabei führt man von außen nach innen gerichtete Kräfte im Allgemeinen als positiv ein. Bei lotrechten Lasten kann man daher auf die Bezeichnungen H_a und H_b verzichten und für beide Kräfte nur das Symbol H verwenden. Aus der Zerlegung (Bild 11.3c) folgt dann, dass auch nach der Größe $H_a' = H_b'$ wird. Zur Berechnung zieht man die Bedingung heran, dass das Biegemoment im Scheitel verschwindet:

$\sum M_c = 0:$ $\quad A_0 1_1 - P_1 (1_1 - d_1) - P_2 (1_1 - d_2) - A_H' f' = 0$;

$$A_H' = \frac{1}{f'} \left[A_0 l_1 - P_1 (l_1 - d_1) - P_2 (l_1 - d_2)\right]$$

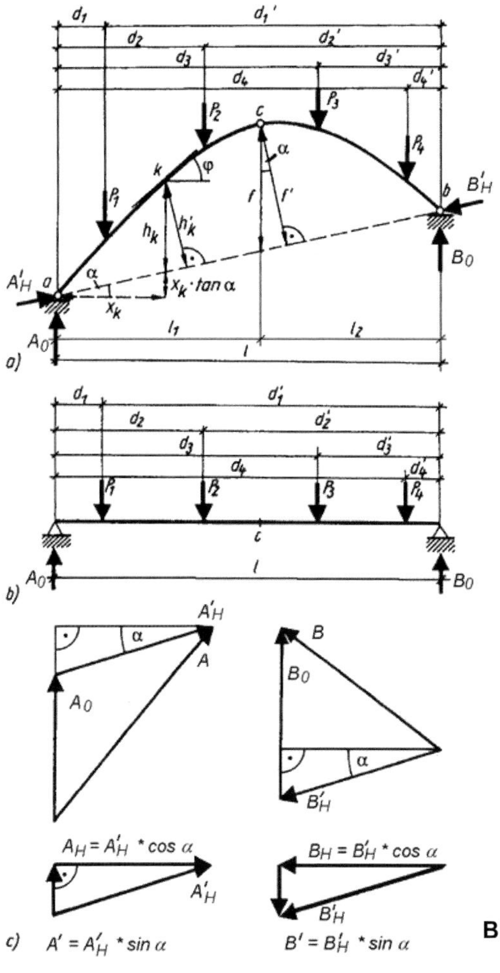

Bild 11.3

Der Ausdruck in der Klammer kann wieder als Biegemoment des Ersatzträgers für den Gelenkpunkt gedeutet werden. Bezeichnet man diesen Wert mit M_{0c}, so erhält man:

$$A_H{}' = \frac{M_{0c}}{f'}.$$

Weiterhin folgt aus den Bildern 11.3 a und c:

$$A_H = A_H{}' \cos\alpha\,; \qquad A' = A_H{}' \sin\alpha\,;$$

$$B_H = B_H{}' \cos\alpha\,; \qquad B' = -B_H{}' \sin\alpha \quad \text{und}$$

$$f' = f \cos\alpha$$

Damit wird

$$A_H = \frac{M_{0c}}{f} \qquad (11.1)$$

Es ist hierbei $F_H = A_H = B_H$ gesetzt worden. Es folgt auch, dass $A_H' f' = A_H f$ bzw. $B_H' f = B_H f$ ist.

Die endgültigen lotrechten Auflagerkräfte werden aus zwei Anteilen zusammengesetzt:

$$A_v = A_0 + A_H' \sin\alpha = A_0 + \frac{F_H}{\cos\alpha}\sin\alpha$$

$$B_v = B_0 - B_H' \sin\alpha = B_0 - \frac{F_H}{\cos\alpha}\sin\alpha$$

$$A_v = A_0 + F_H \tan\alpha \qquad (11.2)$$

$$B_v = B_0 - F_H \tan\alpha \qquad (11.3)$$

Für die Berechnung der Normal- und Querkräfte verwendet man dieselben Formeln wie beim Rahmen (10.1) und (10.2).

Im Schnitt *i* erhält man:

$$N_i = -F_{V,il} \sin\varphi_i - F_{H,il} \cos\varphi_i \qquad (11.2)$$

$$V_i = F_{V,il} \cos\varphi_i - F_{H,il} \sin\varphi_i \qquad (11.3)$$

Dabei bedeuten $F_{V,il}$ und $F_{H,il}$ die Resultierenden aller Vertikal- und Horizontalkräfte am Tragwerk links vom Schnitt. Neu ist hier beim Dreigelenkbogen lediglich, dass die Stabachse in jedem Schnitt *i* eine andere Richtung hat. Zur Berechnung der Biegemomente setzt man an:

$$M_i = A_v\, x_i - \sum_{0}^{i_1} P_i\,(x_i - d_i) - F_H\,(h_i + x_i \tan\alpha)$$

oder

$$M_i = A_0\, x_i - \sum_{0}^{i_1} P_i\,(x_i - d_i) - F_H\, h_i'$$

$$M_i = M_{0i} - F_H\, h_i$$

Darin ist M_{0i} wieder das Biegemoment eines Ersatzträgers auf zwei Stützen. Für gleich hohe Auflager wird $\alpha = 0$. Die Berechnung vereinfacht sich noch, da dann $A_H = A_H'$, $B_H = B_H'$, $A_v = A_0$ und $B_v = B_0$ werden.

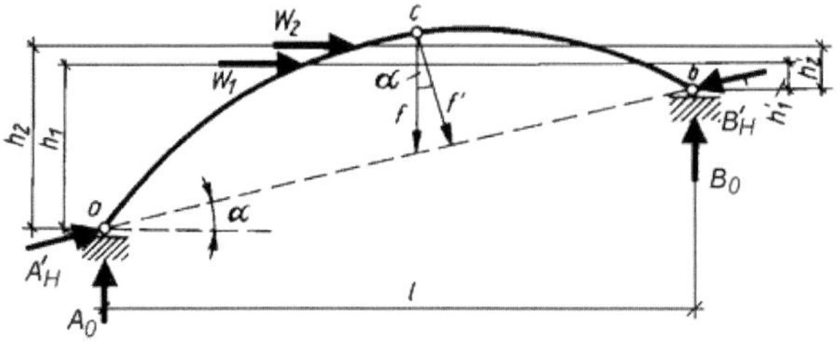

Bild 11.4

Sind lediglich horizontale Kräfte vorhanden (Bild 11.4), so wird genauso verfahren wie bei lotrechten Kräften. Man berechnet zuerst die Komponenten A_0, B_0, A_H' und B_H'. Aus $\sum F_V = 0$ folgt diesmal, dass A_0 und B_0 die gleiche Größe, aber die entgegengesetzte Richtung haben müssen. Die Gleichungen $\sum M_b = 0$ bzw. $\sum M_a = 0$ lauten:

$$A_0 \, l + W_1 \, h_1' + W_2 \, h_2' = 0 \; ;$$

$$-B_0 \, l + W_1 \, h_1 + W_2 \, h_2 = 0$$

Die Kräfte A_H' und B_H' werden berechnet, indem man das Biegemoment im Scheitelgelenk $\sum M_c = 0$ für den rechten und linken Tragwerksteil bildet. Diesmal sind A_H' und B_H' nicht gleich groß. A_H und B_H lassen sich in bekannter Weise berechnen, ebenso A' und B'. Damit bekommt man dann auch A_v und B_v.

Sind vertikale und horizontale Kräfte zugleich vorhanden, kann man die Berechnung in zwei Lastfälle aufspalten. Das ist allerdings nicht unbedingt notwendig, nur lassen sich dann die Gln. (11.1) bis (11.3) nicht anwenden.

Von Interesse ist noch der Fall eines parabelförmigen Dreigelenkbogens mit lotrechter, gleichmäßig verteilter Belastung (Bild 11.5). Die Untersuchung dieses besonderen Falles gibt die theoretische Begründung für eine im Bauwesen seit langem bekannte Tatsache.

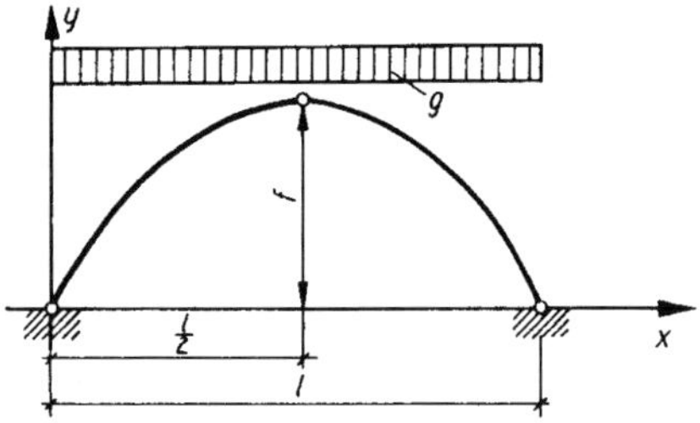

Bild 11.5

Es soll vorausgesetzt werden, dass die Auflager gleich hoch liegen und das Scheitelgelenk symmetrisch angeordnet ist. Die Gleichung der Bogenachse lautet, wenn der Koordinatenursprung im linken Auflager liegt:

$$y = -\frac{4f}{l^2}\,x^2 + \frac{4f}{l}\,x = \frac{4f}{l^2}\,x\,(l - x)$$

Die Auflagerkräfte haben die Größe

$$A_v = B_v = \frac{g\,l}{2}\,; \qquad A_H = B_H = \frac{M_{0c}}{f} = \frac{g\,l^2}{8f}$$

Das Biegemoment in einem beliebigen Schnitt wird dann:

$$M = \frac{g\,l}{2}x - \frac{g\,x^2}{2} - \frac{g\,l^2}{8f}\,\frac{4f\,x\,(l-x)}{l^2}\,;$$

$$M = \frac{g\,x}{2}(l-x) - \frac{g\,x}{2}(l-x) = 0$$

Für diesen besonderen Fall wird das Biegemoment in jedem Schnitt zu Null. Daraus folgt, dass auch die Querkräfte verschwinden und nur Längskräfte vorhanden sind. Diese sind Druckkräfte.

Ein solcher Bogen mit dieser Belastung kann daher aus Baustoffen hergestellt werden, die besonders große Druckfestigkeit aber geringe Zugfestigkeit aufweisen. In Form von natürlichen und künstlichen Steinen werden sie schon lange für Bögen und Gewölbe verwendet. Bei flachen Bögen weichen außerdem Kreis und Parabel nur unwesentlich voneinander ab, so dass man dort Segmentbögen ausführt.

Diese Ergebnisse wurden nach der Theorie des Dreigelenkbogens gefunden. Man muss sich aber immer vor Augen halten, dass sie nur eine Näherung darstellen, da ja Bögen und Gewölbe keine ausgebildeten Gelenke haben. Es ist außerdem auf die Horizontalkräfte zu achten, die besondere Vorkehrungen erfordern, damit keine horizontalen Verschiebungen der Auflager möglich sind.

11.3 Grafische Behandlung

Ein Dreigelenkbogen sei mit einer Gruppe von Kräften belastet, wie sie Bild 11.6a zeigt. Man könnte die Kräfte durch ihre Resultierende ersetzen, die mit den beiden Kämpferkräften A und B im Gleichgewicht stehen muss. Von beiden ist lediglich je ein Punkt der Wirkungslinie bekannt, der Auflagerpunkt a bzw. b. Drei Kräfte sind nur im Gleichgewicht, wenn sich ihre Wirkungslinien in einem Punkt schneiden. Mit diesen Bedingungen allein kann aber A bzw. B noch nicht eindeutig bestimmt werden. A und B müssen sich so einstellen, dass im Scheitelgelenk kein Biegemoment auftritt. Wenn auch diese Bedingung erfüllt werden soll, muss die Aufgabe in einer ganz bestimmten Reihenfolge gelöst werden.

Man denkt sich zunächst nur die linke Tragscheibe belastet und die Kräfte durch ihre Resultierende R_l ersetzt. Jetzt ist auch die Wirkungslinie der Auflagerkraft B_l festgelegt. Sie kann nämlich im Scheitelgelenk nur dann kein Biegemoment hervorrufen, wenn sie die Richtung $b - c$ hat (Bild 11.6b). Weitere Kräfte sind ja rechts vom Scheitelgelenk nicht da. Damit liegt der Schnittpunkt von R_l und B_l fest und gleichzeitig die Richtung von A_l. Im Krafteck wird jetzt R_l nur noch mit A_l und B_l ins Gleichgewicht gesetzt. Das Gleiche geschieht nun für die Belastung der rechten Scheibe (Bild 11.6c). Man erhält aus R_r die Auflagerkräfte A_r und B_r. Für die Kämpferkräfte der vollen Belastung sind A_l und A_r zu A

bzw. B_l und B_r zu B zusammenzusetzen. Diese lassen sich dann durch ihre Vertikal- und Horizontalkomponenten darstellen.

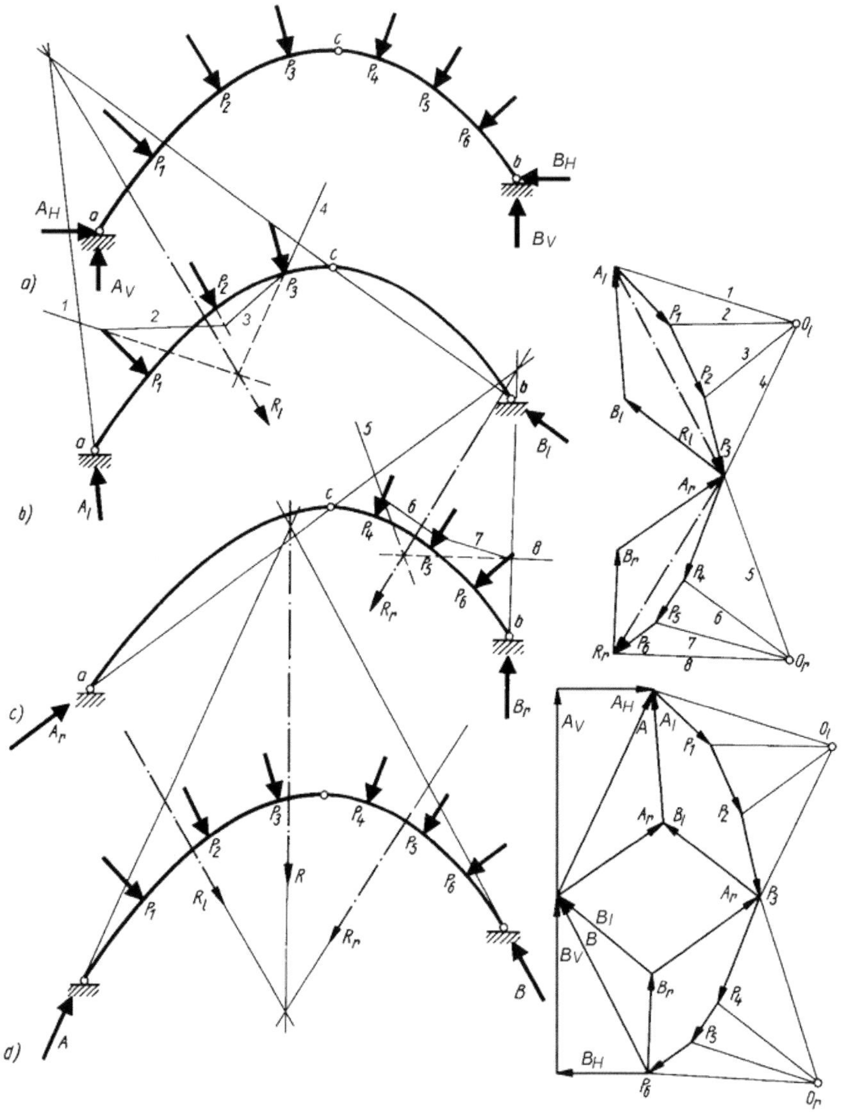

Bild 11.6

Zugleich findet man auch die Gelenkkraft. Bei Belastung der linken Scheibe stellt sich eine Gelenkkraft ein, die der Größe nach gleich B_l ist, für die Belastung der rechten Scheibe ist die Gelenkkraft gleich A_r.

Die hier in Einzelschritten dargestellte Lösung lässt sich noch in einem Lage- und Kräfteplan zusammenfassen, mit dem man zugleich die anschließend erklärte Stützlinie finden kann. Zur Kontrolle wird in Bild 11.6d nachgeprüft, ob sich die Resultierende aller Kräfte $P_1, ..., P_6$ mit den ermittelten Auflagerkräften A und B in einem Punkt schneidet. Wenn das zutrifft und das Krafteck geschlossen ist, sind die Gleichgewichtsbedingungen erfüllt. Das Krafteck besteht entweder aus $P_1, ..., P_6 - B_r - A_r - B_l - A_l$ oder aus $P_1, ..., P_6 - B - A$ oder auch aus $P_1, ..., P_6 - B_H - B_V - A_V - A_H$.

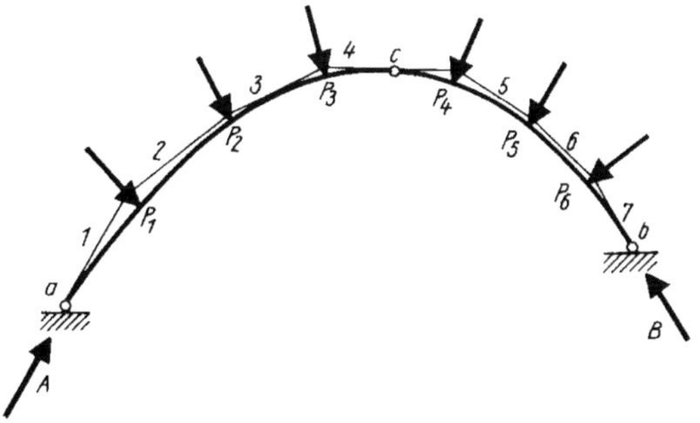

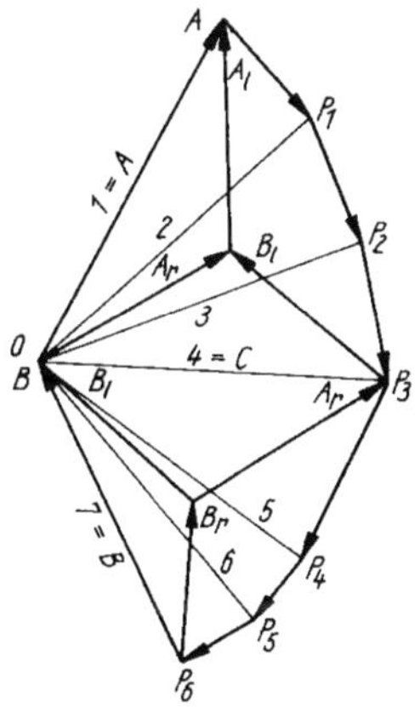

Bild 11.7

In Bild 11.7 ist der zusammengefasste Kräfteplan noch einmal dargestellt. Das im Inneren liegende Parallelogramm war gezeichnet worden, um aus den Auflagerkräften A_l und A_r bzw. B_l und B_r schnell A und B zu finden. Dabei ergibt sich der mit *0* bezeichnete Punkt. Wählt man ihn zum Pol einer neuen Polfigur und zeichnet dazu ein Seileck durch den Auflagerpunkt *a*, so verläuft dieses auch durch das Scheitelgelenk *c* und das Auflager *b*. Das Verfahren stellt einen Weg dar, um durch drei vorgegebene Punkte ein Seileck zu legen. Der Pol muss dann eine ganz bestimmte Lage haben. Es gibt dazu eine allgemeine Methode, die aber hier nicht gezeigt werden kann. Für den Dreigelenkbogen findet man den Pol in der beschriebenen Weise.

Das so gefundene Seileck bezeichnet man als Druck- oder Stützlinie. Sie gibt die Richtung und Größe der inneren Kräfte an. Jeder Seilstrahl ist die Resultierende aller links davon liegenden Kräfte. Die Größe und Richtung kann man dem Kräfteplan entnehmen, die Lage zeigt der Lageplan. So ist z. B. der Seilstrahl *3* die Resultierende aus A, P_1 und P_2, der Seilstrahl *4* die Resultierende aus A, P_1, P_2 und P_3. Im Übrigen entspricht dieser auch gleich der Gelenkkraft C, da er durch *c* verläuft. Würde die Bogenachse genau mit der Stützlinie zusammenfallen, so würden im Bogen nur Normal-, aber keine Querkräfte und Biegemomente auftreten. Für nur druckfeste Baustoffe ist das immer anzustreben. Zumindest soll erreicht werden, dass die Stützlinie im mittleren Drittel des Querschnitts bleibt. Mit Hilfe der Stützlinie lässt sich für eine gegebene Belastung die geeignete Bogenform bzw. Bogendicke bei Massivbaustoffen finden. Man kann sie von vornherein auch ohne Bogen zeichnen, denn ihr Verlauf ist nur abhängig von der Lage der Gelenke *a*, *b* und *c* sowie der Belastung $P_1, ..., P_n$.

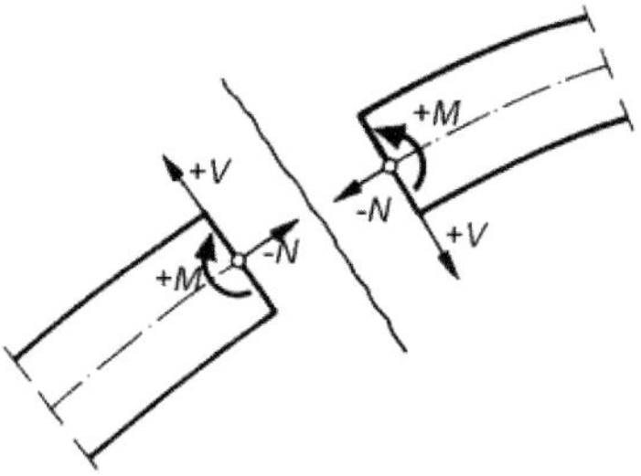

Bild 11.8

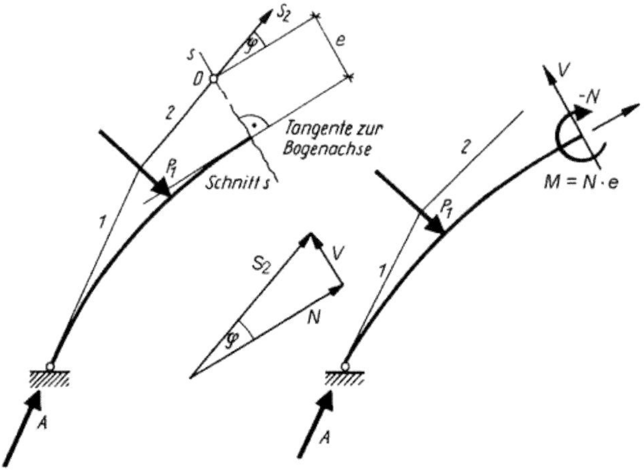

Bild 11.9

Die Stützlinie gibt jeweils die Lage der Resultierenden aller äußeren Kräfte links bzw. rechts vom betreffenden Schnitt an. Die Schnittkräfte *N* und *V* (Bild 11.8) sind die Komponenten davon normal zum Querschnitt und quer zur Bogenachse, während *M* das Moment ist, bezogen auf den Schwerpunkt des Querschnitts. In Bild 11.9 ist die Zerlegung dargestellt. S_2 sei die Resultierende aller Kräfte links vom Schnitt $s - s$. Sie schließt mit der Tangente zur Stabachse im Schnitt $s - s$ den Winkel φ ein. *N* und *V* können zeichnerisch oder auch mit bekannten Beziehungen rechnerisch gefunden werden. Man denkt sich nun S_2 im Punkt *D* durch *N* und *V* ersetzt. Das Biegemoment wird dann $M = Ne$, wobei *e* die Außermittigkeit oder Exzentrizität von S_2 im Schnitt $s - s$ ist.

11.4 Dreigelenktragwerke mit Zugband

Zur Aufnahme der Horizontalkräfte kann beim Dreigelenkbogen, -rahmen oder -fachwerk ein Zugband angeordnet werden. Soll das System dann statisch bestimmt bleiben, muss man ein Kämpfergelenk durch ein bewegliches Auflager ersetzen. Meist wird ein Rollenlager eingebaut. Bei horizontalen Kräften kann allerdings das Zugband auch Druckkräfte erhalten. Es ist dann druckfest auszubilden, damit es nicht ausknickt. Das Zugband kann zwischen den beiden Kämpferpunkten liegen (Bild 11.10) oder auch ganz beliebig die beiden Tragscheiben verbinden. Es wird gelenkig an die beiden Tragscheiben angeschlossen, ohne dass diese geteilt werden (Bild 11.11).

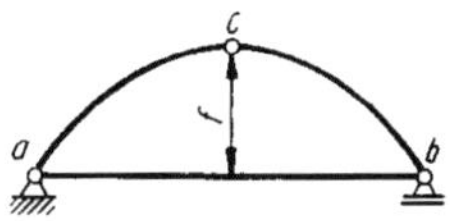

Bild 11.10

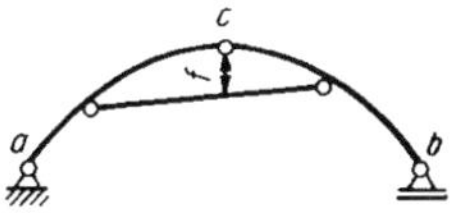

Bild 11.11

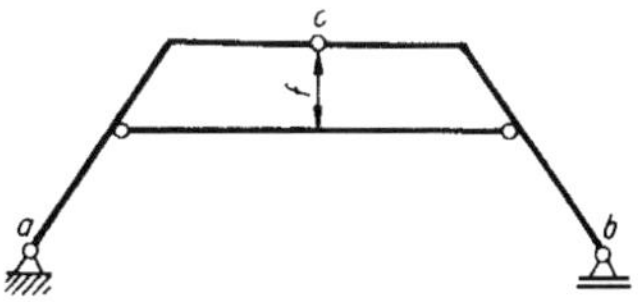

Bild 11.12

Die Auflagerkräfte werden wie beim Träger auf zwei Stützen ermittelt.

Zur Berechnung der Kraft im Zugband legt man einen Schnitt durch dieses und das Scheitelgelenk. Z wird dann aus $\sum M_c = 0$ berechnet. Die Wirkungslinie von Z liegt dabei in der Achse des Zugbandes.

Liegt das Zugband nicht zwischen den beiden Kämpferpunkten, sondern höher (Bild 11.12), wird die Kraft Z genauso aus der Bedingung $\sum M_c = 0$ berechnet, lediglich wird jetzt f der Abstand des Scheitelgelenkes vom Zugband.

Bei schräg liegendem Zugband zerlegt man die Kraft Z in ihre beiden Komponenten Z_v und Z_h. Da man das an jeder Stelle tun kann, wählt man sie so, dass Z_v mit der Wirkungslinie durch das Scheitelgelenk verläuft (Bild 11.13). Die Bedingung $\sum M_c = 0$ lautet dann

$$A\,l_1 - P\,d - Z_h\,f = 0 \;; \qquad Z_h = \frac{A\,l_1 - P\,d}{f} = \frac{M_{0c}}{f}$$

Die Komponente Z_v lässt sich leicht finden, da ja die Wirkungslinie von Z in die Achse des Zugbandes fällt. Für die Berechnung der Schnittgrößen setzt man am besten die Komponenten Z_v und Z_h an den Anschlusspunkten des Zugbandes als äußere Kräfte an.

Ähnliche Bedingungen wie beim Dreigelenkbogen mit Zugband erreicht man bei Kappen oder Gewölben durch die Verwendung von Zugankern.

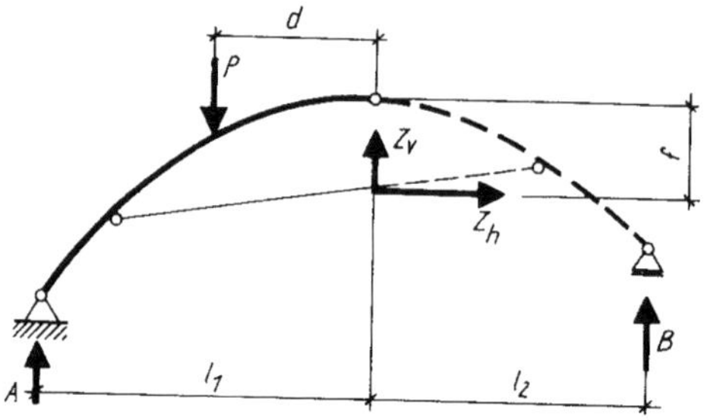

Bild 11.13

Die angeordneten Zuganker übernehmen die Horizontalkräfte, so dass nur noch vertikale Kräfte auf die Träger oder Mauern wirken. Die von den Ankern aufzunehmende Horizontalkraft je Meter Kappenlänge kann man überschläglich nach Gl. (11.1) berechnen. Mit den Bezeichnungen nach Bild 11.14 erhält man:

$$F_H = \frac{M_{oc}}{f} = \frac{g\, l_k^2}{8f}$$

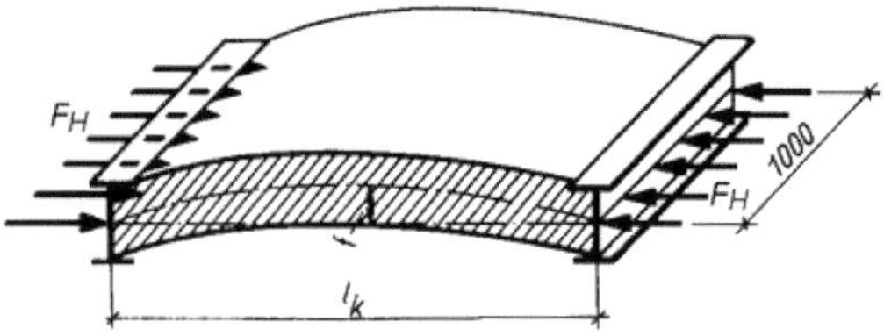

Bild 11.14

11.5 Beispiele

Beispiel 1

Für den in Bild 11.15 dargestellten Dreigelenkrahmen sind die Auflager- und Schnittgrößen zu berechnen.

a) Auflagerkräfte

Es sind nur lotrechte Lasten vorhanden. Es lassen sich demnach die Gln. (11.1) bis (11.3) verwenden. Außerdem liegen die Auflagerpunkte gleich hoch. Damit werden

$$\alpha = 0 \quad \text{und} \quad A_H = A_H',\ B_H = B_H' \quad \text{sowie} \quad A_v = A_0 \quad \text{und} \quad B_v = B_0$$

Das Biegemoment eines Trägers auf zwei Stützen für gleichmäßig verteilte Belastung wird in Trägermitte:

$$M_{0c} = \frac{g\,l^2}{8}$$

$$A_H = B_H = F_H = \frac{M_{0c}}{f} = \frac{20 \cdot 20{,}0^2}{8 \cdot 8{,}0} = 125\ \text{kN}$$

$$A_v = B_v = \frac{g\,l}{2} = \frac{20 \cdot 20{,}0}{2} = 200\ \text{kN}$$

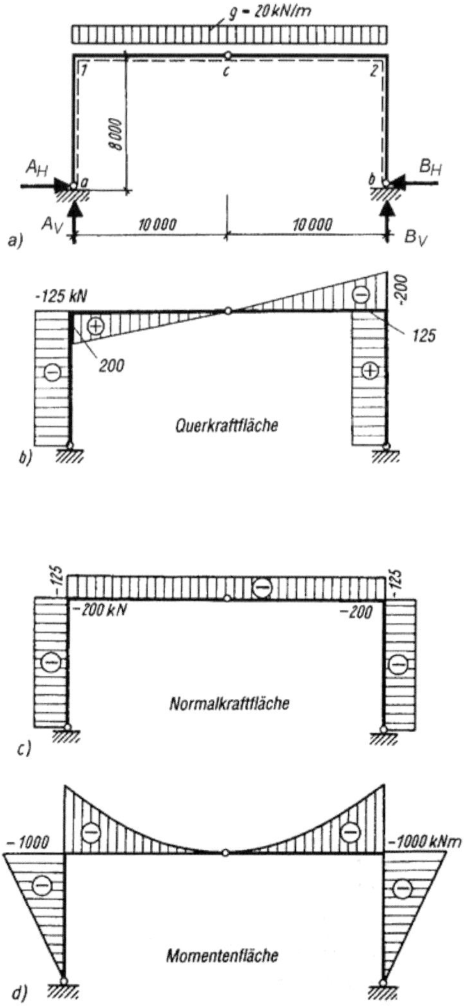

Bild 11.15

b) Normalkräfte (Bild 11.15c)

$N_{ao} = N_{1u} = -200$ kN

$N_{1r} = N_{21} = -125$ kN

$N_{2u} = N_{b0} = -200$ kN

c) Querkräfte (Bild 11.15b)

$V_{ao} = V_{1u} = -125$ kN

$V_{1r} = +200$ kN

$V_c = 200 - 20 \cdot 10{,}0 = 0$

$V_{21} = 200 - 20 \cdot 20{,}0 = -200$ kN

$V_{2u} = V_{b0} = 125$ kN

d) Biegemomente (Bild 11.15d)

$M_a = 0$

$M_1 = -125 \cdot 8{,}0 = -1000$ kN

$M_c = -125 \cdot 8{,}0 + 200 \cdot 10{,}0 - 20 \cdot 10{,}0 \cdot 5{,}0 = 0$ (Kontrolle)

e) Gelenkkräfte

$C_h = 125$ kN; $C_v = 0$

Beispiel 2

Für den in Bild 11.16a dargestellten Dreigelenkbogen sind die Auflager- und Schnittgrößen zu bestimmen. Die Neigungswinkel der Tangenten an die Bogenachse betragen:

$\varphi_a = 58°$; $\varphi_1 = 52°$; $\varphi_2 = 26°$;

$\varphi_c = 0°$; $\varphi_3 = 341{,}5°$; $\varphi_4 = 322{,}5°$;

$\varphi_b = 317°$.

a) Auflagerkräfte

$\sum M_b = 0$: $A_0 \cdot 10{,}0 + 40 \cdot 1{,}0 - 60 \cdot 6{,}0 - 100 \cdot 2{,}0 = 0$

$$A_0 = \frac{1}{10{,}0}(-40 + 360 + 200) = 52 \text{ kN}$$

$\sum M_a = 0$: $-B_0 \cdot 10{,}0 + 40 \cdot 3{,}0 + 60 \cdot 4{,}0 + 100 \cdot 8{,}0 = 0$

$$B_0 = \frac{1}{10{,}0}(120 + 240 + 800) = 116 \text{ kN}$$

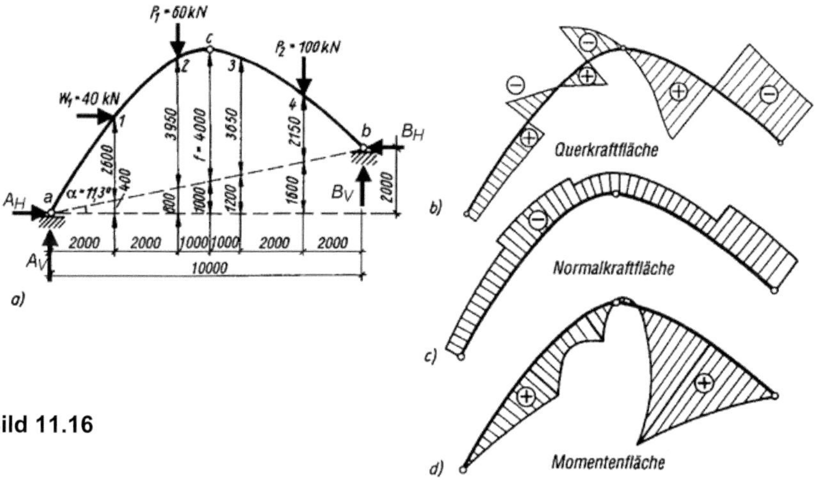

Bild 11.16

Da $H_a' f' = H_a f$ und $H_b' f' = H_b f$ ist, ergeben sich die horizontalen Auflagerkräfte zu:

$\sum M_{cl} = 0$: $\quad -A_H \cdot 4{,}0 + 52 \cdot 5{,}0 - 40 \cdot 2{,}0 - 60 \cdot 1{,}0 = 0$

$$A_H = \frac{1}{4{,}0}(260 - 80 - 60) = 30 \text{ kN}$$

$\sum M_{cr} = 0$: $\quad -B_H \cdot 4{,}0 + 116 \cdot 5{,}0 - 100 \cdot 3{,}0 = 0$

$$B_H = \frac{1}{4{,}0}(580 - 300) = 70 \text{ kN}$$

$A_v = A_0 + A_H \tan\alpha = 52 + 30 \cdot 0{,}2 = 58$ kN

$B_v = B_0 - B_H \tan\alpha = 116 - 70 \cdot 0{,}2 = 102$ kN

b) Quer- und Normalkräfte (Bilder 11.16 b und c)

Punkt *a*: $\varphi_a = 58°$; $\sin\varphi_a = 0{,}85$; $\cos\varphi_a = 0{,}53$

$V_{ao} = 58 \cdot 0{,}53 - 30 \cdot 0{,}85 = 30{,}7 - 25{,}5 = 5{,}2$ kN

$N_{ao} = -58 \cdot 0{,}85 - 30 \cdot 0{,}53 = -49{,}3 - 15{,}9 = -65{,}2$ kN

Punkt *1*: $\varphi_1 = 52°$; $\sin\varphi_1 = 0{,}79$; $\cos\varphi_1 = 0{,}62$

$V_{1l} = 58 \cdot 0{,}62 - 30 \cdot 0{,}79 = 36{,}0 - 23{,}7 = 12{,}3$ kN

$V_{1r} = 58 \cdot 0{,}62 - 70 \cdot 0{,}79 = 36{,}0 - 55{,}2 = -19{,}2$ kN

$N_{1l} = -58 \cdot 0{,}79 - 30 \cdot 0{,}62 = -45{,}8 - 18{,}6 = -63{,}4$ kN

$N_{1r} = -58 \cdot 0{,}79 - 70 \cdot 0{,}62 = -45{,}8 - 43{,}4 = -89{,}2$ kN

Punkt 2: $\varphi_2 = 26°$; sin $\varphi_2 = 0{,}44$; cos $\varphi_2 = 0{,}90$

$V_{2l} = +58 \cdot 0{,}90 - 70 \cdot 0{,}44 = 52{,}2 - 30{,}8 = 21{,}4$ kN

$V_{2r} = -2 \cdot 0{,}90 - 70 \cdot 0{,}44 = -1{,}8 - 30{,}8 = -32{,}6$ kN

$N_{21} = -58 \cdot 0{,}44 - 70 \cdot 0{,}90 = -25{,}5 - 63{,}0 = -88{,}5$ kN

$N_{2r} = 2 \cdot 0{,}44 - 70 \cdot 0{,}90 = 0{,}9 - 63{,}0 = -62{,}1$ kN

Punkt *c*: $\varphi_c = 0$; sin $\varphi_c = 0$; cos $\varphi_c = 1{,}00$

$V_c = -2 \cdot 1{,}0 - 20 \cdot 0 = -2{,}0$ kN $= C_v$

$N_c = 2 \cdot 0 - 70 \cdot 1{,}0 = -70$ kN $= C_h$

Punkt *3*: $\varphi_3 = 341{,}5$; sin $\varphi_3 = -0{,}32$; cos $\varphi_3 = 0{,}95$

$V_3 = -2 \cdot 0{,}95 - 70\,(-0{,}32) = -1{,}9 + 22{,}4 = 20{,}5$ kN

$N_3 = 2\,(-0{,}32) - 70 \cdot 0{,}95 = -0{,}6 - 66{,}56 = -67{,}1$ kN

Punkt *4*: $\varphi_4 = 322{,}5$; sin $\varphi_4 = -0{,}61$; cos $\varphi_4 = 0{,}79$

$V_{4l} = -2 \cdot 0{,}79 - 70\,(-0{,}61) = -1{,}6 + 42{,}7 = 41{,}1$ kN

$V_{4r} = -102 \cdot 0{,}79 - 70\,(-0{,}61) = -80{,}6 + 42{,}7 = -37{,}9$ kN

$N_{41} = 2\,(-0{,}61) - 70 \cdot 0{,}79 = -1{,}2 - 55{,}3 = -56{,}5$ kN

$N_{4r} = 102\,(-0{,}61) - 70 \cdot 0{,}79 = -62{,}2 - 55{,}3 = -117{,}5$ kN

Punkt *b*: $\varphi_b = 317$; sin $\varphi_b = -0{,}68$; cos $\varphi_b = 0{,}76$

$V_{b0} = -102 \cdot 0{,}73 - 70\,(-0{,}68) = -74{,}5 + 47{,}6 = -26{,}9$ kN

$N_{b0} = 102\,(-0{,}68) - 70 \cdot 0{,}73 = -69{,}3 - 51{,}2 = -120{,}5$ kN

c) Biegemomente (Bild 11.16d)

$M_1 = 58 \cdot 2{,}0 - 30 \cdot 3{,}0 = 116 - 90 = 26$ kNm

$M_2 = 58 \cdot 4{,}0 - 30 \cdot 4{,}75 - 40 \cdot 1{,}75 = 232 - 142{,}5 - 70 = 19{,}5$ kNm

$M_3 = 102 \cdot 4{,}0 - 70 \cdot 2{,}85 - 100 \cdot 2{,}0 = 8{,}5$ kNm

$M_4 = 102 \cdot 2{,}0 - 70 \cdot 1{,}75 = 81{,}5$ kNm

Beispiel 3

Für das in Bild 11.17a dargestellte Dreigelenkfachwerk sind die Auflager- und Stabkräfte rechnerisch zu bestimmen.

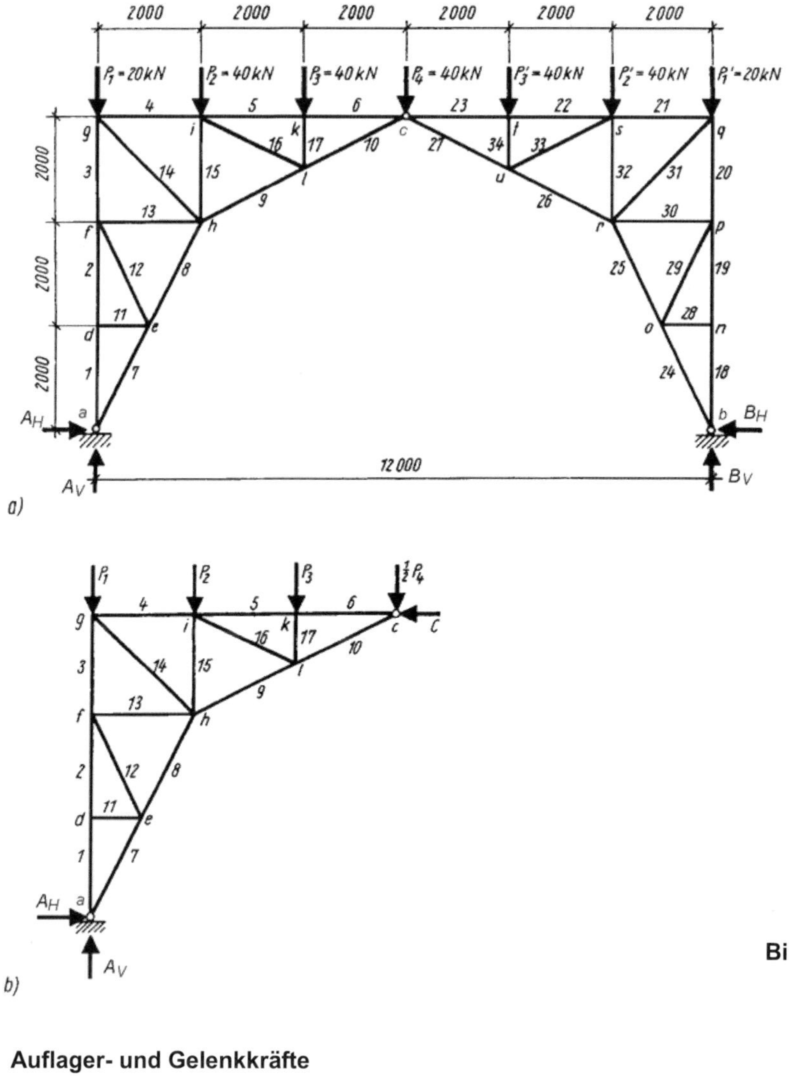

Bild 11.17

a) Auflager- und Gelenkkräfte

Die Berechnung der Auflager- und Gelenkkräfte unterscheidet sich in keiner Weise von der des Dreigelenkrahmens. Die Stabkräfte können dann wie bei jedem anderen Fachwerk graphisch oder analytisch bestimmt werden. Zur Vereinfachung werden nach Berechnung der Auflager- und Gelenkkräfte die beiden Tragscheiben getrennt betrachtet:

$$A_V = B_V = \frac{1}{2}\sum P = 120 \text{ kN}$$

$$A_H = B_H = \frac{1}{6{,}0}(120 \cdot 6{,}0 - 20 \cdot 6{,}0 - 40 \cdot 4{,}0 - 40 \cdot 2{,}0) = 60 \text{ kN}$$

$$C_h = 60 \text{ kN}; \qquad C_v = 0$$

b) Stabkräfte (Bild 11.17b)

Nach Schnitt durch Stab *1* und *7* wird für Knoten a $\sum F_{H,a} = 0$ und $\sum F_{V,a} = 0$ angesetzt:

$$A_H + S_{7h} = 0; \qquad S_{7h} = -60 \text{ kN}$$

$$\frac{S_{7h}}{S_{7v}} = \frac{1{,}0}{2{,}0}; \qquad S_{7v} = -120 \text{ kN}$$

$$S_7 = -\sqrt{S_{7h}^2 + S_{7v}^2} = -134{,}1 \text{ kN}$$

$$A_v + S_{7v} + S_1 = 0; \qquad S_1 = -120 + 120 = 0$$

Die Stäbe *11, 12* und *13* sind Nullstäbe (nach Abschnitt 9.2.).

Daraus folgt

$$S_2 = S_3 = S_1 = 0; \qquad S_8 = S_7 = -134{,}1 \text{ kN}$$

Dass die Stabkräfte S_1, S_2, und S_3 gleich Null sind, ist rein zufälliger Natur und kann von vornherein nicht erkannt werden. Es liegt hier daran, dass die Resultierende aus H_a und A_v genau in Richtung von Stab *7* zeigt. Dagegen sind die Stäbe *11*, *12* und *13* sofort als Nullstäbe auszumachen.

Nach Rundschnitt um Knoten *g* werden S_4 und S_{14} berechnet.

$$\sum F_{V,g} = 0: \qquad -P_1 - S_{14v} - S_3 = 0$$

$$S_{14v} = -20 \text{ kN}$$

$$\frac{S_{14v}}{S_{14h}} = \frac{2{,}0}{2{,}0}; \qquad S_{14h} = -20 \text{ kN}$$

$$S_{14} = -28{,}3 \text{ kN}$$

$$\sum F_{H,g} = 0: \qquad S_{4h} + S_{14h} = 0$$

$$S_4 = S_{4h} = 20 \text{ kN}$$

Nach Abtrennen von Knoten *c* werden S_6 und S_{10} berechnet.

$$\sum F_{V,c} = 0 \qquad -\frac{1}{2}P_4 - S_{10v} = 0$$

$$\frac{S_{10v}}{S_{10h}} = \frac{1{,}0}{2{,}0}; \qquad S_{10v} = -20 \text{ kN}$$

$$S_{10h} = -40 \text{ kN}$$

$$S_{10} = -\sqrt{40^2 + 20^2} = -44{,}7 \text{ kN}$$

$\sum F_{H,v} = 0$; $\quad -C - S_{6h} - S_{10h} = 0$

$S_{6h} = S_6 = 40 - 60 = -20$ kN

Am Knoten *k* liegen jeweils zwei Kräfte in einer Richtung. Danach wird

$S_5 = S_6 = -20$ kN; $\quad S_{17} = -P_3 = -40$ kN.

Durch Rundschnitt wird Knoten *i* herausgetrennt.

$\sum F_{H,i} = 0$: $\quad -S_4 + S_5 + S_{16h} = 0$

$S_{16h} = 20 + 20 = 40$ kN

$\frac{S_{16v}}{S_{16h}} = \frac{1{,}0}{2{,}0}$; $\quad S_{16v} = 20$ kN

$S_{16} = 44{,}7$ kN

$\sum F_{v,i} = 0$; $\quad -P_2 - S_{15v} - S_{16v} = 0$

$S_{15v} = S_{15} = -40 - 20 = -60$ kN

Zur Berechnung von S_9 gibt es verschiedene Möglichkeiten. Es wird ein Schnitt durch die Stäbe *5, 16* und 9 gelegt. Aus $\sum F_H = 0$ für den links davon liegenden Tragwerksteil folgt:

$+A_H + S_5 + S_{16h} + S_{9h} = 0$

$S_{9h} = -60 + 20 - 40 = -80$ kN

$S_{9v} = -40$ kN

$$S_g = -\sqrt{80^2 + 40^2} = -89{,}3 \text{ kN}$$

Damit sind alle Stabkräfte berechnet. Wegen der Symmetrie des Tragwerkes und der Belastung sind die Kräfte der Stäbe *18* bis *34* damit ebenfalls bestimmt.

Beispiel 4

Für die in Bild 11.18 dargestellte Belastung ist durch die Gelenke *a*, *b* und *c* die Stützlinie zu konstruieren.

Lösung: Man teilt die gleichmäßig verteilte Last in Einzelbereiche ein und ersetzt diese durch ihre Resultierende. Somit hat man die gleichmäßig verteilte Last in ein System von Einzellasten verwandelt, für das man nach den gezeigten Verfahren die Stützlinie konstruieren kann. Infolge der Symmetrie der Belastung und des Tragwerkes kann das Verfahren etwas abgekürzt werden; außerdem genügt es, die Lösung für eine Bogenhälfte durchzuführen.

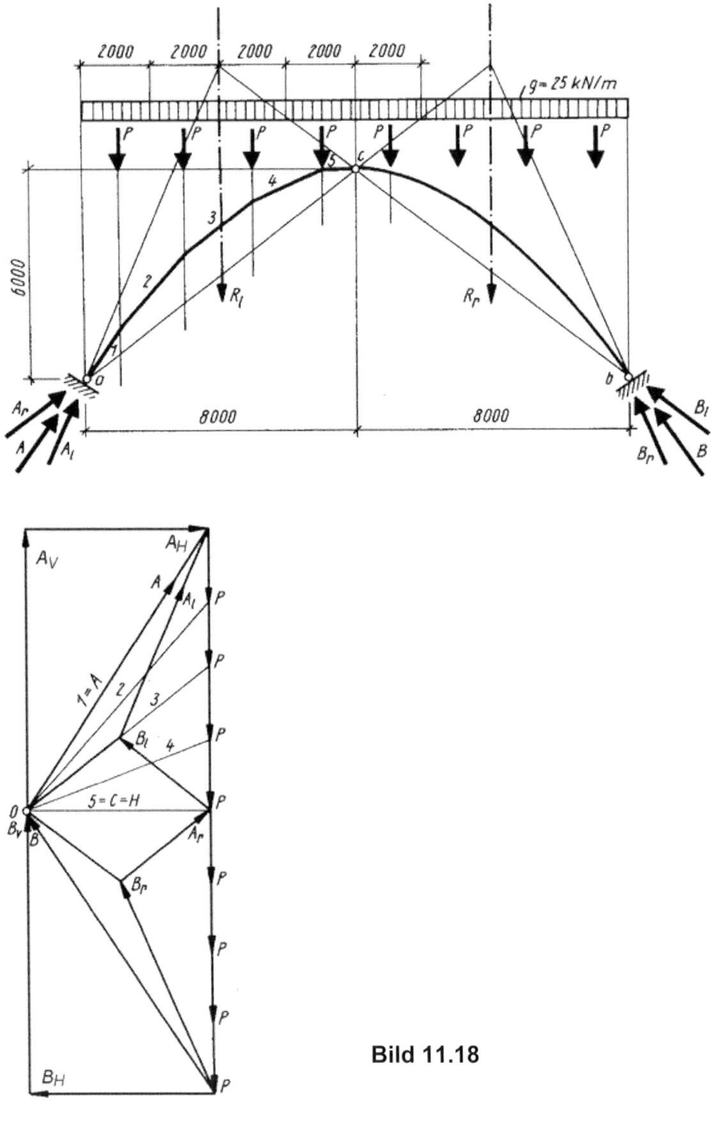

Bild 11.18

Der geknickte Verlauf der Stützlinie ist allerdings noch nicht der gesuchte, weil man in Wirklichkeit keine Einzellasten, sondern eine gleichmäßig verteilte Belastung hat. Man zeichnet deshalb in den geknickten Linienzug eine Kurve, die die geknickte Stützlinie jeweils an den Teilungspunkten der Lastabschnitte berührt. Die geknickte Stützlinie für die Einzellasten ist also die Umhüllende der wirklichen Stützlinie (rechts wurde nur die Kurve eingezeichnet).

Für diesen Fall erhält man als Stützlinie eine Parabel. Die rechnerische Begründung hierfür ist bereits in Abschnitt 11.2 gebracht worden.

Beispiel 5

Die Auflager- und Schnittgrößen des Dreigelenkrahmens nach Bild 11.19a sollen berechnet werden.

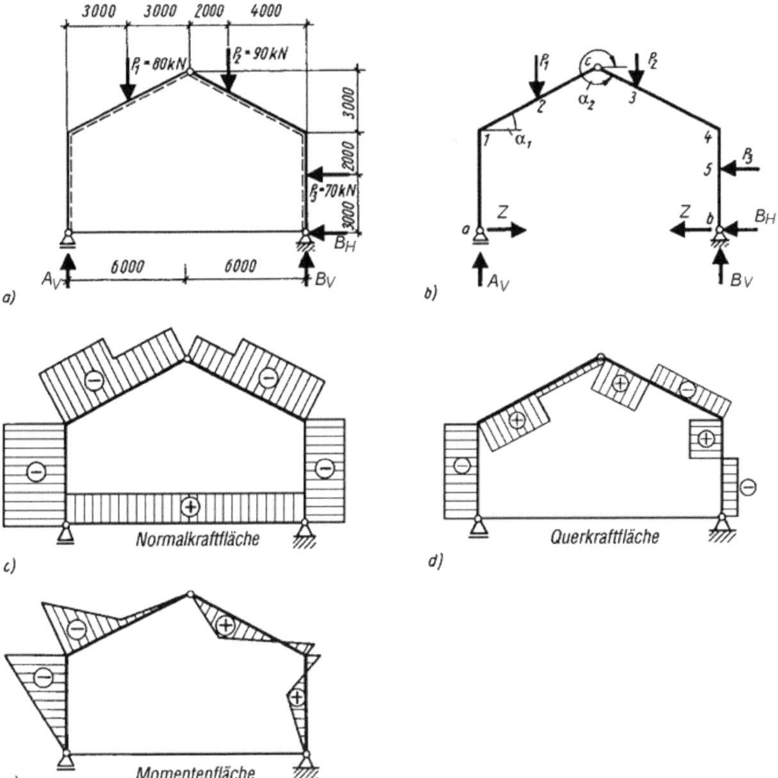

Bild 11.19

a) Auflagerkräfte und Kraft im Zugband

$\sum M_b = 0:$ $\qquad A_V \cdot 12{,}0 - 80 \cdot 9{,}0 - 90 \cdot 4{,}0 - 70 \cdot 3{,}0 = 0$

$$A_V = \frac{1}{12{,}0}(720 + 360 + 210) = 107{,}5 \text{ kN}$$

$\sum M_a = 0:$ $\quad -B_v \cdot 12{,}0 + 80 \cdot 3{,}0 + 90 \cdot 8{,}0 - 70 \cdot 3{,}0 = 0$

$B_v = \frac{1}{12}(240 + 720 - 210) = 62{,}5 \text{ kN}$

$\sum F_{H,a} = 0:$ $\quad -B_h - 70 = 0$

$B_h = -70 \text{ kN}$

$\sum M_c = 0:$ $\quad -Z \cdot 8{,}0 + 107{,}5 \cdot 6{,}0 - 80 \cdot 3{,}0 = 0$

$Z = \frac{1}{8{,}0}(645 - 240) = 50{,}7 \text{ kN}$

b) Normal- und Querkräfte (Bilder 11.19c und d)

$\tan \alpha_1 = 0{,}5$; $\quad \alpha_1 = 26{,}6°$; $\quad \sin \alpha_1 = 0{,}448$
$\cos \alpha_1 = 0{,}894$

$\alpha_2 = 333{,}4°$; $\quad \sin \alpha_2 = -0{,}448$
$\cos \alpha_2 = 0{,}894$

$N_{ao} = N_{1u} = -107{,}5 \text{ kN}$

$N_{1r} = N_{2l} = -107{,}5 \cdot 0{,}448 - 50{,}7 \cdot 0{,}894 = -48{,}2 - 45{,}3 = -93{,}5 \text{ kN}$

$N_{2r} = N_{cl} = -27{,}5 \cdot 0{,}448 - 50{,}7 \cdot 0{,}894 = -12{,}3 - 45{,}3 = -57{,}6 \text{ kN}$

$N_{cr} = N_{3l} = -27{,}5\,(-0{,}448) - 50{,}7 \cdot 0{,}894 = 12{,}3 - 45{,}3 = -33{,}0 \text{ kN}$

$N_{3r} = N_{4l} = 62{,}5\,(-0{,}448) - 50{,}7 \cdot 0{,}894 = -28{,}0 - 45{,}3 = -73{,}3 \text{ kN}$

$N_{4u} = N_{bo} = -62{,}5 \text{ kN}$

$V_{ao} = V_{1u} = -50{,}7 \text{ kN}$

$V_{1r} = V_{2l} = 107{,}5 \cdot 0{,}894 - 50{,}7 \cdot 0{,}448 = 96 - 22{,}7 = 73{,}3 \text{ kN}$

$V_{2r} = V_{cl} = 27{,}5 \cdot 0{,}894 - 50{,}7 \cdot 0{,}448 = 24{,}6 - 22{,}7 = 1{,}9 \text{ kN}$

$V_{cr} = V_{3l} = 27{,}5 \cdot 0{,}894 - 50{,}7\,(-0{,}448) = 24{,}6 + 22{,}7 = 47{,}3 \text{ kN}$

$V_{3r} = V_{4l} = -62{,}5 \cdot 0{,}894 - 50{,}7\,(-0{,}448) = -55{,}8 + 22{,}7 = -33{,}1 \text{ kN}$

$V_{4u} = V_{5o} = +50{,}7 \text{ kN}$

$V_{5u} = V_{bo} = +50{,}7 - 70 = -19{,}3 \text{ kN}$

c) Biegemomente (Bild 11.19c)

$M_a = M_b = M_c = 0$

$M_1 = -50{,}7 \cdot 5{,}0 = -253{,}5 \text{ kNm}$

$M_2 = -50{,}7 \cdot 6{,}50 + 107{,}5 \cdot 3{,}0 = -330 + 322{,}5 = -7{,}5 \text{ kNm}$

$M_3 = -50{,}7 \cdot 7{,}00 + 107{,}5 \cdot 8{,}0 - 80 \cdot 5{,}0 = -354{,}9 + 860 - 400 = 105{,}1 \text{ kNm}$

$M_4 = -50{,}7 \cdot 5{,}0 + 70 \cdot 5{,}0 - 70 \cdot 2{,}0 = -253{,}5 + 350 - 140 = -43{,}5 \text{ kNm}$

$M_5 = -50{,}7 \cdot 3{,}0 + 70 \cdot 3{,}0 = -152{,}1 + 210 = 57{,}9 \text{ kN}$

12 Einwirkungen auf Tragwerke

12.1 Grundlagen

Bei den bisher behandelten Aufgaben wurden die Einwirkungen (Belastungen) auf die Bauteile als bekannt vorausgesetzt. Ihre Ermittlung gehört ebenfalls zum Bestandteil einer statischen Berechnung. Jeder Untersuchung der einzelnen Bauteile geht die Ermittlung der Einwirkungen voraus. Dabei muss sorgfältig vorgegangen werden, damit man nicht bereits mit falschen Voraussetzungen an die Berechnung herangeht. Die Sorgfalt soll sich dabei nicht auf einige Newton mehr oder weniger Last erstrecken, sondern es müssen alle möglichen Wirkungen und ihre Weiterleitung in den Baugrund zutreffend erfasst werden.

Jede Lastenermittlung arbeitet mit Idealisierungen der wirklichen Belastung, wobei Abweichungen unvermeidlich sind. Zum einen ergeben sich aus Toleranzen in den Abmessungen der Bauteile Streuungen in den Eigenlasten; zum anderen ist die Belastung aus der Nutzung sehr vielfältig und oft nur in Form einer Ersatzlast zu erfassen.

Die Reihenfolge der Lastenermittlung ist durch den Fluss der Kräfte im Tragwerk festgelegt. Es empfiehlt sich daher, bei dem Bauteil zu beginnen, das zuletzt eingebaut wird. Im Hochbau wird dies meist das Dach sein. Dazu kommen dann die Lasten der Wände und Decken.

Den Abschluss bildet das Fundament. Dort werden alle Lasten an den Baugrund abgegeben.

In diesem Teil soll an Beispielen gezeigt werden, wie man für einfache Tragglieder des Hochbaues die Belastung ermittelt.

Alle Kräfte, die auf ein Bauteil einwirken, haben ihre Ursache in Eigenlasten, chemischen oder physikalischen Veränderungen der Baustoffe oder des Baugrundes und dem Betriebszustand. Man unterscheidet z. B. in:

Eigenlasten
Verkehrslasten
Schneelasten
Windlasten
Flüssigkeitsdruck
Bremskräfte
Reibungskräfte
Erddruck und seitlicher Druck von Schüttgütern

Bei statisch unbestimmten Systemen außerdem in:

Kräfte aus Temperaturschwankungen

Schwinden und Kriechen

Auflageverschiebungen

Weiterhin ist zu beachten, dass neben den bereits angeführten Wirkungen bei jeder Art von Beschleunigungen (Anfahren, Bremsen, Heben, Senken, Drehen) zusätzliche Kräfte auftreten.

Ihre Untersuchung gehört in das Gebiet der Dynamik. Die Betrachtung von ruhenden oder bewegten Flüssigkeiten erfolgt in der Hydrostatik und Hydrodynamik, während die Ermittlung des Erddruckes und Erdwiderstandes in der Baugrundmechanik gelehrt wird. Deshalb wird hier nur auf Belastungen eingegangen, mit denen überwiegend im Hochbau zu rechnen ist.

Die Lasten, die der Berechnung eines Bauwerkes zugrunde zu legen sind, müssen vom Ingenieur nicht selbst festgelegt werden. Für alle Arten von Bauwerken und Baustoffen bestehen entsprechende Vorschriften.

Die am häufigsten gebrauchten und allgemein zu verwendenden Lasten sind nach Einführung des Eurocode im Eurocode 1 „Einwirkungen auf Tragwerke" (DIN EN 1991-1) festgelegt. Diese enthalten:

Teil 1-1: Allgemeine Einwirkungen auf Tragwerke; Wichten und Flächenlasten von Baustoffen, Bauteilen und Lagerstoffen

Teil 1-2: Allgemeine Einwirkungen; Brandeinwirkungen auf Bauwerke

Teil 1-3: Allgemeine Einwirkungen; Schneelasten

Teil 1-4: Allgemeine Einwirkungen; Windlasten

Teil 1-5: Allgemeine Einwirkungen – Temperatureinwirkungen

Teil 1-6: Allgemeine Einwirkungen; Einwirkungen während der Bauausführung

Teil 1-7: Allgemeine Einwirkungen – Außergewöhnliche Einwirkungen

Teil 2: Verkehrslasten auf Brücken

Teil 3: Einwirkungen infolge von Kranen und Maschinen

Teil 4: Einwirkungen auf Silos und Flüssigkeitsbehälter

In speziellen Normen sind vielfach weitere Einwirkungen enthalten. Hier sind z. B. zu nennen: Vorschriften für Stabilitätsfälle im Stahlbau, Einwirkungen auf fliegende Bauten, Schornsteine, Klimalasten auf Thermoglasfenster, Einwirkungen auf Kletterwände u. a.

Weitere Einwirkungen sind häufig auch in speziellen Dienstvorschriften enthalten, z. B. Angaben für Bauwerke der Eisenbahn, Fern- und Fahrleitungsanlagen oder den Bau von Kraftwerksanlagen.

Bei der Zusammenstellung der Einwirkungen zu Lastfällen (Lastkombinationen) ist die zeitliche Wirksamkeit bedeutsam:

- ständig wirkende Lasten (Eigenlast des Tragwerkes, feststehende Ausbaulasten)
- nicht ständig wirkende Lasten (Ausbaulasten mit unbestimmtem Einbauort, Lasten aus Umwelteinwirkungen, Nutzlasten und Betriebslasten)

Weiterhin wird die Bedeutung und die Häufigkeit des Auftretens der Lasten erfasst:

- ständige Situation – Symbol *P* (ständige Lasten, wesentliche und regelmäßig auftretende andere Lasten)
- vorübergehende Situation – Symbol *T* (alle übrigen nicht ständig wirksamen Lasten)
- außergewöhnliche Situation – Symbol *A* (z. B. Anprall, Erdbeben)

Hieraus und aus der Art der Einwirkung können dann die aus dem Sicherheitskonzept herrührenden Teilsicherheitsbeiwerte und Kombinationsbeiwerte bestimmt werden.

Die Vorschriften zu den Einwirkungen enthalten charakteristische Lasten (Indizes *k*). Für die Nachweise sind die Werte (auch als Gebrauchslasten oder Normlasten bezeichnet) noch mit Teilsicherheitsbeiwerten zu multiplizieren, um die Bemessungswerte (Indizes *d*) zu erhalten. Diese Teilsicherheitsbeiwerte der Einwirkungen sind in Eurocode DIN EN 1990 bzw. ehemals in der DIN 1055-100 enthalten. In Deutschland wurde seit der Einführung der alten DIN 18800:1990-11 im Stahlbau bereits mit Teilsicherheitsbeiwerten zu rechnen. Die entsprechenden Grundlagen wurden in Kapitel 1 vermittelt.

Es ist erkennbar, dass die konkrete Ermittlung der Einwirkungen und die korrekte Überlagerung (genannt sei hier beispielhaft nur die Überlagerung von Wind- und Schneelasten) sehr vielfältig sein können.

Die folgenden Beispiele sollen nur allgemeine Grundsätze aufzeigen. Auf die Vielfalt der Möglichkeiten kann in dem hier vorgesehenen Rahmen allerdings nicht eingegangen werden.

Die Ermittlung der Einwirkungen bildet die Grundlage für die Berechnung der Kräfte, die von den Gliedern eines Tragwerkes weitergeleitet werden müssen. Die Abmessungen werden danach festgelegt, soweit nicht konstruktive Gesichtspunkte größere Abmessungen erfordern. Die Eigenlasten der Bauteile, deren Abmessungen erst ermittelt werden sollen, müssen aber schon bei der Lastenermittlung berücksichtigt werden.

Dazu dient eine Vorbemessung, mit der durch überschlägliche Rechnung die ungefähren Abmessungen bestimmt werden. Soweit Erfahrungen mit ausgeführten ähnlichen Bauwerken vorliegen, lassen sich die Eigenlasten auch danach gut abschätzen. Weichen die erforderlichen Abmessungen wesentlich von den Annahmen ab, so ist die Untersuchung mit den korrigierten Werten zu wiederholen.

12.2 Lastermittlung für einzelne Tragwerkglieder mit Beispielrechnungen

Deckenträger und Decken

In diesem Fall wird mit der Berechnung der Eigenlast und der Verkehrslast von 1 m² Deckenfläche begonnen. Anschließend ermittelt man damit die Belastung der Deckenträger. Aus der Fläche, deren Last ein Träger übernehmen muss, kann die Größe und Verteilung berechnet werden. Die Eigenlast der Träger muss zunächst geschätzt werden. Meist macht sie nur einen geringen Teil der sonstigen Belastung aus. Einige Beispiele sollen die Berechnung zeigen.

Beispiel 1

Die Decke des Kellergeschosses mit einem Grundriss nach Bild 12.1 soll untersucht werden. Vorhanden sind ½ Stein dicke Kappen zwischen I-Trägern. In der Längsachse des Gebäudes liegt ein Unterzug als Durchlaufträger auf vier Stützen. Die Nebenträger sind Träger auf zwei Stützen, die jeweils vom Unterzug bis zur Mauer spannen. Die Verkehrslast ist mit p_k = 3,5 kN/m² einzusetzen.

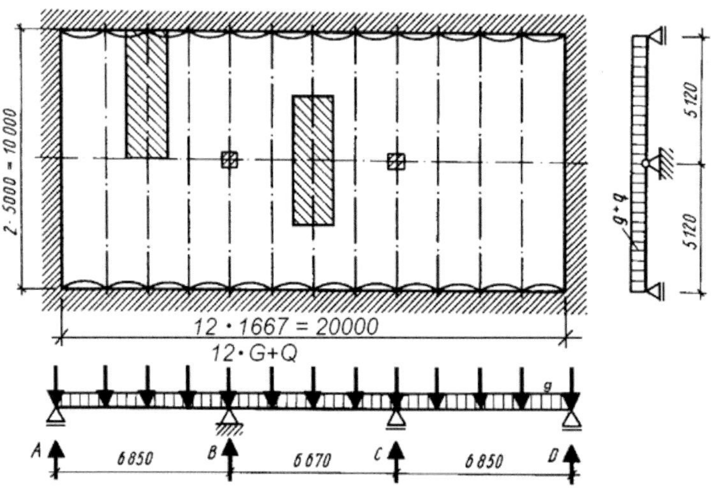

Bild 12.1

a) Ermittlung der Deckenlast

½ Stein dickes Kappengewölbe mit Hintermauerung		$2{,}75\ kN/m^2$
Ausgleichsbeton i. M. 5 cm	$0{,}05 \cdot 24 =$	$1{,}20\ kN/m^2$
2 cm Zementstrich	$0{,}02 \cdot 22 =$	$0{,}44\ kN/m^2$
2cm Asphaltmastix	$0{,}02 \cdot 18 =$	$0{,}36\ kN/m^2$
Pinselputz an Unterseite		$0{,}20\ kN/m^2$
ständige Belastung		$g_k = 4{,}95\ kN/m^2$
Verkehrslast		$q_k = 3{,}50\ kN/m^2$

b) Belastung eines Nebenträgers

ständige Last der Decke	$1{,}67 \cdot 4{,}95 =$	$8{,}27\ kN/m$
Eigenlast		$0{,}40\ kN/m$
ständige Last		$g_k = 8{,}67\ kN/m$
Verkehrslast	$1{,}67 \cdot 3{,}5 =$	$q_k = 5{,}85\ kN/m$

Die Stützweite wird $l = 1{,}025 \cdot 5{,}0 = 5{,}12$ m.

Jeder Nebenträger hat die Last des schraffierten Streifens in Bild 12.1 links zu übernehmen. Auf 1 m Trägerlänge entfällt die Last von 1,67 m^2 Deckenfläche. Wie zu erkennen ist, ergibt sich demnach die Größe der gleichmäßig verteilten Belastung als Produkt aus Deckenlast und Belastungsbreite *b* (hier 1,67 m). Bild 12.1 rechts zeigt die Belastungsskizze für zwei Nebenträger. Die Belastung des Unterzuges besteht aus den Auflagerkräften der Nebenträger und der Eigenlast.

c) Belastung des Unterzuges

Einzellasten aus den Nebenträgern:

$$G_k = 2 \cdot \tfrac{1}{2} \cdot 8{,}67 \cdot 5{,}12 = 44{,}4\ kN$$

$$Q_k = 2 \cdot \tfrac{1}{2} \cdot 5{,}85 \cdot 5{,}12 = 30{,}0\ kN$$

Gleichmäßig verteilte Eigenlast des Unterzuges:

$$g_k = 1{,}00\ kN/m$$

Die Belastung des Unterzuges zeigt Bild 12.1.

Beispiel 2

Für einen Raum mit den lichten Weiten l_1 = 5,30 m und l_2 = 8,40 m wird eine Stahlbetondecke vorgesehen.

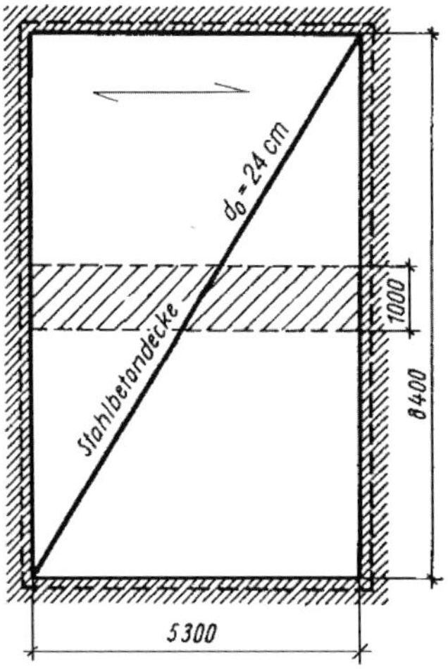

Bild 12.2

d_0 = 24 cm

q_k = 5,0 kN/m²

Die Decke wird über die kürzere Stützweite gespannt. Die Belastung, Querkräfte und Biegemomente werden für einen Streifen von 1 m Breite errechnet. Da 1 m Belastungsbreite vorliegt, entspricht die Last je Quadratmeter Deckenfläche gleich der Last je Meter Länge eines solchen Streifens (Bild 12.2). Die Berechnung ergibt:

Deckeneigenlast	0,24 · 25 = 6,00 kN/m²
Belag + Putz	1,50 kN/m²
ständige Last	g_k = 7,50 kN/m²
Verkehrslast	q_k = 5,00 kN/m²

Für Belag und Putz sind hier ohne nähere Aufgliederung 1,50 kN/m² eingesetzt. Bei normalen Wohnungsdecken ergeben sich häufig Werte von 1,00 bis 2,00 kN/m². Bei der Vielfältigkeit heutiger Ausführungen ist immer eine genauere Ermittlung ratsam.

Bei einer Vorberechnung, bei der noch nicht alle Einzelheiten der Ausführung festliegen, muss man oft auf Erfahrungswerte zurückgreifen.

Träger in Wänden und unter Decken

Man beginnt die Berechnung bei der Eigenlast von 1 m² Mauerwerk. Aus der Höhe der Mauer lässt sich dann die Belastung je Meter Trägerlänge bestimmen. Einflüsse von Dach- und Deckenlasten sind zu berücksichtigen. Dachstiele alter Pfettendächer sind hier beispielsweise zu erwähnen. Diese stehen häufig auf Wänden, die sonst nichttragend sind bzw. nur aussteifende Funktion haben und über 4 bis 5 Etagen mit einer Wandstärke von „nur“ 11,5 cm ausgebildet sind.

Weiterhin ist auf Fenster und unterschiedliche Mauerdicke zu achten.

Bei Sturz- und Abfangträgern unter Wänden braucht als Belastung nur das Gewicht des Teils der Wände eingesetzt zu werden, das durch ein gleichseitiges Dreieck über dem Träger umschlossen wird (Einzelheiten siehe Vorschriften über Mauerwerk). Man hat es dann mit einer dreieckförmigen Belastung zu tun. Einige Beispiele sollen auch hier die Berechnung aufzeigen.

Beispiel 3

In einer Wand von 36,5 cm Dicke aus Mauerwerk mit einer Steinrohdichte von 1,8 g/cm³ soll eine Öffnung von 2,20 m Lichtweite durch einen Sturz überdeckt werden. Die Belastung ist zu ermitteln. Der Sturz ist aus Stahlbeton. Sein Eigengewicht wird mit 2,50 kN/m geschätzt (Bild 12.3). Man errechnet zunächst das Gewicht von 1 m² Wand (einschließlich Putz).

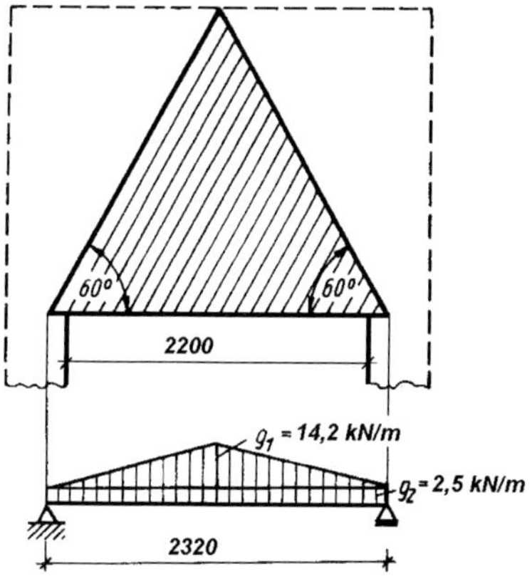

Bild 12.3

$$g' = 0{,}365 \cdot 1{,}0 \cdot 1{,}0 \cdot 18 + 2 \cdot 0{,}25 = 7{,}07 \text{ kN/m}^2$$

Die Höhe des Mauerwerks wird ($l = 1{,}05 \cdot 2{,}20 = 2{,}32$ m):

$$h = \frac{2{,}32}{2} \cdot \tan 60° = 1{,}16 \cdot 1{,}73 = 2{,}01 \text{ m}$$

Die Lastordinate für die Dreiecklast in Trägermitte beträgt

$$g_{k,1} = 2{,}01 \cdot 7{,}07 = 14{,}2 \text{ kN/m}$$

Bild 12.3 zeigt die Belastung, mit der dann weiter gerechnet wird. In den Vorschriften für Mauerwerk ist auch geregelt, wie mit den Deckenauflagern zu verfahren ist, die in diesem Lastdreieck liegen.

Beispiel 4

Ein Träger hat die Last einer 11,5 cm dicken Trennwand aufzunehmen. Diese selbst ist unbelastet und besteht aus Mauerwerk mit einer Steinrohdichte von 1,2 g/cm³ (Bild 12.4). Die Decke ist senkrecht zur Wand gespannt, belastet also auch den Träger. Auf der Decke sind weitere unbelastete leichte Trennwände (im Trockenbau) angeordnet. Diese können mit einem Trennwandzuschlag berücksichtigt werden. Ihr maximales Gewicht beträgt 100 kg/m².

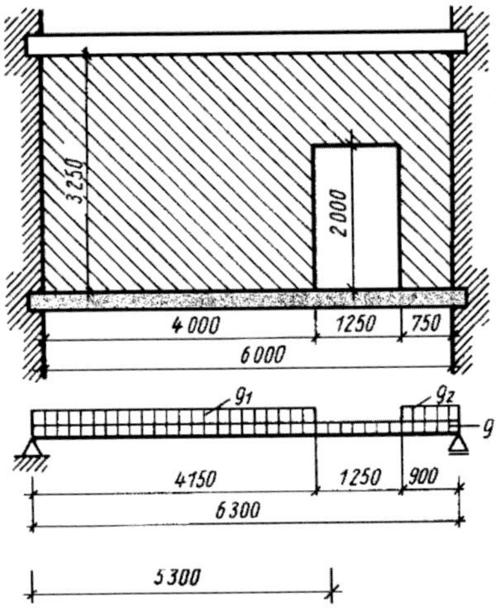

Bild 12.4

a) Belastungsannahmen

Wandeigengewicht mit beiderseitigem Putz	
(0,115 · 14,0 + 2 · 0,25) =	2,11 kN/m²
Deckeneigengewicht (z. B. alte Holzbalkendecke)	2,50 kN/m²
Fußbodenaufbau	1,50 kN/m²
Trennwandzuschlag	0,80 kN/m²
Verkehrslast	2,00 kN/m²

b) Lastenermittlung

Man berechnet zunächst das Gesamtgewicht der Lasten aus der Wand links und rechts der Tür. Dann wandelt man dieses in eine gleichmäßig verteilte Last um (Bild 12.4).

$$G_{k1} = 2{,}11\ (4{,}15 \cdot 3{,}25 + 0{,}63 \cdot 1{,}25) = 30{,}20\ \text{kN}$$

$$G_{k2} = 2{,}11\ (0{,}90 \cdot 3{,}25 + 0{,}63 \cdot 1{,}25) = 7{,}86\ \text{kN}$$

$$g_{k_1} = \frac{30{,}20}{4{,}15} = 7{,}30\ \text{kN/m}$$

$$g_{k_2} = \frac{7{,}86}{0{,}90} = 8{,}75\ \text{kN/m}$$

$g_k = 0{,}50$ kN/m (Trägereigenlast)

Die Einflussbreite der Decke beträgt 3,00 m.

ständige Last: $g_k = (2{,}50 + 1{,}50)\ 3{,}00 = 12{,}00$ kN/m

Verkehrslast (Der Trennwandzuschlag ist der Verkehrslast zuzuordnen!):

$$p_k = (0{,}80 + 2{,}00)\ 3{,}00 = 8{,}40\ \text{kN/m}$$

c) Bemessungswerte

Alle charakteristischen Lasten (Gebrauchslasten) sind noch mit Teilsicherheitsbeiwerten bzw. Kombinationsbeiwerten zu multiplizieren.

Da alle vertikalen Verkehrslasten *einer* Einwirkung zuzuordnen sind, ist bei der Bildung von Grundkombinationen der Kombinationsbeiwert $\psi = 1{,}0$ für alle Einwirkungen zu setzen. Es ergibt sich mit:

$\gamma_F = 1{,}35$ für ständige Last und

$\gamma_F = 1{,}50$ für Verkehrsbelastung

$$G_d = \gamma_F \cdot G_k$$

$$g_{d,0} = 1{,}35 \cdot (0{,}50 + 12{,}00) = 16{,}7\ \text{kN/m}$$

$$g_{d,1} = 1{,}35 \cdot (0{,}50 + 7{,}30 + 12{,}00) = 26{,}8\ \text{kN/m}$$

$$g_{d,2} = 1{,}35 \cdot (0{,}50 + 8{,}75 + 12{,}00) = 28{,}7\ \text{kN/m}$$

$$Q_{i,d} = \gamma_F \cdot \psi \cdot Q_{i,k}$$

$$q_d = 1{,}5 \cdot 1{,}0 \cdot 8{,}40 = 12{,}6\ \text{kN/m}$$

Stützen, Pfeiler und Fundamente

Stützen und Pfeiler tragen meist Träger oder Unterzüge und bilden die Auflager dafür. Ihre Belastungen sind die Auflagerkräfte der betreffenden Tragglieder. Man muss dabei zwischen mittiger und außermittiger Belastung unterscheiden. Der erste Fall liegt dann vor, wenn die Kräfte im Schwerpunkt des Querschnittes und in Richtung der Stabachse eingeleitet werden. Im Allgemeinen ist eine mittige Belastung anzustreben.

Bei Fundamenten unterscheiden wir Streifen-, Platten- und Blockfundamente. Ihre Lasten stammen von Wänden, Pfeilern oder ganzen Gebäuden, aber auch von Maschinen.

Auch hier sollen wieder nur die einfachsten Fälle behandelt und einige Aufgaben durchgerechnet werden.

Beispiel 5

Die Belastung des Baugrundes aus Eigenlast der Stütze und des Fundamentes (Bild 12.5) ist zu ermitteln. Stütze und Fundament sind quadratisch ausgebildet. Die Stütze besteht aus Stahlbeton, ebenso der oberste Fundamentabsatz.

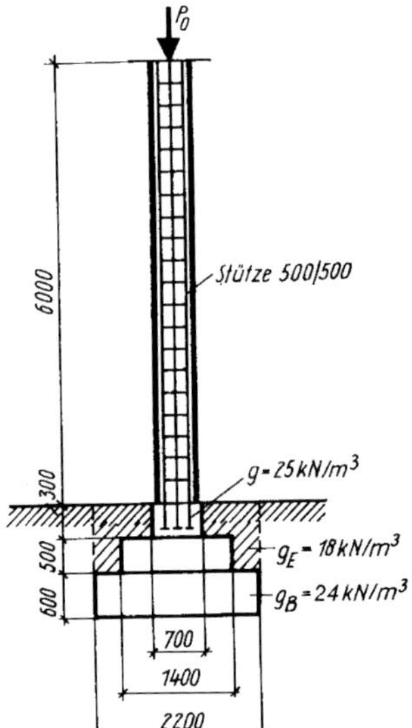

Bild 12.5

Baugrundbelastung aus Eigenlast der Stütze und des Fundamentes:

Stützeneigenlast	$0{,}5^2 \cdot 6{,}0 \cdot 25$	= 37,5 kN
Fundamentlast + Auffüllung		
$2{,}2^2 \cdot 0{,}6 \cdot 24$		= 69,7 kN
$2{,}2^2 \cdot 0{,}8 \cdot 18$		= 69,7 kN
$1{,}4^2 \cdot 0{,}5 \cdot (24 - 18)$		= 5,9 kN
$0{,}7^2 \cdot 0{,}3 \cdot (25 - 18)$		= 1,0 kN
		G_k = 183,8 kN

Für die Pressung in der Bodenfuge muss auch das Erdreich (in Bild 12.5 schraffiert) mit berücksichtigt werden. In der obenstehenden Rechnung ist das auf folgende Art geschehen. Die erste Zeile unter Fundamentlast + Auffüllung stellt die Last des untersten Absatzes dar. Die zweite Zeile entspricht der Last einer Masse Erdreich von 2,20 m · 2,20 m Grundfläche und 0,80 m Höhe. Darin ist auch schon das Volumen der beiden oberen Absätze mit enthalten, allerdings nur mit einem Wert von $g = 18$ kN/m³. Die beiden letzten Zeilen stellen lediglich die Differenzen dar, die noch hinzugefügt werden müssen.

Beispiel 6

Für 1 m Länge der Mittelwand des Hauses nach Bild 12.6 (Querschnitt) ist die Belastung des Baugrundes zu ermitteln. Türen und Fenster sind in der Skizze nicht angegeben. Die Belastung soll für einen Streifen ohne Öffnungen ermittelt werden.

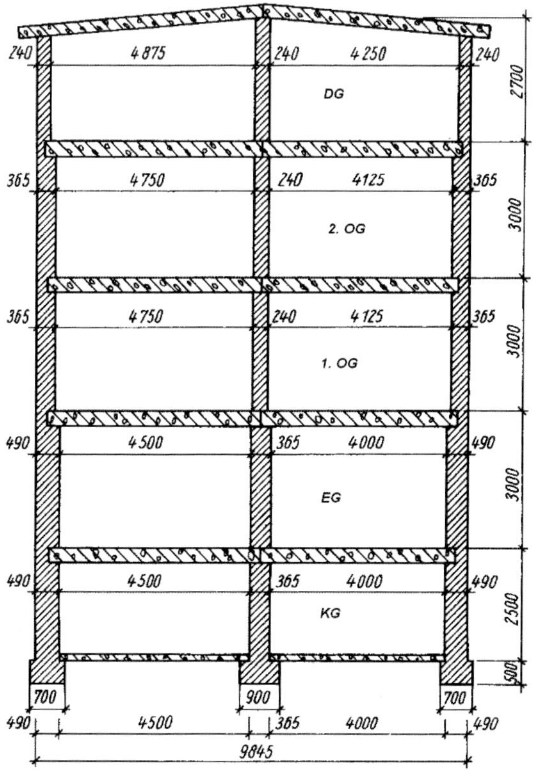

Bild 12.6

a) Angaben zur Ausführung

Mauerwerk:	Vollziegel Steinrohdichte 1,8 g/cm³
Fundamente:	Beton, z. B. C 20/25
Decken:	Stahlbetonrippendecken
Dach:	Stahlbetonrippendecken

b) Lastannahmen

1 m² Wand, 24 cm dick, mit beiderseitigem Putz

$(0{,}24 \cdot 1{,}0 \cdot 1{,}0 \cdot 18 + 2 \cdot 0{,}25) = 4{,}82\ \text{kN/m}^2$

1 m² Wand, 36,5 cm dick, mit beiderseitigem Putz

$(0{,}365 \cdot 1{,}0 \cdot 1{,}0 \cdot 18 + 2 \cdot 0{,}25) = 7{,}07\ \text{kN/m}^2$

1 m² Wand, 49 cm dick, mit beiderseitigem Putz

$(0{,}49 \cdot 1{,}0 \cdot 1{,}0 \cdot 18 + 2 \cdot 0{,}25) = 9{,}30\ \text{kN/m}^2$

1 m² Geschossdecke $g_k = 4{,}10\ \text{kN/m}^2$

1 m² Dachdecke $g_k = 2{,}75\ \text{kN/m}^2$

Für Dach und Decke werden hier nur die Gesamtlasten angegeben.

c) Lastmittlung für 1 m Fundamentlänge

Ständige Lasten:

vom Dach:	½ (4,995 + 4,37) 2,75	= 12,9 kN/m
Mauerwerk, DG:	2,70 · 4,82	= 13,0 kN/m
Deckenlast, Decke über 2. OG:	½ (4,75 + 4,13) 4,10	= 18,2 kN/m
Mauerwerk, 2. OG:	3,0 · 4,82	= 14,5 kN/m
Deckenlast, Decke über 1. OG:	½ (4,75 + 4,13) 4,10	= 18,2 kN/m
Mauerwerk, 1. OG:	3,0 · 4,82	= 14,5 kN/m
Deckenlast, Decke über EG:	½ (4,50 + 4,00) 4,10	= 17,5 kN/m
Mauerwerk, EG:	3,0 · 7,07	= 21,5 kN/m
Deckenlast, Decke über KG:	½ (4,50 + 4,00) 4,10	= 17,5 kN/m
Mauerwerk, KG:	2,50 · 7,07	= 17,7 kN/m
Fundament:	0,9 · 0,5 · 25	= 11,2 kN/m
ständige Last:		= 176,5 kN/m

Lotrechte Verkehrslasten für Decken mit ausreichender Querverteilung und ohne Trennwandzuschlag:

Belastung Dachgeschoss:	½ (4,75 + 4,13) 1,50 =	6,7 kN/m
Belastung 1. Vollgeschoss:	½ (4,75 + 4,13) 1,50 =	6,7 kN/m
Belastung 2. Vollgeschoss:	½ (4,50 + 4,00) 1,50 =	6,4 kN/m
Belastung 3. Vollgeschoss:	½ (4,50 + 4,00) 1,50 =	6,4 kN/m
		= 26,2 kN/m

Auf die Dachdecke wird hier nur die Schneelast mit einem Ansatz für die Schneelastzone 2 angesetzt. Für die Windlast auf Flachdächer ist in der Norm auch ein geringer Druckanteil vorgegeben. Da dieser bei gleichzeitiger Wirkung mit der wesentlich höheren Schneelast mit einem Kombinationsbeiwert versehen werden kann, ist der Anteil gering. Bei Flachdächern ist jedoch die Windsogwirkung nicht zu unterschätzen. Im Regelfall ist neben der Untersuchung der vertikalen Lasten nach unten auch eine Untersuchung der Sogkräfte, besonders bei leichten Dächern, z. B. Hallendächern, erforderlich.

Schneelast: ½ (4,995 + 4,37) 0,8 · 0,85 = 3,2 kN/m

Lotrechte Lasten geneigter Bauteile

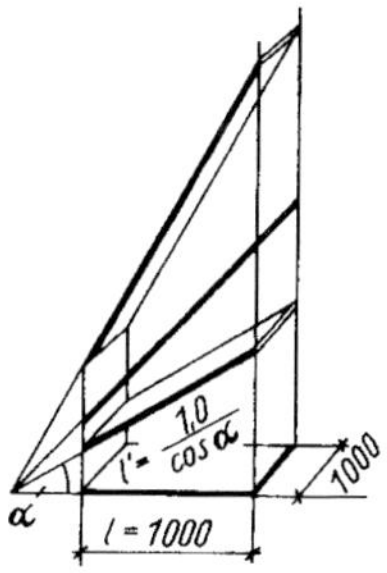

Bild 12.7

Bei Treppenläufen und Dächern z. B. schließen die betreffenden Bauteile einen beliebigen Winkel mit der horizontalen Richtung ein. Auch hier ermittelt man zunächst die Last von 1 m² und rechnet dann um auf 1 m² Fläche in der Grundrissprojektion. Je größer die Neigung ist, umso höher ist der Anteil, der auf 1 m² im Grundriss (Bild 12.7) entfällt. Aus dem Eigengewicht von 1 m² geneigtem Bauteil bestimmt man die Belastung für 1 m² Grundfläche nach folgender Formel:

$$g = \frac{g_s}{\cos \alpha} \qquad (14.1)$$

g_s = lotrechte Belastung von 1 m² des schrägen Bauteils

g = lotrechte Belastung je Quadratmeter horizontale Fläche

Alle Lasten, die von vornherein schon für 1 m^2 Grundrissfläche angegeben werden (Schneelasten), addiert man erst nach der Umrechnung.

Beispiel 7

Eine Treppe (Stahlbetonplatte mit aufbetonierten Stufen) hat die Abmessungen nach Bild 12.8. Die Belastung ist für 1 m^2 Grundriss zu berechnen. Auch hier bestimmt man wieder für einen Streifen von 1 m Treppenbreite die Stütz- und Schnittgrößen.

Lastenermittlung für Treppenlauf (cos α = 0,829)

Platte: $0{,}14 \cdot 25$ = 3,50 kN/m^2 geneigte Fläche

Putz: = 0,25 kN/m^2 geneigte Fläche

g' = 3,75 kN/m^2 geneigte Fläche

$$\frac{g'}{\cos\alpha} = \frac{3{,}75}{0{,}829} = 4{,}52 \text{ kN/m}^2$$

Stufen + Belag

$$\left(\frac{0{,}182}{2} + 0{,}03\right) 24 = 2{,}9 \text{ kN/m}^2$$

g_k = 7,42 kN/m^2

q_k = 5,00 kN/m^2

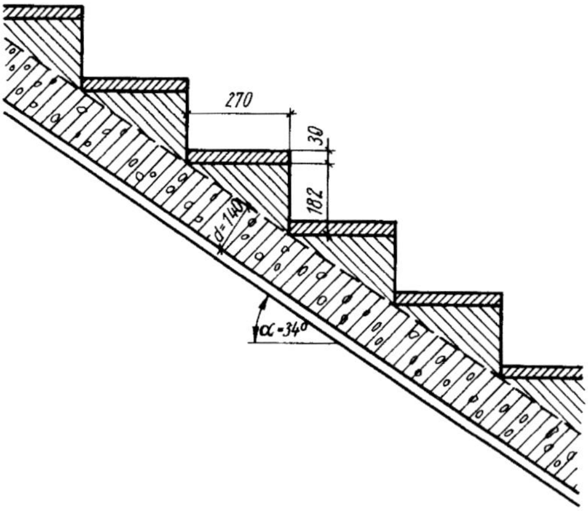

Bild 12.8

Jede Stufe lässt sich durch ein flächengleiches Rechteck (im Querschnitt) mit einer Höhe von 0,182/2 ersetzen. Alle Stufen unmittelbar nebeneinander ergeben dann noch eine Schicht von der angeführten Höhe.

Schneelast

Zu den lotrechten Lasten gehört auch die Schneelast. Die Schneelast s_i je m² Grundrissprojektion der Dachfläche beträgt:

$$s_i = \mu_i \cdot s_k \qquad (14.2)$$

Darin ist s_k die charakteristische Schneelast am Boden. Sie ist abhängig von der Schneelastzone und der Höhenlage über NN. In Deutschland gibt es drei Schneelastzonen mit zwei Unterzonen (Zone 1, 1a, 2, 2a, 3). In der Zone 3 können für bestimmte Standorte noch höhere Werte gelten. Mit den Schneelastzonen werden geografische und klimatische Einflüsse erfasst.

Der Formbeiwert μ_i erfasst den Einfluss der Dachneigung und der Dachform auf die Schneeablagerung.

Hinsichtlich der Ermittlung der Werte wird auf die Norm verwiesen.

Die folgende Auswahl von Werten für s_k und k_s soll die Größenordnungen erkennen lassen:

Werte s_k in kN/m² für Schneelastzonen:

Zone 1: $$s_k = 0{,}19 + 0{,}91 \left(\frac{A + 140}{760}\right)^2 \geq 0{,}65 \text{ kN/m}^2$$

Zone 1a: $$s_k = 1{,}25 \left[0{,}19 + 0{,}91 \left(\frac{A + 140}{760}\right)^2\right] \geq 0{,}81 \text{ kN/m}^2$$

Zone 2: $$s_k = 0{,}25 + 1{,}91 \left(\frac{A + 140}{760}\right)^2 \geq 0{,}85 \text{ kN/m}^2$$

Zone 2a: $$s_k = 1{,}25 \left[0{,}25 + 1{,}91 \left(\frac{A + 140}{760}\right)^2\right] \geq 1{,}06 \text{ kN/m}^2$$

Zone 2: $$s_k = 0{,}31 + 2{,}91 \left(\frac{A + 140}{760}\right)^2 \geq 1{,}10 \text{ kN/m}^2$$

A ist die Geländehöhe über dem Meeresniveau in m.

Für Sattel-, Flach -oder Pultdächer gilt der Formbeiwert μ_1:

$\alpha \leq 30°$: $$\mu_1 = 0{,}8$$

$30° < \alpha \leq 60°$: $$\mu_1 = 0{,}8 \cdot \frac{60° - \alpha}{30°}$$

$\alpha > 60°$: $$\mu_1 = 0$$

Darüber hinaus gibt es für andere Dachformen weitere Formbeiwerte μ_i.

Weiterhin sind mögliche einseitige Schneebelastungen und Schneeanhäufungen (Schneeverwehungen, Schneesackbildungen) zu berücksichtigen. Besondere Vorschriften gibt es noch für Schneeüberhänge an Traufen und Eislasten.

Windlasten

Windlasten werden in Form von Winddrücken und Windkräften erfasst. Winddrücke wirken auf Flächen von Bauwerken in Form von Außendrücken auf Außenflächen oder bei genügend großen Öffnungen auch als Innendruck auf innere Flächen. Windkräfte wirken dagegen auf das Gesamtbauwerk. Eine Windlast wirkt immer senkrecht auf die betreffende Fläche. Andrückende Kräfte sind mit positiven Vorzeichen versehen, Soglasten mit einem negativen Vorzeichen.

Besondere Bestimmungen gelten bei schwingungsanfälligen Konstruktionen.

Zur Bestimmung der Windlast sind in Deutschland 4 Windlastzonen und 4 Zonen für die Geländekategorie zu beachten. Zu den Geländekategorien gibt es noch 2 Mischprofile. Sonderregelungen können für exponierte Lagen wie Bergkuppen erforderlich sein. Hieraus und aus der Bauwerkshöhe wird der Geschwindigkeitsdruck $q(z)$ bestimmt. Der Wert z bezeichnet dabei die Bauwerkshöhe. Zur Ermittlung von $q(z)$ wird auf die Norm bzw. einschlägige Tabellenwerke verwiesen. Gängige Werte liegen bei 0,5 kN/m² bis 1,3 kN/m². Für das Mischprofil „Binnenland“, Windzone 2 und einer Bauwerkshöhe bis 10 m gilt z. B. $q(10) = 0{,}65$ kN/m².

Der Winddruck w je Flächeneinheit der Bauwerksfläche beträgt dann:

Außendruck: $$w_e = c_{pe} \cdot q(z_e) \quad \text{bzw.} \tag{14.3a}$$

Innendruck: $$w_i = c_{pi} \cdot q(z_i) \tag{14.3b}$$

Die Windkräfte am Gesamtbauwerk werden ermittelt nach:

$$F_w = c_f \cdot q(z_e) \cdot A_{ref} \tag{14.4}$$

A_{ref} ist die Bezugsfläche.

Die aerodynamischen Beiwerte c_f (Kraftbeiwert) und c_p (Druckbeiwert) hängen von der Form der Baukörper und der Lage des Bauteils an einem Baukörper ab. So kann eine Giebelwand (hier als eine Wand parallel zur Windrichtung) bis zu 3 unterschiedliche Zonen (A, B, C) aufweisen. Ein Flachdach besitzt 4 Zonen (F, G, H, I). Die Windlast erfasst dabei Druck-, Sog- und Reibungswirkungen. Positive c_p-Werte entsprechen einem Winddruck, negative c_p-Werte bezeichnen Windsog. Je nach Lasteinzugsfläche sind noch die Werte $c_{pe,1}$ für Flächen bis maximal 1 m² und $c_{pe,10}$ für Flächen über 10 m² zu unterscheiden. Zwischenwerte können entsprechend einer Formel in der Vorschrift ermittelt werden.

Weiterführende Vorschriften gibt es für spezielle Bauwerke bzw. Bauteile wie z. B. Vordächer, frei stehende Wände oder Industrieschornsteine.

Bei Windkräften auf geneigte Flächen kann man diese durch ihre Komponenten in vertikaler und horizontaler Richtung ersetzen.

Beispiel 8

Für ein Gebäude sind die Winddrücke für Wände und Dach zu bestimmen. Das Pultdach hat eine Neigung $\alpha = 15°$. Das Gebäude befindet sich in der Windzone 2 in einem bebauten Gebiet. Es kann das Mischprofil „Binnenland" in Ansatz gebracht werden. Zur Ermittlung der nachfolgenden Werte wird auf die Norm und die einschlägigen Tabellenwerke verwiesen. Die Abmessungen betragen $b = h = 10$ m und $d = 8$ m.

1. Böengeschwindigkeitsdruck

Nach der Tabelle für vereinfachte Böengeschwindigkeitsdrücke ergibt sich $q(10) = 0{,}65$ kN/m².

2. Bereiche

Die einzelnen Bereiche sind neben der Lage von dem Wert e abhängig. Er ist definiert mit $e = b$ bzw. $2h$. Der kleinere Wert ist maßgebend. e ist dabei immer die Breite der Fläche D, also die Wandfläche, die vom Wind orthogonal oder maximal in einem Winkel von 45° getroffen wird. In dem Beispiel ergibt sich $e = b = 10$ m oder $e = 2 \cdot h = 20$ m.

Damit ist

$e = 10$ m

maßgebend. Mit $d = 6$ m $< e$ gibt es keine sich an B anschließende Wandfläche C. Die weiteren Werte ergeben sich zu:

$e/4 = 10/4 = 2{,}5$ m

$e/5 = 10/5 = 2{,}0$ m

$e/10 = 10/10 = 1{,}0$ m

3. Aerodynamische Beiwerte und Winddruck

Wände mit $h/d = 10/8 = 1{,}25 \approx 1$

Bereich A:	$c_{pe,10} = -1{,}2$	$w_{e,10} = -1{,}2 \cdot 0{,}65 = -0{,}78$ kN/m²
	$c_{pe,1} = -1{,}4$	$w_{e,1} = -1{,}4 \cdot 0{,}65 = -0{,}91$ kN/m²
Bereich B:	$c_{pe,10} = -0{,}8$	$w_{e,10} = -0{,}8 \cdot 0{,}65 = -0{,}52$ kN/m²
	$c_{pe,1} = -1{,}1$	$w_{e,1} = -1{,}1 \cdot 0{,}65 = -0{,}72$ kN/m²
Bereich D:	$c_{pe,10} = 0{,}8$	$w_{e,10} = 0{,}8 \cdot 0{,}65 = 0{,}52$ kN/m²
	$c_{pe,1} = 1{,}0$	$w_{e,1} = 1{,}0 \cdot 0{,}65 = 0{,}65$ kN/m²
Bereich E:	$c_{pe,10} = c_{pe,1} = -0{,}5$	$w_e = -0{,}8 \cdot 0{,}65 = -0{,}33$ kN/m²

Dach mit α = 15° und Anströmung der niedrigen Traufe

Es sind Untersuchungen für Druck und Sog notwendig.

Bereich F:	$c_{pe,10,S} = -0{,}9$	$w_{e,10,s} = -0{,}9 \cdot 0{,}65 = -0{,}59$ kN/m²
	$c_{pe,1,S} = -2{,}0$	$w_{e,1,S} = -2{,}0 \cdot 0{,}65 = -1{,}3$ kN/m²
	$c_{pe,10,D} = c_{pe,1,D} = 0{,}2$	$w_{e,D} = 0{,}2 \cdot 0{,}65 = 0{,}13$ kN/m²
Bereich G:	$c_{pe,10,S} = -0{,}8$	$w_{e,10,s} = -0{,}8 \cdot 0{,}65 = -0{,}52$ kN/m²
	$c_{pe,1,S} = -1{,}5$	$w_{e,1,S} = -1{,}5 \cdot 0{,}65 = -0{,}98$ kN/m²
	$c_{pe,10,D} = c_{pe,1,D} = 0{,}2$	$w_{e,D} = 0{,}2 \cdot 0{,}65 = 0{,}13$ kN/m²
Bereich H:	$c_{pe,10,S} = c_{pe,1,S} = -0{,}3$	$w_{e,s} = -0{,}3 \cdot 0{,}65 = -0{,}20$ kN/m²
	$c_{pe,10,D} = c_{pe,1,D} = 0{,}2$	$w_{e,D} = 0{,}2 \cdot 0{,}65 = 0{,}13$ kN/m²

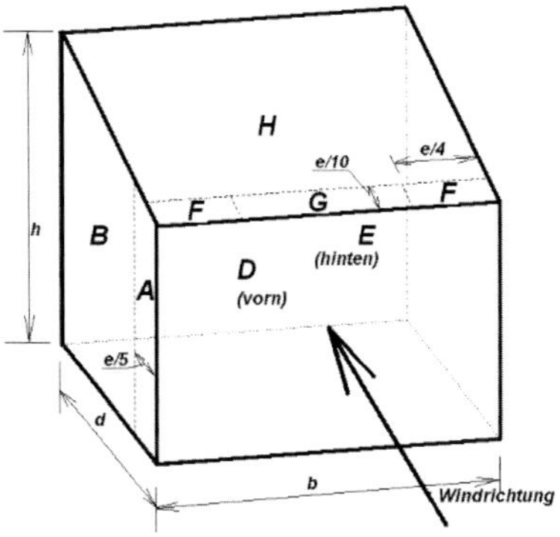

Bild 12.10

Sachwörter- und Namenverzeichnis